U0290923

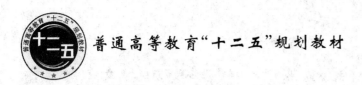

普通高等教育"十二五"规划教材

接入网技术与设计应用

（第 2 版）

李雪松　傅　珂　韩仲祥　编著

北京邮电大学出版社
·北京·

内 容 简 介

接入网技术是电信市场化的产物,是满足用户线路网激烈的市场竞争而产生的新技术。接入网所采用的技术可以是不同接入系统、不同传输系统和不同网络介质的排列与组合,因而技术构成十分复杂。本书对接入网概念、网络环境和结构以及各种系统技术进行了较全面和系统的介绍。全书共分6章,内容包括:接入网基本概念、特点和发展背景;铜线接入网的各种技术和设计实例;光纤接入网技术;PON 的建设模式规划和设计原则及应用实例;CATV 和 HFC 接入技术及设计应用实例;接入网的供电等。为了方便教学和阅读自测,每章均有适量的思考与练习。

全书内容系统全面,材料充实丰富,可供通信工程专业本科生及相关专业的高年级学生教学使用,也可作为从事相关专业的通信技术人员和通信管理人员的参考书籍使用。

图书在版编目(CIP)数据

接入网技术与设计应用 / 李雪松,傅珂,韩仲祥编著. --2 版. --北京:北京邮电大学出版社,2015.1
ISBN 978-7-5635-4117-1

Ⅰ. ①接… Ⅱ. ①李…②傅…③韩… Ⅲ. ①接入网—高等学校—教材 Ⅳ. ①TN915.6

中国版本图书馆 CIP 数据核字(2014)第 189761 号

书　　　名:接入网技术与设计应用(第 2 版)
著作责任者:李雪松　傅　珂　韩仲祥　编著
责 任 编 辑:陈岚岚
出 版 发 行:北京邮电大学出版社
社　　　址:北京市海淀区西土城路 10 号(邮编:100876)
发 行 部:电话:010-62282185　传真:010-62283578
E-mail: publish@bupt.edu.cn
经　　　销:各地新华书店
印　　　刷:北京源海印刷有限责任公司
开　　　本:787 mm×1 092 mm　1/16
印　　　张:15.75
字　　　数:387 千字
印　　　数:1—3 000 册
版　　　次:2009 年 11 月第 1 版　2015 年 1 月第 2 版　2015 年 1 月第 1 次印刷

ISBN 978-7-5635-4117-1　　　　　　　　　　　　　　　　　　定　价:34.00 元

· 如有印装质量问题,请与北京邮电大学出版社发行部联系 ·

第 2 版前言

  自从本书第一版纳入高等院校电子信息科学与工程类"通信工程专业"教材出版以来,在空军工程大学和全国多所院校作为通信工程等专业的教材使用。在多位教师和同学的帮助下,我们积累了很多便于教和学的经验。本书在保持原教材的风格和结构的基础上,充分吸收了这些经验,并对教材中的难点进行了修改和补充,使全书的概念更加严谨和统一。

  本书分为 6 章。第 1 章介绍接入网的定义与定界、发展历程、功能结构与接口、分层模型、接入类型、管理以及特点等。第 2 章介绍铜线接入网技术,包括铜线用户线路网技术、铜线对增容技术与系统、话带 Modem 和 ISDN 接入技术、HDSL 技术、ADSL 技术及应用设计实例、VDSL 技术。第 3 章介绍光纤接入网技术,包括光纤接入网定义、参考配置、接入类型、拓扑结构、无源光网络(PON)技术、APON 技术、EPON 技术、GPON 技术,新增 WDM PON、CDMA PON 和混合 PON 技术。第 4 章介绍无源光网络的规划和设计应用,包括 PON 的建设模式规划策略、PON 的 FTTH 工程设计原则、基于 EPON 的接入工程实例。第 5 章介绍 CATV 和 HFC 接入网,包括同轴电缆 CATV 系统、光纤 CATV 系统、HFC 系统、HFC 设计和双向化技术、HFC 设计应用方案实例。第 6 章介绍接入网供电技术。

  本书第 1～4 章由李雪松修订,第 5 章由傅珂修订,第 6 章由韩仲祥修订,李雪松对全书进行了统稿。

  限于作者水平,本书在内容取舍、编写方面难免存在不妥之处,恳请读者批评指正。

作　者

目　　录

接入网技术基础 第 *1* 章

接入网是电信网的重要组成部分,由于它为用户提供方便的接入网络,所以受到越来越多的关注。交换网、传送网和接入网是支持当前电信业务的三大基础网络,接入网是其中的重要组成部分,它直接面对最终用户,负责将各种电信业务透明地传送到用户。当前,随着网络的不断优化和电信业务的日益增长,用户对接入网提出了更高、更新的要求,传统的以模拟铜缆为传输手段的用户接入方式已无法满足社会需求,接入网正在走向数字化、光纤化和宽带化。

1.1 接入网的基本概念

接入网(Access Network,AN)是整个电信网的一个重要组成部分,是在铜线用户环路的基础上发展演变而来的,随着用户业务的增长和数字通信、光纤通信、计算机等技术的进步,这一网络还将继续演变发展下去。

要说明接入网就要谈到电信网。整个电信网从地理角度可以划分为三部分,即核心网(CN)、接入网(AN)、用户驻地网(CPN),如图 1.1.1 所示。其中核心网包括长途网(即长途端局以上部分)、中继网(即市话局之间以及长途端局与市话局之间的部分)。接入网指的是市话端局或远端模块以下至用户部分。用户驻地网有大有小,大到一栋楼内一个公司的内部网,小到一个家庭的一部话机。接入网主要完成将用户接入到核心网的任务。

UNI:用户网络接口;SNI:业务节点接口

图 1.1.1 电信网的组成示意图

由于电信网经过多年的发展,采用的技术、提供的业务等各方面都发生了巨大的变化,传统的用户环路已不能适应当前和未来电信网的发展,国际电信联盟标准部(ITU-T)根据近年来电信网的发展演变趋势,提出了接入网的概念,目的是综合考虑本地交换机、用户混合的终端设备,通过有限的标准化接口,将各种用户接入到业务节点。通过业务节点接口的标准化,使接入网独立于交换机而发展。接入网所使用的传输媒介是多种多样的,它可以灵活地支持不同的接入类型和业务。

接入网是近年出现的新术语,早期的用户接入线也被称为用户环路系统,是指从端局到用户之间的所有机线设备,有时简称用户网。由于各国经济、地理、人口分布的不同,用户网的拓扑结构也各不相同。一个典型的用户环路结构可以用图 1.1.2 表示。图中端局就是平常人们所说的电话局。由端局到交接箱之间的这一段线路称为馈线段。馈线电缆的线径较大,线对数也多。交接箱就是业务接入点,其作用是完成馈线电缆中双绞线与配线电缆中双绞线之间的交叉连接。从交接箱开始经线对数较少的配线电缆连至分线盒。分线盒的作用是终结配线电缆并将之与引入线相连。由分线盒开始通常为若干单对或双对双绞线与用户终端相连,用户引入线为用户专用。通常馈线电缆段长 3~4 km,最大不超过 10 km,配线电缆长 0.5~1 km,而引入线通常仅 10~300 m。

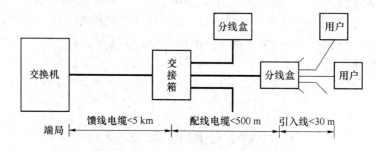

图 1.1.2　典型的用户环路结构

在光纤接入网中情况将发生较大的变化,除一些术语名称不同外,功能也有显著不同。不仅通信容量不同,业务种类也有很大变化,而且在整个信息传输过程中要完成光/电和电/光变换。然而接入网的含义和网络框架是相同的或者说是相似的。光纤在接入网中的应用首先是用光缆代替馈线电缆。交接箱由远端局(Remote Office,RO)代替,RO 又称远端节点(Remote Node,RN),或简称远端(Remote Termination,RT)。随着光纤继续向用户延伸,其成本将越来越高,因而目前光纤主要是到路边的分线盒,在该处需设置光网络单元(ONU),它完成光/电和电/光变换及分用功能。最终目标则是将光纤引入住宅用户,届时ONU 也将设置到住宅处。

1.2　接入网的发展历程

1876 年贝尔发明电话机以后,电话用户环路就已经存在。一年后,纸绝缘的双绞线对开发成功并标准化。19 世纪 90 年代初又发明了局用主配线架,用以终结和连接大量的双绞线对,同时还发明了集中供电电源,这些均标志着用户接入网(实际仅为用户线而已)的基本形成。这种基本配置形式保持了将近一个世纪而没有什么重大改变,仅有的改进工作也只集中在改善双绞线对的质量和使接入网成本最优化。

1975 年英国电讯(BT)在苏格兰格拉斯哥(Galasco)举行的一次研讨会上首次提出了接入网的概念,主要是基于一个降低接入段线路投资的组网方式。1976 年在曼彻斯特(Manchester)进行了组网可行性试验,1977 年在苏格兰和伦敦地区进行了大规模的推广应用。1978 年在格拉斯哥会议上正式肯定这种组网方式,并命名为"接入网组网"技术。随后由

Willesm 等人共同编辑了此次会议的文献集《电信网技术》。

1978 年英国电讯在 CCITT 相关会议上正式提出接入网组网概念,1979 年 CCITT 用远端用户集线器(Remote Suberiber Concentration,RSC)命名方式给具备类似性能的设备进行了框架描述,标志着接入网技术得到国际电信技术界的认同。

20 世纪 80 年代电子技术的发展,使得 PCM 技术的一次群速率的经济传输距离从原来的 20～25 km 下降到 6～8 km,这样 PCM 技术就能应用到农村网上,扩大了接入网的规模。

接入网最大的一次飞跃,应该说是光纤的诞生和应用。光纤的一个最大的优点是它的高带宽性,一根常规单模光纤的可用带宽至少可达 30 000 GHz,而最好的同轴电缆的带宽不超过 1 GHz,微波的带宽不超过 300 GHz,可见光纤在带宽上比其他传输媒质至少高出 2个数量级。光纤的高带宽性使各种宽带业务和多媒体业务都成为可能,从而给网络运营商提供了新的增值点和利润。光纤的另一大优点是抗干扰性,光纤信道接近理想信道,光纤信道不易受外界干扰,误比特率很低,从而延伸了传输距离,减少了中继站的建设,节省了投资成本。光纤的出现为接入网的革命性改革提供了有力的技术手段。然而,由于最先建立的都是铜缆网,引入光纤势必考虑成本问题,所以现在主要还是在核心网和骨干网的干线部分应用光纤,而配线和引入线的光纤化才刚刚开始,随着成本的下降和宽带业务的需求增多,接入网光纤化程度将日益提高。

在接入网光纤化的同时,过去投巨资兴建的双绞线设施不可能在短时间内代之以光纤,光纤化将是一个长期演化的过程,所以在整个过渡期,仍然要充分利用现有的双绞线,并最大限度地发挥双绞线的带宽作用,这对网络运营商和用户是一个一举两得的好事。于是 20世纪 90 年代初,出现了几种以铜线技术为基础的接入网新技术:用户线对增容技术(2B+D)、高速数字用户线路(HDSL)、非对称数字用户线路(ADSL)和甚高速率数字用户线路(VDSL)等一系列 xDSL 技术,使传统的铜线技术掌握住了最后的商机。

另外随着接入网市场的放开,传统的有线电视网(CATV)也正朝双向、多业务的方向转变,既能提供有线电视业务,又能提供话音、数据、图像以及其他交互性业务。形成一个全业务网是 CATV 发展的目标,这将成为电信部门一个有力的竞争对手。

1.3 接入网定义与定界

1995 年 7 月 ITU-T 建议 G.902 中对接入网做出如下定义:接入网是由业务节点接口(SNI)和用户网络接口(UNI)之间的一系列传送实体(例如,线路设施和传输设施)所组成的为传送电信业务而提供所需传送承载能力的实施系统,可经由 Q_3 接口配置和管理。

如图 1.3.1 所示,接入网的范围可由 3 个接口来定界:即接入网的用户侧通过用户网络接口与用户终端设备相连;业务侧通过业务节点接口与位于市话端局或远端交换模块(RSU)的业务节点(SN)相连;管理侧通过 Q_3 接口与电信管理网(TMN)相连。接入网由TMN 进行配置和管理,完成电信业务的交叉连接、复用和传输。

业务节点是提供具体业务服务的实体,是一种可接入各种交换型和(或)永久连接型电信业务的网元。对交换业务来说,业务节点提供接入呼叫和连接控制信令,进行接入连接和资源处理。可以提供规定业务的业务节点有:本地交换机、IP 选路器租用线或者特定配置下的点播电视和广播电视业务节点等。

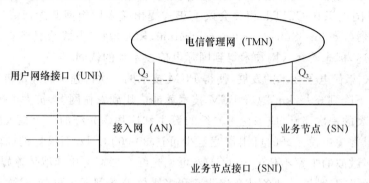

图 1.3.1　接入网的定界

　　另外,图 1.3.1 中允许一个接入网与多个业务节点相连。这样,一个 AN 既可以接入到分别支持特定业务的单个 SN,又可以接入到支持相同业务的多个 SN。而 UNI 与 SN 的联系是静态的,即该联系的确定是通过与相关 SN 的协调指配功能完成的,给 SN 分配接入承载能力也是通过指配功能完成的,这在概念上相当于把接入网划分为多个虚接入网,至少每个 SN 有一个虚 AN 与其对应。具体实现上,则是在同一物理配置内,对所有接入网资源进行统一的综合管理。

1.4　接入网功能结构与接口

1.4.1　接入网功能结构

　　接入网有 5 个主要功能。即用户口功能(UPF)、业务口功能(SPF)、核心功能(CF)、传送功能(TF)和系统管理功能(SMF)。图 1.4.1 给出接入网的功能结构,由图可知接入网的 5 个功能之间的相互连接关系。下面分别介绍这 5 个功能。

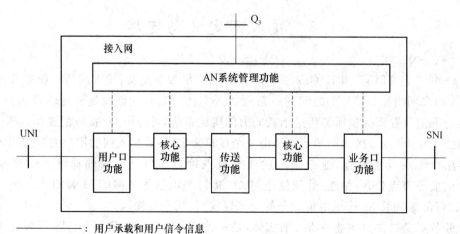

图 1.4.1　接入网的功能结构

1. 用户口功能(UPF)

用户口功能直接与 UNI 相连,主要作用是将特定的 UNI 要求与核心功能和管理功能相适配。其主要功能有:

- 终结 UNI;
- A/D 转换和信令转换;
- UNI 的激活/去激活;
- 处理 UNI 承载通路及容量;
- UNI 的测试和 UPF 的维护;
- 管理和控制功能。

2. 业务口功能(SPF)

业务口功能的主要作用有两个:一是将特定 SNI 规定的要求与公用承载通路相适配,以便核心功能进行处理;二是选择有关信息,以便在 AN 系统管理功能中进行处理。其主要功能有:

- 终结 SNI;
- 将承载要求、时限管理和操作运行映射进核心功能组;
- 特定 SNI 所需要的协议映射;
- SNI 的测试和 SPF 的维护;
- 管理和控制。

3. 核心功能(CF)

核心功能位于 UPF 和 SPF 之间,其主要作用是将各个用户口承载要求或业务口承载要求适配到公共传送承载体之中,包括对协议承载通路的适配和复用处理,核心功能可在接入网中分配。其主要功能有:

- 接入承载通路的处理;
- 承载通路的集中;
- 信令和分组信息的复用;
- ATM 传送承载通路的电路模拟;
- 管理和控制。

4. 传送功能(TF)

传送功能为接入网中不同地点之间的公共承载通路提供传输通道,并进行所用传输媒质的适配。其主要功能有:

- 复用功能;
- 交叉连接功能(包括疏导和配置);
- 管理功能;
- 物理媒质功能。

5. AN 系统管理功能(SMF)

系统管理功能的主要作用是对 UPF、SPF、CF 和 TF 功能进行管理,如配置、运行、维护等,进而通过 UNI 与 SNI 来协调用户终端和业务节点的操作。其主要功能有:

- 配置和控制;
- 业务协调;
- 故障检测与指示;

- 用户信息和性能数据的采集；
- 安全控制；
- 通过 SNI 协调 UPF 和 SN 的时限管理与运行要求；
- 资源管理。

接入网的系统管理功能通过 Q_3 接口与电信管理网(TMN)进行通信,从而实现 TMN 对接入网的管理和控制。另外,为了实时控制的需要,接入网的系统管理功能还通过 SNI 与业务节点系统管理功能(SN-SMF)进行通信。就目前来说,很多厂商的接入网产品还无法与 TMN 相连。

1.4.2　接入网接口

由图 1.3.1 可知,接入网有 3 类接口,即用户网络接口(UNI)、业务节点接口(SNI)和 Q_3 管理接口。如何将各种类型的业务从用户端接入到各电信业务网,依赖于接入网的各种接口类型。接入网要支持多种业务的接入,在不同的配置下,要有不同的接口类型和信号方式。

1. 用户网络接口(UNI)

接入网的 UNI 位于接入网的用户侧,是用户和 AN 之间的接口。由于使用业务种类的不同,用户可能有各种各样的终端设备,因此会有各种各样的用户网络接口,不同的用户网络接口对应不同的用户终端设备。在引入光纤用户接入网之前,用户网络接口是由各业务节点提供的。引入光纤用户接入网后,这些接口被转移给光纤用户接入网,由它向用户提供这些接口。用户网络接口包括模拟话机接口(Z 接口)、ISDN-BRA 的 2B+D(144 kbit/s)U 接口、ISDN-PRA 的 2 Mbit/s 基群接口、各种专线接口(64 kbit/s 数据接口、话带数据接口 V.24 及 V.35 等)。UNI 分为独立式和共享式两种,共享式 UNI 是指一个 UNI 可以支持多个业务节点,每一个逻辑接入通过不同的 SNI 连向不同的业务节点。

用户口功能(UPF)仅与一个 SNI 通过指配功能建立固定联系,这一原则既适用于单个的 UNI,也适用于共享的 UNI。在单个 UNI 的情况下,ITU-T 所规定的 UNI(包括各种类型的公用电话网和 ISDN 的 UNI)应该用于 AN 中以便支持目前所能提供的接入类型和业务。当一个以上的 SN 可以通过单个 UNI 接入时(例如 UNI 采用 ATM 方式时),单个 UNI 可以支持多个逻辑接入,其中每一个逻辑接入经由一个 SNI 连至不同 SN,如图 1.4.2 所示。为了在同一个 UNI 内支持每一个逻辑接入,需要有单独的 UPF 与不同 SPF 相连。AN-SMF 至少应控制和监视 UNI 的传输媒质层,并协调各个逻辑 UPF 和相关 SN 之间的操作控制要求。

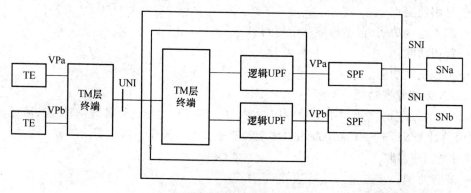

图 1.4.2　共享 UNI 的 VP/VC 配置示例

利用共享 UNI,靠激活相应的逻辑接入(每一个携带一个 VP)可以同时接入不同的业务节点,单个 VP 携带所有需要的 VC,每个 VC 提供包括信令在内的接入承载能力,所用总容量不能超过由 AN 和 SN 协调指配分给用户的容量。

2. 业务节点接口(SNI)

(1)业务节点类型

业务节点接口(SNI)位于接入网的业务侧,是 AN 和一个 SN 之间的接口。如果 AN-SNI 侧和 SN-SNI 侧不在同一地方,可以通过透明传送通道实现远端连接。通常,AN 需要支持大量的接入类型,而 SN 主要有下面 3 种情况:

① 仅支持一种专用接入类型;

② 可支持多种接入类型,但所有接入类型支持相同的接入承载能力;

③ 可支持多种接入类型,且每种接入类型支持不同的接入承载能力。

按照特定 SN 类型所需要的能力,根据所选接入类型、接入承载能力和业务要求可以规定合适的 SNI。

支持一种特定业务的 SN 有:

① 单个本地交换机(例如,公用电话网业务、N-ISDN 业务、B-ISDN 业务以及分组数据网业务等);

② 单个租用线业务节点(例如,以电路方式为基础的租用线业务、以 ATM 为基础的租用线业务以及以分组方式为基础的租用线业务等);

③ 特定配置下提供数字图像和声音点播业务的业务节点;

④ 特定配置下提供数字或模拟图像和声音广播业务的业务节点。

(2)业务节点接口类型

交换机的用户接口分为模拟接口(Z 接口)和数字接口(V 接口)。V 接口经历了从 V1 接口到 V5 接口的发展。ITU-T 开发和规范了两个新的综合接入 V 接口,即 V5.1 接口和 V5.2 接口,从而使长期以来封闭的交换机用户接口成为标准化的开放型接口,使本地交换机可以和接入网经标准接口任意互连,独立发展和演进,不受限于某一厂商,也不局限于特定传输媒质和网络结构,具有极大的灵活性。

3. Q₃ 接口

接入网的管理应纳入 TMN 的管理范围之内,Q_3 接口是 TMN 与电信网各被管理部分连接的标准接口。因而 AN 应通过 TMN 的标准管理接口 Q_3 与 TMN 相连以便统一协调不同网元(如 AN 和 SN)关于 UPF、TF 和 SPF 的管理,形成用户所需要的接入和接入承载能力。有关 Q_3 接口的详细情况参见相关书籍。

1.5　接入网的分层模型

接入网的功能结构是以 G.803 的分层模型为基础来定义接入网中各实体间的互连的。该分层可以用图 1.5.1 所示的接入网分层模型来描述。

由图 1.5.1 可知,接入网分层模型有 4 层,即:接入承载处理功能层(AF)、电路层(CL)、通道层(TP)、传输媒质层(TM)。其中后 3 层又构成传送层。在传送层中,每一层又包含 3 个基本功能:即适配、终结和矩阵连接;另外,3 层之间相互独立,各层有自己独立的操作和维护能力(如保护倒换和自动恢复等)。首先,这种规定对改进各层的功能带来极大的灵活性,并最大程度地降低了对其他各层的影响。例如,要在 SDH 通道上开通 ATM 电路,通过 ATM 电路层(客户)和 SDH 通道层(服务者)之间的适配功能,将 ATM 电路映射进 SDH 通道即可实现。其次,相邻两层之间的关系是服务与被服务的关系。例如,通道层既是下面传输媒质层的客户,又是上面电路层的服务者。下面介绍传送层中各层的功能。

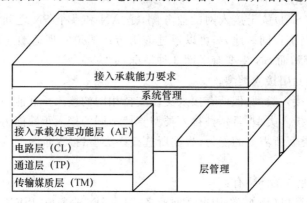

图 1.5.1　接入网分层参考模型

1. 电路层(CL)

电路层直接为用户提供通信业务,例如,电路交换业务、分组业务和租用线业务等。

按照提供业务的不同来区分不同的电路层网络。电路层网络的设备包括用于各种交换业务的交换机和用于租用线业务的交叉连接设备。

2. 通道层(TP)

通道层为电路层网络节点(如交换机)提供透明的传输通道(即电路群),通道的建立由交叉连接设备完成。

3. 传输媒质层(TM)

传输媒质层与传输媒质(如双绞线、同轴电缆、光纤、微波、卫星等)有关,为通道层提供点到点的信息传输。传输媒质层可以支持一个或多个通道层,它们可以是 SDH 通道或 PDH 通道。

图 1.5.2 进一步描述了接入网每一功能组(见图 1.4.1)内的分层及相互关系。

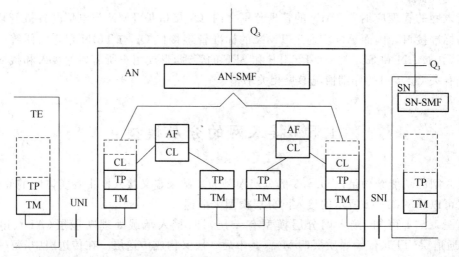

图 1.5.2　接入网功能结构的分层

1.6　接入网接入类型

接入网所支持的业务取决于电信市场上出现的业务。20 世纪 80 年代以前,电信业务种类较少,主要是电话业务,其所占比例达 90％以上。这个时期,电信的主要任务是发展电话业务。把电话普及到每一个需求用户,几乎是所有国家在这个时期的电信发展目标。进入 21 世纪,由于电子技术的不断进步和旺盛的市场需求,使电信网技术和计算机技术不断发展与融合,电信网开始迅速向数字化、智能化、综合化和个人化方向发展,电信业务也随之向多样化方向发展。特别是,由于技术进步和社会需求的加速,人们对信息的需求逐渐从听觉信息(话音)向视觉信息(文字、图形、活动图像)和计算机信息(数据)转移,从而出现了许多非话新业务。目前电信市场上的业务种类主要有:话音类业务、数据类业务、图像类业务和多媒体类业务。

接入网必须能够支持多种不同的接入类型,以满足用户的多种需求。其接入类型主要有如下几种。

① 公众电话交换网(PSTN)和窄带综合业务数字网(N-ISDN)接入类型。

该类包括:PSTN 接入;ISDN 基本速率 2B+D(144 kbit/s)接入;ISDN 基群速率(1 544 kbit/s、2 048 kbit/s)接入等。

② 宽带综合业务数字网(B-ISDN)接入类型。

该类包括:基于同步数字系列(SDH)155 Mbit/s 速率的接入;基于信元(ATM)155 Mbit/s 速率的接入;基于 SDH 622 Mbit/s 速率的接入。

③ 永久性租用线接入类型。

该类包括:64 kbit/s、$N \times 64$ kbit/s 或 384 kbit/s、1 544 kbit/s、1 920 kbit/s、1 984 kbit/s、2 048 kbit/s、34 Mbit/s、139 Mbit/s 等速率的接入;SDH VC-12、SDH VC-3、SDH VC-4 以及 ATM 虚通路等接入。

④ 数据业务网接入类型。

⑤ 广播接入类型。

⑥ 交互式视像接入类型。

对用户而言,接入网在 UNI 向其提供的承载能力,与用户设备直接连接到业务节点交换机是相同的。也就是说,用户设备相当于是直接连接到业务节点交换机,因而接入网具体接入实施方式的不同,不会对用户带来任何影响。

1.7　接入网管理

接入网的管理应当纳入 TMN 的管理范围之内。TMN 对接入网的管理包括接入网的运行、控制、监测与维护等所有功能。

1. 系统管理功能结构

图 1.7.1 示出接入网的网元功能(AN-NEF)。TMN 是通过对接入网的 NEF 的管理

来实现对接入网的管理的。具体说,TMN 是通过 Q_3 代理和管理信息库(MIB)来管理 AN-NEF的。

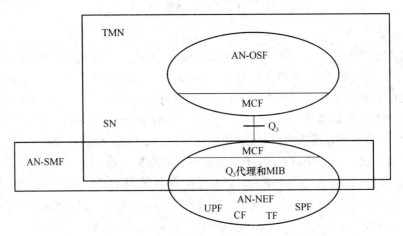

图 1.7.1　接入网网元功能块

NEF 包括:用户口功能组(UPF)、核心功能组(CF)、传送层功能组(TF)和业务口功能组(SPF)。这些功能由消息通信功能(MCF)支持。接入网系统管理功能(AN-SMF)包括 MCF、Q_3 代理和 MIB。AN-SMF 既作为 AN 的代理与 TMN 通信,又作为 AN-NEF 的管理者。

图 1.7.2 示出整个功能管理结构的关系。由图可知,AN-OSF 负责对接入网的功能的管理,SN-OSF 则负责管理相关的 SN 功能。为了协调管理 AN 和 SN,AN-OSF 和 SN-OSF 可以通过 Q_3 接口(当 AN-OSF 和 SN-OSF 属于同一网络运营者管辖)或 X 接口(当AN-OSF 和 SN-OSF 不属于同一网络运营者管辖)来协调操作。

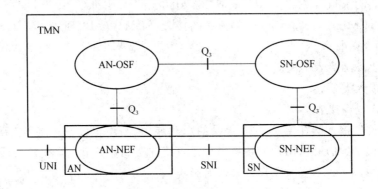

图 1.7.2　接入网功能管理结构

2. 接入网的运行与维护

TMN 对接入网的操作系统功能(AN-OSF)进行监测,控制接入网的各种运行功能,包括用户口功能的硬件实施。OSF 还控制接入网的维护,并根据接入类型和实施方式确定其测试能力和规程。

3. 接入网的管理功能

对接入网实施的控制,在送往接入网各功能组之前,要先由 AN-SMF 进行预处理;对接入网实施的监测在送往各功能组之前,也要先由接入网的 SMF 进行预处理。

除了控制、监测接入网的各功能之外,SMF 还具有配置(设备配置、软件配置)与管理(故障管理、性能管理和安全管理)的功能。

对于限时管理功能(如由于接入网内部的故障需阻塞用户口、根据每次呼叫分配接入承载能力、承载信道的保护倒换等),则要求 AN 与 SN 进行实时协调,这一类功能由 AN-SMF 与 SN-SMF 通过 SNI 共同完成。

对于非限时功能(如用户口配置等)则要求 SNI 两侧相互协调。这一功能是通过 AN-SMF、SN-SMF 与 Q_3 接口共同完成的。

4. 用户口功能组的管理

用户口功能组的管理包括用户口控制和用户口测试,分述如下。

(1) 用户口控制

用户口控制包括激活/去激活功能、阻塞/解除阻塞功能、配置功能与测试功能等。

① 激活/去激活功能是将 UNI 和用户终端置于激活/去激活状态。如果该功能是由 UNI 或 SN 实行的,则是为了进行业务配置;如果该功能是由接入网的 OSF 实行的,则是为了进行维护。

② 阻塞/解除阻塞功能是将用户口置于运行或非运行的状态。

③ 配置功能则是根据 UNI 的指令、功能的安排、所需接入的承载能力等,对某个特定的用户口进行限定。该功能只由接入网的 OSF 实行。

④ 测试功能在用户口和 UNI 内进行故障定位,有时故障定位也包括用户设备。该功能也只由接入网的 OSF 实行。

(2) 用户口测试

用户口测试包括故障检测与指示以及性能监测等内容。

① 故障检测与指示给出用户口功能是否正常,以及不正常的状态等信息。检出的故障信息要报告给接入网的 OSF;若需对用户口阻断业务,则阻断信息还要报告给 SN-SMF。

② 性能监测则提供有关 UNI 性能的信息,如比特误码等。性能状态信息要报告给 AN-OSF 和 SN-SMF。

5. 核心功能组的管理

核心功能组的作用是对承载体的分配、适配以及协议处理进行监控所必需的。这类管理功能是由接入网的 SMF 对核心功能组实行的,并由接入网的 OSF 进行控制。对限时运行而言,核心功能的管理则由 SNI 进行,但由接入网的 SMF 进行协调。核心功能组的管理包括核心功能控制与核心功能监测,分别说明如下。

(1) 核心功能控制

核心功能的配置是控制承载分配、承载适配、协议承载分配、协议映射等功能所必需的。非限时配置由 AN-OSF 控制,限时配置则由 SNI 控制。

(2) 核心功能监测

核心功能监测包括故障检测与指示以及性能监测等内容。

① 故障检测与指示的作用是指出核心功能是否正常,以及不正常的状态信息。非限时情况下,故障信息报告给 AN-OSF;限时情况下,故障信息则报告给 SN-SMF。

② 性能监测功能提供由核心功能测定的性能状态信息,如协议错误等,并将其报告给

接入网的 OSF。

6. 业务口功能组的管理

业务口功能组的管理包括业务口控制与业务口监测,分别说明如下。

(1) 业务口控制

阻塞/解除阻塞功能会根据故障情况,将业务口置于运行/非运行状态。该功能由 AN-OSF 和 SN-SMF 实施。

业务口配置功能根据 SNI 的指令(包括容量、信道数、承载信道等),对某个业务口进行限定,该功能只由 AN-OSF 实施。

(2) 业务口监测

业务口监测包括故障检测与指示以及性能监测。其中,故障检测与指示的作用是指出业务口是否正常,并将不正常的状态等故障信息报告给接入网的 OSF;性能监测功能则提供由业务口检测的性能信息,如比特误码等,并将其报告给接入网的 OSF。

7. 传送功能组的管理

传送功能组提供接入网中的信息传送能力。它独立于那些与业务相关的管理功能(如用户口功能组、核心功能组、业务功能组等),包括传送功能控制与传送功能监测。分别说明如下。

(1) 传送功能控制

传送功能控制包括传送功能配置和保护倒换控制。前者是限定传输媒介层、传输通道层和电路层的,它只由接入网的 OSF 实施;后者则控制着保护倒换,以维护不同传送层的传送能力。保护倒换控制由接入网的 OSF 实施。

(2) 传送功能监测

传送功能监测包括故障检测与指示以及性能监测。前者指出不同传送层的连接是否正常,并将故障信息报告给接入网的 OSF,经过接入网的 SMF,对受影响的 UNI 或 SNI 进行阻断;后者提供传输性能的监测信息,如比特误码等,并将其报告给接入网的 OSF。

8. AN-SMF 的管理

接入网的系统管理功能(AN-SMF)的管理包括 SMF 控制与 SMF 监测。

(1) SMF 控制

SMF 控制包括配置和核查功能。前者对 AN-SMF 的性能评估、事件报告、安全与信息采集等进行控制;后者用于恢复所有相关配置及接入网的各功能与 AN-SMF 的状态信息。

(2) SMF 监测

故障检测与指示的作用是指出 AN-SMF 各部分是否正常,以及不正常的状态,并将其报告给接入网的 OSF。

1.8　接入网特点

接入网位于市话中继网和用户之间,直接担负用户的信息传递与交换工作,它与长途网和市话网有明显的不同,具有以下主要特点。

1. 业务量密度低

通常,一条高密度业务量的中继电路每天可能需要传递数百至上千次呼叫,电路占用率高达 90% 以上,而一条住宅用户至本地交换机之间的用户接入电路可能每天只需要传递几次呼叫,绝大部分时间是闲置不用的,业务量密度极低。统计结果表明,核心网中继电路的占用率通常在 50% 以上,而住宅用户占用率仅为 1% 以下。上述结果导致网络的这一部分经济效益很差,使人们不太愿意轻易投资这一领域。

2. 完成复用、交叉连接和传输功能

接入网主要完成复用、交叉连接和传输功能,不具备交换功能。如果接入网设备提供开放的 V5 标准接口,可实现与任何种类的交换设备进行连接。

3. 提供各种综合业务

接入网业务需求种类多,除接入语音业务外,还可接入数据业务、视像业务和租用业务等。

4. 网径较小

接入网只连接用户与本地交换机,其传输距离短,在市区为几千米,在偏远地区为几千米到十几千米,而长途网和市话网则不同,它们是信息传递的干线部分,覆盖范围广,传输距离远得多。

5. 成本与用户有关

接入网需要覆盖所有的用户,这就造成成本上的极大差异。例如,居住在市中心的用户可能只需 1~2 km 的接入线,而偏远地区的用户有可能需要十几千米的接入线。因而一个偏远地区用户的成本要比居住在市中心的用户高出 10 倍以上。核心网的情况相反,每个用户需要分担的网络设施的成本十分接近,同一交换区的用户需分担的网络设施成本是一样的,不同交换区之间的差别最多也只有 3~4 倍。

6. 成本与业务量无关

核心网的总成本对业务量很敏感,对一定的业务量可以预测需求,可以最佳地配置网络。而用户接入网工作在低密度业务量下,而且一个每天只有几分钟业务量的住宅用户与一个每天可能有几小时业务量的企事业用户的成本是一样的。因而尽管用户接入电路的业务量变化很大,但对接入网设施的成本却没有明显的影响,即成本与业务量基本无关。

7. 线路施工难度大

接入网的网络结构与用户所在的实际地形有关,一般线路沿街道敷设,所以其网路复杂。敷设线路时,需要在街道上挖掘敷设管道的沟槽,地形多变,则光缆敷设的要求更高,因此施工难度大。

8. 光纤化程度高

接入网可以将其远端设备(ONU)设置在更接近用户的地方,使得剩下的铜缆段距离缩短,有利于减少投资,也有利于宽带业务的引入。

9. 运行环境恶劣

接入网设备往往安装在室外不可控环境下(如路边),要遭受风吹、日晒、雷击、冰雹、虫鼠咬以及人为的破坏,所以在技术上和机械保护上需要采取很多特殊措施。据美国贝尔通信研究中心估计,由于电子元器件和光元器件的性能是随温度的变化呈指数关系变化的,所以接入网设备中的元器件恶化的速度比一般设备快 10 倍,这就对元器件的性能和极限工作温度提出了相当高的要求。

10. 组网能力强

接入网可以根据实际情况提供环形、链形、树形等灵活多样的组网方式,且环形具有自愈功能,也可带分支,有利于电信网路结构的优化。

小　结

1. 本章介绍了接入网的基本概念、结构和接口,以及接入网的分层模型和接入类型、管理等内容。

2. 本章内容较多,重在理解。通过学习此章,帮助读者更好地掌握接入网定义,界定接入网的界限,理解接入网的功能结构和接入类型。

思考与练习

1-1　什么是接入网?其出处是什么?其在整个电信网中的位置和作用如何?

1-2　铜线接入距离一般有多远?最大有多远?

1-3　接入网采用光纤作为传输线有哪些好处?

1-4　什么是核心网?

1-5　接入网是如何来定界的?试述各接口的作用?

1-6　接入网的基本功能组是什么?它们的主要功能是什么?

1-7　接入网分层模型有哪些?并说明各组成部分的作用。

1-8　接入网接入类型有几种?

1-9　ISDN 基本速率是多少?基群速率是多少?

1-10　介绍 UNI、SNI、Q_3 的基本功能及种类。

1-11　接入网的系统管理功能结构是什么?

1-12　试述接入网的特点。

第2章

铜线接入网技术

虽然电话铜线的传输带宽有限,但由于电话网非常普及,能提供方便快捷的接入方式,而且接入速率也不断提高,因此铜线接入技术在接入网中仍然占有重要地位。

随着通信技术的不断发展,在普通电话线(双绞铜线)上传输越来越高速的数字信息成为现有电信接入网升级的一种重要手段。传统的铜线接入技术是借助公用电话交换网络(Public Switching Telephone Network,PSTN),通过话带 Modem(调制解调器)拨号实现用户接入的。在 20 世纪 50 年代,话带 Modem 的传输速率是 300 bit/s,60 年代为 2 400 bit/s,70 年代为 9 600 bit/s,自从 80 年代发明了 TCM 以来,话带 Modem 的传输速率获得大幅提高,经过了 14.4 kbit/s、19.2 kbit/s、28.8 kbit/s、33.6 kbit/s 等几个阶段,一直到目前的 56 kbit/s,这几乎接近了香农定律所指出的话带信道(0.3~3.4 kHz)的极限容量。

由于话带 Modem 占用的频带十分有限,只有 3 100 Hz,因此传输速率进一步提高的潜力不大。为进一步提高传输速率,必须充分利用双绞铜线的频带,由于双绞铜线在一定距离内的最高传输频率要远大于 3.4 kHz,于是利用话带信道以上频率并采用各种先进的调制和编码技术的 xDSL(数字用户线路)技术应运而生,如目前流行的 ADSL、HDSL、VDSL 等技术,使得电话铜线接入由窄带接入进入到宽带接入时代。

2.1 铜线用户线路网

在世界各国的接入网中,铜线用户线路网是迄今为止投资最大的部分,在整个电信网的投资中,它也占有相当大的比例。有资料表明,在整个电信网的投资额中,用户线路的投资比例约占 30%。在有些大城市,对二线用户线路的投资甚至超过整个电信网投资的一半。这表明,铜线用户线路网是电信网中一部分相当重要的资产。如何让这一重要资产在现代电信网中继续发挥作用,是电信网运营者和技术人员共同关心的问题。

铜线用户线路网又称铜用户环路,它的作用是把用户话机连接到电话局的交换机上。铜线接入网是由铜线用户线路网发展演变而来的,因此本节先介绍一些与铜线用户线路网有关的内容。

2.1.1 铜双绞线和音频对称电缆

铜线用户线路网一般由铜双绞线和音频对称电缆构成。

电话铜双绞线(Twisted Pair,TP)是用户线路网中最常见的一种介质类型。双绞线由两根具有绝缘保护层的铜导线组成。把两根绝缘的铜导线按一定密度互相绞在一起,可降低信号干扰的程度,这是由于每一根导线在传输中辐射的电波会被另一根线上发出的电波抵消。双绞线一般由两根 0.4~0.9 mm 的绝缘铜导线相互缠绕而成。如果把一对或多对双绞线放在一个绝缘套管中便成了双绞线电缆。在双绞线电缆(也称双扭线电缆)内,不同线对具有不同的扭绞长度,一般来说,扭绞长度在 14~38.1 cm 内,按逆时针方向扭绞,相邻线对的扭绞长度在 12.7 cm 以上。与其他传输介质相比,双绞线在传输距离、信道宽度和数据传输速度等方面均受到一定限制,但价格较为低廉。目前,双绞线可分为非屏蔽双绞线(Unshielded Twisted Pair,UTP)和屏蔽双绞线(Shielded Twisted Pair,STP)。

虽然双绞线主要是用来传输模拟声音信息的,但同样适用于数字信号的传输,特别适用于较短距离的信息传输。在传输期间,信号的衰减比较大,并且产生波形畸变。采用双绞线的数字信号传输带宽取决于所用导线的质量、长度及传输技术。如果采用相应技术,在用户网范围(<6 km)线对的最高可用频率大约为 1.1 MHz。当距离很短(几百米范围内),并且采用特殊的电子传输技术时,传输速率可达 100~155 Mbit/s。由于利用双绞线传输信息时要向周围辐射,信息很容易被窃听,因此要花费额外的代价加以屏蔽。屏蔽双绞线电缆的外层由铝箔包裹,以减小辐射,但并不能完全消除辐射。屏蔽双绞线价格相对较高,安装时要比非屏蔽双绞线电缆困难。类似于同轴电缆,它必须配有支持屏蔽功能的特殊连结器和相应的安装技术。但它有较高的传输速率,100 m 内可达到 155 Mbit/s。

音频对称电缆是由多股铜芯线按一定规则扭绞而成。芯线通常是线径为 0.4~0.9 mm 的铜导线,每一芯线的外面用绝缘的纸或塑料覆盖,多股芯线的扭绞方式为成对扭绞或星形四线组扭绞,并通过变换扭距来减小不同线对之间的串音干扰。这些线对或四线组在同心层内按一定规则组合,并逐层排列以构成一根完整的电缆。其中每一线对构成一双绞线,可作为一条二线用户环路使用;而每一四线组则可作为一条四线用户环路使用。电缆的外面加有耐受光、热、湿的防护套,防护套的材料有铅和塑料两种,这种电缆包含的双绞线通常为4~3 000 对。

为什么要把多股芯线绞合在一起?这样做有两个目的:其一,增加音频对称电缆的机械稳定性,同时提高其电气参数的稳定性;其二,减小不同线对之间的串音干扰,并消除各个线对之间的位置差异效应,进而使各线对之间的串音干扰得到均衡。

音频对称电缆的对称性是指,每对双绞线与其他第三根导体(如大地、电缆金属外皮和其他导体)之间的电气特性相同。通常,在线路终端,双绞线与耦合变压器之间采用对地平衡的连接方式。这种对称性结构,可以把传输过程中双绞线上感应的同向等量的干扰电流消除干净。

音频电缆用户网可以采用架空电缆、地下电缆或管道电缆等敷设方式。不论哪种方式,随着传输距离的增加,其损耗将增大。同时,随着频率的增高,不仅其衰减迅速增大,而且邻近线对之间的串音干扰也变大。

2.1.2 用户线路网

用户线路是连接用户话机到电话局的线路。它分布广,数量多,是电信网的重要组成部分。连接到同一电话局的所有用户线的集合构成用户线路网。用户线路网一般为树形结构,它是由馈线电缆、配线电缆、用户引入线及分线盒、交接箱等组成,如图 2.1.1 所示。图中,馈线电缆也叫主干电缆,它是连接电话局到用户集中配线区的电缆,通常采用芯线数量较大的音频对称电缆;配线电缆是连接交接箱和分线盒的电缆,通常采用芯线数量较少的音频对称电缆;用户引入线是连接分线盒与用户话机的线路;交接箱与分线盒被称为配线设备,完成对馈线电缆与配线电缆以及用户引入线的分配连接功能。在实际应用中,根据服务区内用户数目的多少,交接箱可以以级联方式分支。单个落地线通常使用平行铜质线。由于落地线长度较短,除潜在的辐射效应外,对环路的传输特性影响较小。

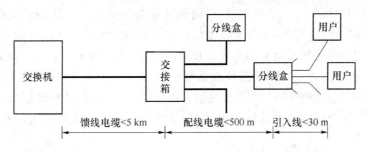

图 2.1.1 用户线路网结构

用户环路线缆的敷设方式通常有以下几种:
- 架空明线(挂在线杆上);
- 直埋(地下);
- 地下管道(由专用管道保护)。

架空明线比直埋和地下管道方式更易于受到射频干扰(RF)的影响。早期的用户环路,多数为架空明线方式。而随着城市基础设施的不断完善,现在的线路安装则多数采用地下管道方式。

据统计,对于市内用户线路网,馈线电缆长度通常为数千米,极少超过 10 km;配线电缆长度一般为数百米;而用户引入线一般只有数十米。可见,用户线路的主要长度是馈线电缆长度。

一个国家的用户线路长度,取决于该国的经济、地理和人口分布情况,不同国家情况不同,而且存在较大差异。据统计,累计概率为 90% 的用户线长度:我国为 6.6 km,美国为 6.2 km,德国为 5 km,英国为 3.8 km,意大利为 2.6 km。累计概率为 50% 的用户线长度:我国为 2.2 km,美国为 3.6 km,德国为 2 km,英国为 2 km,意大利为 1.2 km。在上述五国中,意大利的用户线长度是最短的,我国与美国的用户线长度则是最长的。用户线路的长度对适用技术有很大影响,因而直接影响网络的发展演进。

对用户线路网的设计,应满足如下 4 点基本要求。

① 灵活性:当用户的分布发生变化时,应具有一定的调节应变能力。即电话局既要照顾到用户的多点分布,又要方便新增或改、移用户的接入需要。

② 经济性:在考虑灵活性要求的同时,还要考虑到敷设电缆的利用效率。

③ 稳定性:线路和线路设备应具有相对的稳定性,应尽量做到一劳永逸。

④ 隐蔽性:尽可能做到地下化、隐蔽化。

上述 4 条基本要求,有些要求是互相矛盾的,如经济性与灵活性,进行具体设计时要根据实际情况折中考虑。

2.1.3 配线方式

用配线设备对用户电缆(包括馈线电缆和配线电缆)与用户引入线进行分配连接称为配线。在用户接入网中把任何一对入线和任何一对出线进行连接的线路设备叫分配线设备。配线设备主要有交接箱、交接间等;常用的分线设备主要有分线盒和分线箱等。

本地电话网的电缆配线区域是对用户线路的电缆进行配线,由市话交换局测量室总配线架起,布设至用户话机止。全程包括:局内测量室总配线架→成端电缆(局内电缆)→地下管道或架空电缆(馈线电缆)→交接箱→配线电缆→分线设备→引入线→用户话机。

为了适应用户的逐渐发展和部分用户迁移的需要,在考虑电缆芯线的分配时,必须保留15%的备用线对,以便在用户要求迁移或急需装机,以及发生障碍时,能及时调度。所以电缆线对的使用率不能达到100%。通常电缆芯线的使用率,最高只能到80%～90%。

配线方式与用户线路网的灵活性、有效性有很大关系,主要的配线方式有如下 4 种。

1. 直接配线

直接配线不需要交接箱,由局内总配线架经馈线电缆延伸出局,将电缆芯线通过分支器直接分配到分线盒上,分线设备之间及电缆芯线之间不复接,即局线与分线设备端子存在一一对应关系的配线方式。

直接配线具有结构简单、维护方便的优点。因为具有一一对应的特点,对目前开通的宽带数据业务(如 ADSL)特别有利。缺点是灵活性差、无通融性、芯线利用率低。所以,直接配线目前广泛用于进局配线区、单位内的宅内配线电缆及交接箱后的配线电缆线路网络上。

2. 复接配线

复接配线是把从电话局出来的馈线电缆,在配线点用复接形式直接分配给不同的配线电缆,这些不同的配线电缆再分别连接到不同的配线点,继续用复接形式分配给后面的不同配线电缆,这样一层一层复接分配下去,最后连接到分线盒上。这种配线方式同样不使用交接箱,如图 2.1.2 所示。图中,由电话局接出的是芯线数为 400 对的馈线电缆。在第一级配线点(D_1),馈线电缆被分配给芯线数分别为 200 对的 3 条配线电缆,分别连接到 3 个不同的第二级配线点(D_2)。主干电缆有 400 对芯线,与它连接的 3 条配线电缆各有 200 对芯线,显然,400 小于 3 个 200,所以 3 条配线电缆只能采用复接的形式与馈线电缆连接。由图可知,馈线电缆 400 对芯线的对应序号是 1～400,3 条配线电缆的对应序号分别是 1～200、101～300 和 201～400。这样复接的结果使 3 条配线电缆之间各有 100 对芯线是重复的,这就是说在两个地区出现了同一号码,这正好给线路的使用带来了灵活性。但是,由于复接连线的存在会使通话质量下降,因此除了老线路,目前新建线路已不大采用这种方式。

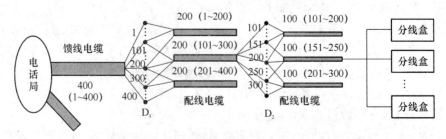

图 2.1.2 复接配线示意图

3. 交接配线

采用交接箱通过跳线将馈线电缆与配线电缆连通的方式,称为交接配线。交接配线具有良好的灵活性,是通融率最大的一种配线方法,交接箱装设在馈线电缆与配线电缆之间,与配线架作用相同,它能使双方电缆的任何线对都能根据需要互相接通。部颁《市内通信全塑电缆线路工程设计规范》中明确规定"市内通信全塑电缆线路应以交接配线方式为主,辅以直接配线和复接配线方式",交接配线方式在我国市话线路网中已被广泛采用。

在交接配线中,馈线电缆芯线一般不相互复接。经过交接箱出来的配线电缆的芯线,另行编号,成为一个独立的线序系统。

交接配线如图 2.1.3 所示。它是将电话局的服务区分为若干个用户区,在每一个用户区内设一个交接箱。通过交接箱来连接馈线电缆与配线电缆,使双方的任何芯线都能互相换接。这种配线方式的优点较多,如线对调度灵活;安装电话快;查找故障线对方便;馈线电缆与配线电缆相对稳定,扩建时互不影响;避免了复接线路,对传输数字信号有利。

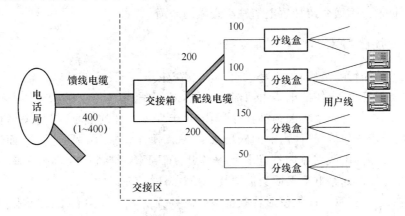

图 2.1.3　交接配线示意图

4. 自由配线

自由配线是直接配线的另一种形式,是近几年来为推广使用全塑色谱电缆而研究出的一种新方式,馈线电缆芯线的编号可根据其颜色来辨认,操作简便。采用这种方法,可在需要时选择电缆内的任意芯线接到分线盒的相应端子上,然后通过用户引入线接用户话机。这种配线方式的特点是电缆芯线可根据用户实际需要随时引出,电缆芯线不复接,线序也可以不连续,轻便型分线盒可以在电缆沿线任意地点安装(含在杆档之间的钢绞线上附挂),分线盒容量与实际接入接线端子板上的芯线对数也可以不一样。这种配线方法的优点是用户电缆芯线利用率高,适用于全塑全色谱的电缆,且不要求电缆接头密封的地区。

2.1.4　传输设计

用户线路是连接话机到电话局的传输媒质。它所承担的任务是:为话机提供工作需要的直流电源;传输话机与交换机之间的信号音、控制信号和双向通话信号。因此,对用户线路的传输设计应当使其满足交换机机件动作的要求和保证通话质量的要求。

用户线路的传输设计应考虑两个方面:一是直流设计;二是交流设计。

① 直流设计的主要内容是用户线的直流电阻设计。用户话机与交换机之间,是靠用户线中有无直流电流来识别摘机、挂机、拨号等信号的。如用户线路过长,则其直流电阻过大,

这将使上述信号不能被交换机正确接收,所以必须限制用户线的环路直流电阻。例如,步进制交换机的环路直流电阻应为 1 000～1 200 Ω;纵横制交换机的环路直流电阻应为 1 600～2 000 Ω;程控交换机的环路直流电阻可达 2 000 Ω。应当根据不同交换机对环路直流电阻的极限要求,来选择所用电缆的芯线直径和电缆型号。

② 交流设计的主要内容是以响度参考当量和传输损耗的分配值为基础,根据用户环路的长度,按照传输损耗分配值,来选择所用电缆的芯线直径和电缆型号。最后与直流设计结果比较并进行综合考虑。

在有些场合,需要延长用户环路。如果延长用户环路受到直流馈电回路的限制,则应采用支持直流馈电的延伸器。如果延长用户环路受到话音信号衰减的限制,则有两种解决办法:一种是在线路中使用增音器,用以补偿话音信号的传输衰减;另一种是选用加感电缆,用以减小线路的衰减。使用增音器时,所用增音器可以使用两种不同的放大器:①双向混合放大器,它能支持话音信号的双向传输;②话音开关放大器,它只能支持两个方向上一个较强信号的单向传输。下面介绍加感电缆减小衰减的原理。

2.1.5 加感技术

双绞线的传输特性是,随着频率的升高其衰减量增大,其原理可以由电磁场理论来解释。根据电磁场理论,导体的电感由两部分组成,即:内电感与外电感。其外电感取决于导体外面的磁场,一般与频率无关;其内电感则取决于导体内部的磁场,却与频率有关。随着频率升高,由于趋肤效应,导体内部的磁场减少,从而使导体的内电感减少,进而使其总电感减少。这样,导体的串联交流阻抗随着频率的升高而下降,交流电流则随频率的升高而上升。于是,在导体的回路电阻上的交流损耗将随频率的升高而增大。

双绞线的上述传输特性将使话音频带中的高频分量受到较大衰减,严重限制了其传输距离。为了解决这一问题,工程中通常采用加感技术。所谓加感,是指每隔一定距离在传输线路上串联一定大小的电感线圈,用以增加导线的分布电感。加装电感线圈后的线路通常称为加感线路。加感技术使得传输线的串联阻抗增加,这虽然使其电阻损耗减少,但却使其并联电导损耗变大。根据传输线理论,我们知道传输线的衰减常数公式近似为

$$\alpha = \alpha_R + \alpha_G = \frac{R}{2}\sqrt{\frac{C}{L}} + \frac{G}{2}\sqrt{\frac{L}{C}}$$

其中,α_R 是回路电阻衰减常数;α_G 是并联电导衰减常数;L、C、R、G 分别是传输线单位长度的分布电感、分布电容、分布电阻、分布电导。由上述公式不难得知,加感技术使传输线电阻损耗减少的同时却使电导损耗变大。因此,要适当选择加感线圈的电感量,使传输线的电阻损耗和电导损耗都较小。在电阻损耗占主导地位的音频电缆中,加感技术可使传输线的总损耗明显减少。

虽然采用加感技术可以使音频电缆的话带高频传输特性得到改善,使话带频率特性趋于平坦。但是,它却会妨碍频率高于话带频率的一次群数字信号的传输。因为一次群数字信号的频率较高,加载线路会使一次群数字信号传输通路的交流阻抗增加,从而使泄漏衰减增大。在欧洲,目前已经去掉加感线圈(采用 E1 接口速率为 2 Mbit/s);而在美国,大约 25%～30%的线路上仍然使用加感线圈(采用 T1 接口速率为 1.5 Mbit/s)。

2.1.6 用户线路网演进

用户线路作为电话网的组成部分,最初的设计目的是提供传统的老式电话业务(Plain Old Telephone Service,POTS)的接入,因此当初也只使用了电话铜线的 0～4 kHz 频段来提供电话业务。

后来,人们希望能通过电话铜线提供数据业务,因此出现了话带 Modem 接入技术。话带 Modem 将数据调制成话带内的模拟信号,再通过用户线路传输到局端,借助于电话网接入数据网。话带 Modem 技术只使用了话带频段,目前的 56 kbit/s 的速率已达到了极限。

由于话带 Modem 技术采用话带和模拟传输方式,占用的频带只有 0.3～3.4 kHz,接入速率有限,且不能数话同传,因此传输速率的进一步提高的潜力不大。一种能够进行数话同传的全数字接入方式应运而生,这就是 ISDN 接入。ISDN 是一个全数字的网络,ISDN 实现了在用户环路上以数字的形式进行传输,提供端到端的数字连接,传输质量大大提高,它使用 2B1Q 的线路码,在一对绞线上双工传送 160 kbit/s 的码流,占用 80 kHz 的频带,传输距离达到 6 km。ISDN 采用时分复用的方式实现数话同传,对于基本速率接口,最高数据传输速率可达 144 kbit/s(2B+D)。

随着用户宽带接入需求的不断增长,ISDN 的接入速率已不能满足需求。无论是电信运营商还是设备制造商,从来都没有停止过对电话铜线频段资源的进一步开发。xDSL(数字用户线)技术就是充分开发电话铜线的带宽资源,并采用先进的调制技术而产生的一种新型的电话铜线接入技术。ADSL 使用的频段为 25 kHz～1.104 MHz,下行最高速率达到 8 Mbit/s,VDSL 的频段理论上限为 30 MHz(目前使用为 12 MHz),最高速率达到了 52 Mbit/s。

用户线路技术的演进主要表现在两个方面:即频段的开发和利用以及接入技术的演进。随着技术的发展,频段从最初使用的几千赫兹到今天的几十兆赫兹,技术也从最初的 POTS 接入技术发展到今天的 xDSL 接入技术,接入速率从最初的每秒几百比特到今天的每秒几十兆比特。电话铜线的可用频段可能还会更高,接入的速率也可能会进一步提高。

2.2 铜线对增容技术与系统

所谓铜线对增容,是指在现有基础上增加用户铜线对的传输容量。或者说,使多个用户终端共享同一对用户线路。因此,铜线对增容技术是一种传输媒质共享技术。

目前,采用铜线对增容技术,可以在普通铜线上成功实现 ISDN 基本速率(2B+D)的全双工传输。这种技术不仅适用于大多数非加载环路,而且能与原有模拟业务兼容。在网络结构和线对选择都不变的情况下,只要在交换局端和用户端引入相应的增容设备,就可以在现有用户线上增加不同号码的用户话机或其他用户终端设备的布放,因此具有较大的吸引力。当用户电缆中的铜线对数不够用,而敷设用户电缆的管道空间又受限不能增设新的用户电缆时;或者用户数增加不多,不值得敷设新的用户电缆时,常采用线对增容技术。对于电话局来说,这种技术是缓解用户线紧张的一种临时性或过渡性手段;但对于租用线路的用户来说这种技术却可以作为扩大其业务种类的永久性措施。

有两种常用的铜线对增容技术,即信号复用技术和线路集中技术,目前已根据这些技术研究出一些实用系统,下面分别予以介绍。

2.2.1 信号复用技术

在铜线对上,常用的信号复用技术有频分复用(FDM)与时分复用(TDM)两种。前者是将铜线对信道的使用频带分为不同的子带,不同信号占用不同的子带,各路信号采用滤波器进行合路和分路;后者是将铜线对信道的使用时间分为不同的时隙,不同信号占用不同的时隙,各路信号采用开关电路进行合路和分路。一般地,在模拟传输中,常采用频分复用技术;在数字传输中,常采用时分复用技术。

目前,采用信号复用技术的铜线对增容系统(PGS)主要有以下几种。

(1) 1+1模拟系统

在现有的用户线上,除了提供原来的1路PSTN传统连接外,再增加1路PSTN的非传统连接。增加的这路非传统连接采用模拟载波传送方式,即采用调制技术将信号搬移到话带(0.3~3.4 kHz)之上的一个频带内进行传输。由于两路信号占用铜线对信道的频带不同,两路信号互不影响,故这种增容系统采用的是频分复用技术,采用这种系统的用户环路属于模拟用户环路。如图2.2.1所示。

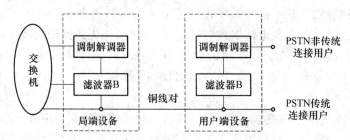

图 2.2.1 1+1模拟系统

(2) 1+1混合系统

它与1+1模拟系统相似,即除了提供原来的1路PSTN传统连接外,可以再增加1路PSTN的非传统连接。它们的区别在于,对增加的1路非传统连接信号的传输方式不同。1+1模拟系统采用模拟载波传送方式;而1+1混合系统则采用PCM编码的数字传输方式。因此,1+1混合系统属于数模混合用户环路系统。在1+1混合系统中,2路信号也是通过采用频分复用技术来共享铜线对信道的。为了阻止另一路传统连接中的模拟信令使用的高压通、断信号对数字传输带来的干扰,1+1混合系统需要采用特殊的滤波器。

(3) 0+2数字系统

该系统不存在PSTN传统连接(即PSTN传统连接数为0),但有2个PSTN非传统连接,而且这2个非传统连接均采用PCM编码的数字传输方式,并通过时分复用技术进行合成与分离,因此,这种系统属于数字用户环路系统,实际就是基本速率ISDN的接入方式。在该系统中,每路信号编码速率为64 kbit/s,经时分复用,2路信号速率总计为128 kbit/s(2B),再考虑到信令信号16 kbit/s(D),则系统传输速率为144 kbit/s(2B+D)。

(4) 0+4数字系统

与0+2数字系统相似,本系统也不存在PSTN传统连接,但有4个PSTN非传统连接,而且这 4 个非传统连接均采用数字传输方式。与 0+2 数字系统不同的是,本系统采用 ADPCM 压缩编码,每路信号编码速率为 32 kbit/s,经时分复用,4 路信号速率共为 128 kbit/s(2B),再考虑到信令信号 16 kbit/s(D),则本系统传输速率为 144 kbit/s(2B+D)。因此,它与 0+2 数字系统的传输速率相同。图 2.2.2 示出 0+4 数字系统的原理框图。其中,局端设备与用户端设备分别完成 4 路信号的编码/解码和时分复用的合路/分路任务。

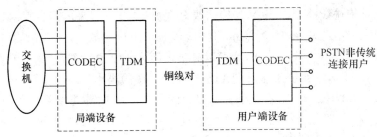

图 2.2.2　0+4 数字系统

(5) 0+8 数字系统

本系统与 0+2、0+4 数字系统基本相同。唯一的区别是,对每路信号的编码速率更低。即本系统对每路信号的压缩编码速率为 16 kbit/s,经时分复用,8 路信号的总编码率为 128 kbit/s。因此,它与 0+2、0+4 数字系统的传输速率相同,均为 144 kbit/s。虽然 0+8 数字系统的传输效率比 0+2、0+4 数字系统高,但是它的服务质量与它们相比却要差点。其主要原因有两点:一是编码精度和编码延时会降低服务质量;二是如果采用高速调制解调器,信道传输会引起较大的传输波形失真。一般来说,对于同样的传输波形失真,16 kbit/s 的压缩解码器的误码率相比要高。因此,这种系统使用较少。

在上述线对增容系统中,交换局端和用户端都要用到信号复用设备。只要这些设备的价格低于达到同样容量需要增加的用户线价格,这种增容系统就是可取的。

2.2.2　线路集中技术

线路集中(LC)是另一种用户线路增容技术,如图 2.2.3 所示。它是将 N 条用户线路集中起来由 M 个用户终端共同使用,其中 $M>N$。当用户终端的呼叫概率较低时,采用线路集中技术是提高线路利用率的有效方法。

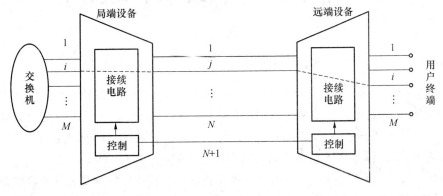

图 2.2.3　集中器原理

　　用户线路集中使用的任务由集中器(Concentrator)来完成。集中器由位于用户侧的远端设备和位于交换局侧的局端设备两部分组成,见图2.2.3。远端设备通过 N 条用户线与 M 个用户终端相连,同时对用户端机的状态进行监视,并把要求呼叫的用户(i)通过内部接续电路连接到一对空闲传输线路(j)上。与此同时,它还将此连接信息通过一条控制信道送给局端设备。局端设备根据远端设备送来的连接信息,通过其内部的接续电路把该传输线对(j)连接到交换机的 i 接口(与用户 i 相对应)上。可以看出,只有要求呼叫的用户终端,才被连接到一对传输线路上。当 N 条传输线对全被占满时,再来的用户呼叫将被阻塞。

　　集中器的集中增益常用 M/N 表示,其中,M 表示用户终端数,N 表示用户传输线对数。只要同时要求呼叫的用户数 $M \leqslant N$,就可以满足无阻塞正常通话的需要。当然,如果同时要求呼叫的用户数 $M > N$,则要发生呼叫阻塞。目前出现的集中器种类有 14/5、15/6、90/16、128/32、160/28 等多种。其中,有些还具有微交换与维护测试等功能。一般,集中器的最大集中增益可达 8∶1,超过这一比值,将会发生较大的呼叫阻塞,使服务质量明显下降。

　　集中器还可以与复用器结合使用,如图2.2.4所示。这种结构可以进一步扩大用户的放号数量,从而进一步提高线路的利用率。

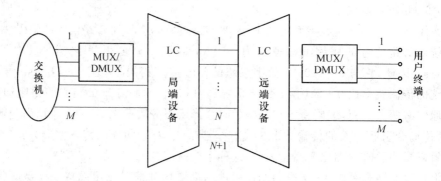

图2.2.4　集中器与复用器结合使用

　　最后,需要说明的是,由于在铜线对增容系统中增加了远端设备,如果仍由交换局端对其供电,则需要采用有别于给普通话机供电的特殊方案。关于铜线对增容系统中的供电问题,我们将不在这里专门来讲述,请参考相关资料。

2.3　话带 Modem 和 ISDN 接入技术

2.3.1　话带 Modem 拨号接入

　　使用话带 Modem 的拨号接入技术曾经是用户接入 Internet 的最主要的方式之一。通过现有的模拟电话线路和电话网络,用户可以通过话带 Modem 进行拨号实现最低成本的 Internet 接入。它也是接入网技术中应用最早、技术最成熟的一种接入技术。然而,随着 xDSL 技术的出现,拨号接入技术已逐渐成为昨日黄花。

　　Modem 是基于 PSTN 的 IP 接入的主要设备之一。其主要作用是将计算机的数字信号转变成模拟信号在电话线上传输。Modem 的种类很多,有基带的、宽带的、有线的、无线的、音频的、高频的、同步的、异步的。其中最普及、最便宜的就是利用电话线作为传输介质的音频 Modem，也称话带 Modem。

1．Modem 拨号接入应用模型

基于 PSTN 的 Modem 拨号接入是一种简单、便宜的接入方式。用户需要事先从 ISP（服务提供商）处得到拨叫的特服号码、登录用户名及登录口令，经过拨号、身份验证之后，通过 Modem 和模拟电话线，再经 PSTN 接入 ISP 网络平台，在网络侧的拨号服务器上动态获取 IP 地址，从而接入 Internet。图 2.3.1 给出了典型的通过 PSTN 拨号接入 Internet 网络的应用示意图。

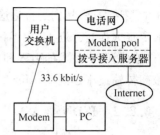

图 2.3.1　PSTN 拨号接入应用模型

用户拨号入网通常采用的链路协议为 PPP（点到点协议）。当用户与拨号接入服务器成功建立 PPP 连接时，通常会得到一个动态 IP 地址。在 ISP 的拨号服务器中存储了一定数量的空闲的 IP 地址，一般称为 IP pool（IP 地址池）。当用户拨通拨号服务器时，服务器就从"池"中选出一个 IP 地址分配给用户 PC，这样用户 PC 就有了一个全球唯一的 IP 地址，此时，用户 PC 成为 Internet 的一个站点。当用户下线后服务器就收回这个 IP 地址，放回 IP 地址池中，以备下次分配使用。

2．Modem 技术的发展

调制技术是 Modem 的核心技术。Modem 的基本调制方法有 3 种：幅度键控（ASK）、频移键控（FSK）和相移键控（PSK）。随着对数据传输速率要求的不断提高，正交相移键控（QPSK）、正交幅度调制（QAM）等调制技术逐渐应用到 Modem 中，使得 Modem 的数据传输速率得到很大提高。

随着技术的不断发展和完善，Modem 的功能日益增多，各种 Modem 产品也越来越多。为了保证各厂商生产的 Modem 采用相同的协议连接通信，ITU-T 颁布了一系列的建议，以保证不同厂家、不同型号的 Modem 之间彼此相互兼容、相互连接。关于 Modem 的主要系列标准见表 2.3.1 所示。

表 2.3.1　Modem 系列标准

协议	协议内容
V.21	300 bit/s 全双工通信协议
V.22	600 bit/s 和 1 200 bit/s 半双工通信协议
V.22bis	1 200 bit/s 和 2 400 bit/s 全双工通信协议，可以与 V.22 Modem 通信
V.32	4 800 bit/s 和 9 600 bit/s 全双工通信协议
V.32bis	将 V.32 标准扩充到 7 200 bit/s、12 000 bit/s 和 14 400 bit/s
V.34	33.6 kbit/s，同/异步，全双工通信协议
V.90	56 kbit/s 数据传输标准（上行 33.6 kbit/s，下行 56 kbit/s）
V.92	缩短 Modem 建立连接时间，（上行 48 kbit/s，下行 56 kbit/s），增加 V.44 压缩和 Modem-on-hold 功能
V.42bis	规定了 Modem 的 LAPM（链路接入规程），具有差错控制和数据压缩功能。V.92 Modem 支持 V.42bis

由表 2.3.1 可知,话带 Modem 的发展是一个从低速到高速的过程。早期的话带 Modem 一般采用分立元件实现,传输速率低。20 世纪 70 年代后期,随着 LSL 和数字信号处理技术的飞速发展,特别是自适应均衡技术和回波抵消技术的引入,Modem 的传输速率和质量有了很大提高。进入 80 年代后,由于数字信号处理器(DSP)的发展,更重要的是 TCM(网格编码调制)技术的引入和发展,使话带 Modem 的传输速率进一步提高。目前 Modem 的最高传输速率达到 56 kbit/s,这几乎已经是话带所能达到的极限速率。

2.3.2 ISDN 接入

20 世纪 70 年代中期,电信业务只有电话和电报,它们在不同的网络中进行传输和交换。随着电信技术的进步,渐渐出现了很多新型业务,这些新业务要求建立新的网络,如出现了公众的电路交换和分组交换数据通信网络等。但多种不同的专用网的并存无论对运营部门还是用户,都存在很多缺点。对用户来讲,经济性差,效率低,使用不便;对运营部门来讲,使得运营维护成本大大增加,对运管部门的雇员要求提高,不利于新业务的迅速引入。

为了克服这些缺点,必须从根本上改变网络之间的隔离状况,用一个单一的网络来提供各种不同类型的业务,实现完全开放的系统的互连和通信,这个单一的网络就是综合业务数字网(ISDN)。20 年过后,ISDN 已经在数字电话网的基础上脱颖而出,不仅以迅速、准确、经济、可靠的方式提供目前各种通信网络中现有的业务,而且将通信和数据处理结合起来,开创了很多前所未有的新业务,展现了强大的生命力。

ISDN 是一种网络,它由电话综合数字网(IDN)演变而成,提供端到端的数字连接,以支持一系列广泛的业务(包括语音和非语音业务)。它为用户入网提供一组有限的标准:多用途用户-网络接口。

IDN 是在网络中使用数字传输和数字交换设备,即实现数字传输和数字交换的综合。在 IDN 中,以数字信号形式和时分复用方式进行通信。数据等数字信号可以直接在数字网中传输,而语音和图像等模拟信号则必须在发送端进行模拟/数字变换之后进行传输,在接收端要进行数字/模拟的反变换后才能完成通信。

ISDN 在 IDN 的基础上增加了业务综合的概念,并将网络数字化扩展到用户线。

脉冲编码调制(PCM)系统和程控交换设备的广泛应用为 ISDN 的发展打下了基础。综合数字网的通路基于 64 kbit/s,而 ISDN 正是使用 64 kbit/s 的传输速率为用户提供端到端的数字连接。ISDN 与其他网络的最大区别在于它能够提供端到端的数字连接。所谓端到端的数字连接,是指从一个用户终端到另一个用户终端之间的传输全部是数字化的,包括用户线部分。但传统的电话网中,从用户终端到交换机之间的传输是模拟的方式,当用户进行数字通信时必须利用 Modem 进行数字/模拟变换后才能在用户线上传送,而且在对方端口需要通过 Modem 进行信号的反变换。ISDN 改变了传统的电信网模拟用户环路的状态,使全网数字化变为现实,用户可以获得数字化的优异性能。ISDN 支持范围广泛的各类业务,不仅可以提供语音业务,提供数据、图像和传真的各种非语音业务,在用户需要通信时提供即时连接,而且还能提供专线连接。ISDN 能够提供标准的用户-网络接口,这是 ISDN 能获得发展的技术关键所在。它可以通过标准接口,将各类不同的终端纳入到 ISDN 网络中,使一对普通的用户线最多连接 8 个终端,并为多个终端提供多种通信的综合服务。

1. ISDN 网络结构

ISDN 的基本结构如图 2.3.2 所示。由该图可以看到 ISDN 的用户-网络接口、网络功能和 ISDN 的信令系统。

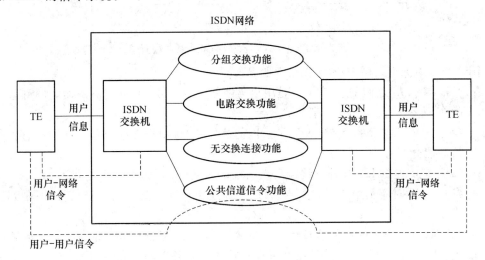

图 2.3.2　ISDN 的基本结构

ISDN 终端设备通过标准的用户-网络接口接入 ISDN 网络。窄带 ISDN 有两种不同速率的标准接口。一种是基本速率接口(Base Rate Access),速率为 144 kbit/s,支持 2 条 64 kbit/s 的用户信道和 1 条 16 kbit/s 的信令信道;另一种是基群速率接口(Primary Rate Access),其速率和 PCM 一次群速率相同(2 048 kbit/s 或 1 544 kbit/s),支持 30 条或 24 条 64 kbit/s 的用户信道和 1 条 64 kbit/s 的信令信道。这两种接口都可以用双绞电缆作为传输媒体。宽带 ISDN 的用户-网络接口上传输速率高于 PCM 一次群速率,可达到几百兆比特每秒,必须用光纤来传输。

ISDN 网络具有多种功能,包括电路交换功能、分组交换功能、无交换连接(或称非交换连接)功能和公共信道信令功能。

ISDN 具有 3 种不同的信令:用户-网络信令、网络内部信令和用户-用户信令。这 3 种信令的工作范围不同。用户-网络信令是用户终端设备和网络之间的控制信号;网络内部信令是交换机之间的控制信号;用户-用户信令则透明地穿过网络,在用户之间传送,是用户终端设备之间的控制信号。

ISDN 的信令全部采用公共信道信令方式,因此在用户-网络接口及网络内部都存在单独的信令信道,和用户信息信道完全分开。

2. 用户-网络接口

用户-网络接口提供用户进入网络的手段,一个标准、多用途的用户-网络接口是实现 ISDN 的基本要素之一。ISDN 的目标是用少数几个兼容的接口来实现大量的应用。

根据功能群和参考点的概念,CCITT I.411 建议提出了 ISDN 用户-网络接口的参考配置,如图2.3.3所示。

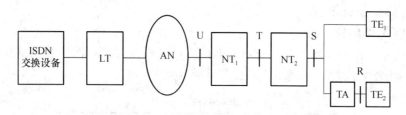

图2.3.3　ISDN用户-网络接口参考配置

图2.3.3中标出了用户-网络接口上的参考点:

- NT$_1$与NT$_2$之间的参考点T是用户与网络的分界点,T点右侧的设备归网管部门所有,左侧的设备归用户所有;
- 参考点S对应于单个ISDN终端入网的接口,它将用户终端设备和与网络有关的通信功能分开;
- 参考点R提供ISDN标准终端的入网接口,它位于TE$_2$和TA之间;
- 参考点U对应于用户线,这个接口用来描述用户线上的双向数据信号,但是到目前为止,CCITT还没有建立U接口的标准。

参考点T和S是承载业务的接入点。参考点R使不符合ISDN标准的设备能够经过终端适配器的转换之后接到ISDN的承载业务接入点。各功能组介绍如下。

① 1类网络终端(NT$_1$):NT$_1$功能组完成等效于OSI参考模型第1层(即物理层)的功能,主要涉及网络的物理和电磁终结功能,即传输功能。NT$_1$是ISDN网在用户处的物理和电气终端装置。NT$_1$可能属于运行管理部门所有,是网络的边界。这个边界使用户设备不受用户线上传输方式的影响。NT$_1$通常处于用户驻地,因而也要完成用户所要求的4/2线的转换功能。同时NT$_1$还要提供以下主要功能:线路传输终结功能、第1层的线路维护功能和性能监视功能、定时功能、供电功能、第1层的复用功能、接口终端功能。NT$_1$还支持多个信道(如2B+D)的传输,这些信道的信息在第1层上用同步时分复用方法复用成统一的数字比特流。最后,NT$_1$可以点到点的方式支持多个终端设备同时接入。这时,NT$_1$具有解决D信道竞争的能力。

② 2类网络终端(NT$_2$):NT$_2$又叫智能的网络终端,完成OSI参考模型1~3层的功能。NT$_2$的主要功能有:第2层和第3层的协议处理能力、第2层和第3层的复用功能、交换功能、集中功能、维护功能、接口终端功能和其他第1层功能。NT$_2$的例子有数字PBX(用户小交换机)、集中器和局域网。数字PBX和局域网可将一定数量的终端设备连接成局部地区的专用网络,提供本地交换功能,并经过T参考点和NT$_1$将局部网络和ISDN沟通。集中器不能进行本地交换,但是它将一群本地终端的通信业务量集中起来,再和ISDN相连,以提高用户-网络接口上信道的利用率。

③ 1类终端设备(TE$_1$):1类终端设备又叫做ISDN的标准终端设备,它是遵守ISDN用户-网络接口协议的规定的用户设备。TE$_1$完成用户侧的1~3层的功能以及某些面向应用的高层功能。主要有:协议处理功能、维护功能、接口功能、与其他设备的连接功能。TE$_1$设备例子有数字电话机和4类传真机。

④ 2类终端设备(TE$_2$):2类终端设备又叫做非ISDN标准终端设备,是不符合ISDN接口标准的用户设备。现在通信网中的设备,大多都是属于这种类型的终端设备。TE$_2$不

能直接与 ISDN 网络相连,TE_2 需要经过终端适配器 TA 的转换,才能接入 ISDN 的标准接口。TE_2 完成与 TE_1 相同的功能。TE_2 的设备有具有 RS-232 物理接口的终端和具有 X. 25 接口的终端;也可以是其他任何非标准设备。

⑤ 终端适配器(TA):非标准的 ISDN 终端设备接入 ISDN 网络,必须经过 TA 的转换,TA 完成适配功能:包括速率适配和协议转换,TA 具有 OSI 第 1 层的功能以及高层功能。

3. ISDN 信道结构

我们知道 ISDN 用户和中心局之间是以数字管道形式连接的,这个管道包含了多个通信信道。管道的容量和信道的数量根据用户的要求而改变。管道包含以下几种不同速率的信道:

- B 信道:64 kbit/s;
- D 信道:16 kbit/s 或 64 kbit/s;
- H 信道:384 kbit/s、1 536 kbit/s 或 1 920 kbit/s。

(1) B 信道

B 信道是用户信道,用来传送语音、数据等用户信息,传输速率是 64 kbit/s。一个 B 信道可以包含多个低速的用户信息(即多个子信道),但是这些信息必须传往同一目的地。这就是说,B 信道是电路交换的基本单位。B 信道上可以建立如下 3 种类型的连接。

- 电路交换连接:这相当于目前电话网中的数字交换连接,即当用户产生呼叫请求时,建立一条电路,使其和网络的另一个用户接通。应该再次指出,这种呼叫建立的过程并不在 B 信道上进行,而是利用公共信道信令来完成。
- 分组交换连接:B 信道可以用来将用户连接到分组交换节点,用户通过向 B 信道上发送 X. 25 分组信息来和另一个用户通信。
- 半固定连接:事先建立两个用户之间的连接,而不需要在每次呼叫时再使用呼叫建立规程,这等效于租用线路。

(2) D 信道

D 信道有两个用途:首先,它可以传送公共信道信令,而这些信令用来控制同一接口上的 B 信道上的呼叫;其次,当没有信令信息需要传送时,D 信道可用来传送分组数据或低速的(如 100 bit/s)遥控遥测数据。D 信道的速率是 16 kbit/s 或 64 kbit/s。

(3) H 信道

H 信道用来传送高速的用户信息。用户可以将 H 信道作为高速干线或根据各自的时分复用方案将其划分使用。典型的应用例子有:高速传真、图像、高速数据、高质量音响、由低速数据复用而成的信息流以及分组交换信息。目前 H 信道有以下 3 种标准速率:

- H0 信道:384 kbit/s;
- H11 信道:1 536 kbit/s(适用于 PCM24 路系统);
- H12 信道:1 920 kbit/s(适用于 PCM30/32 路系统)。

2.4　HDSL 技术

高速数字用户环路(HDSL)是铜线对增容技术进一步发展的结果,是对提供 ISDN 基本速率的 DSL 传输技术的发展和延伸。它利用两对或 3 对铜线,为用户提供无中继地传输 PDH 一次群速率(T1 或 E1)的双工数字连接。在线径为 0.4~0.6 mm 的铜线上,其传输距离可达 3～5 km。在用户线路紧张的情况下,采用这种技术可以迅速扩容。这种系统的主要用户是企事业单位,它可以为单位用户迅速灵活地提供租用线和会议电视等业务,它也可以作为无线基站和移动交换中心的低成本数字链路,还可以提供点到多点的数字连接,将来还能工作于 SDH 系统中。1988 年 Bellcore 首次提出了 HDSL 的概念,继而展开了对 HDSL 的研究、开发和试验。

本节将对 HDSL 的系统构成、关键技术、性能损伤、有关传输标准以及应用与发展进行简要介绍。

2.4.1　系统构成

HDSL 系统构成如图 2.4.1 所示。它是由两台 HDSL 收发信机和两对(或 3 对)铜线构成。两台 HDSL 收发信机中的一台位于局端,另一台位于用户端。位于局端的 HDSL 收发信机通过 G.703 接口与交换机相连,它把来自交换机的 E1 或 T1 信号转变为两路或 3 路并行低速信号,通过两对(或 3 对)铜线送给位于远端的 HDSL 收发信机。位于远端的 HDSL 收发信机则将收到的两路(或 3 路)并行低速信号,恢复为 E1 或 T1 信号送给用户。同样,该系统也能提供从用户到交换机的同样速率的反向传输,所以,HDSL 系统在用户与交换机之间,建立起 PCM 集群信号的透明传输信道。

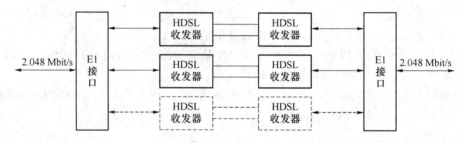

图 2.4.1　HDSL 系统构成

HDSL 系统的核心是 HDSL 收发器,它是双向传输设备,图 2.4.2 示出其中一个方向的原理框图。下面以 E1 传送为例说明其原理。

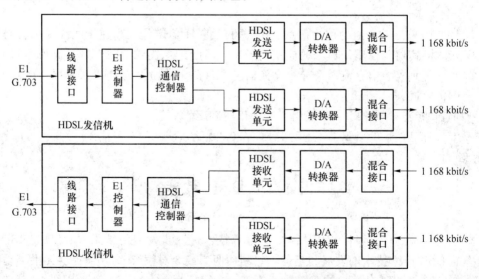

图 2.4.2　HDSL 收发器原理框图

发送机中的线路接口单元,对接收到的 E1(2.048 Mbit/s)信号进行时钟提取和整形,E1 控制器进行 HDB3 解码和帧处理,HDSL 通信控制器将速率为 2.048 Mbit/s 的串行信号分成两路(或 3 路),并加入必要的开销比特,再进行 CRC-6 编码和扰码,每路码速为 1 168 kbit/s(或 784 kbit/s),各形成一个新的帧结构,HDSL 发送单元进行线路编码,D/A 变换进行滤波处理以及预均衡处理,混合电路进行收发隔离和回波抵消处理,信号接收机中的混合电路作用与发送机中的相同,A/D 变换进行自适应均衡处理和再生判决,HDSL 接收单元进行线路解码,HDSL 通信控制器进行解扰、CRC-6 解码、去除开销比特,并将两路(或 3 路)并行信号合并为一路串行信号,E1 控制器恢复 E1 帧结构并进行 HDB3 编码,线路接口按照 G.703 要求送出 E1 信号。

关于 HDSL 系统的供电问题,通常这样处理:对于其局端 HDSL 收发信机采用本地供电;对于用户端的 HDSL 收发信机可由用户端自行供电,也可由局端进行远供。目前,不少厂家已在 HDSL 系统中引入电源远供功能,从而方便了用户使用。

2.4.2 关键技术

HDSL 系统关键技术主要包括线路编码、回波抵消和自适应均衡技术。

1. 线路编码

HDSL 系统采用的线路码型主要有两种:2B1Q 码和 CAP 码。

2B1Q 码的编码方法前面已经介绍过。这种编码的优点是:实现电路简单,使用经验成熟,与原有电话和 ISDN-BRA 兼容性好,已批量生产,成本低,故应用较多。但采用这种编码的 HDSL 系统,与采用 CAP 编码的系统相比,其线路信号的功率谱较宽,故信号的时延失真较大,引起的码间干扰较大,同时近端串话也较大,所以需要使用设计良好的均衡器和回波抵消器,来消除码间干扰和近端串话的影响。

目前,采用 2B1Q 编码的系统有两种:一种是使用两对线系统,另一种是使用 3 对线系统。前一种系统的线路速率为 1 168 kbit/s,后一种的线路速率为 784 kbit/s。由于后一种线路速率较低,所以在同样线径的线路上其传输距离较远。但是,由于它多用一对双绞线,成本较高,故使用得不多。CAP 码是 HDSL 系统中使用的第二种主要码型。它的编码原理是:将输入码流经串并变换分为两路,分别通过两个数字带通滤波器,然后相加即得到 CAP 码。这两个数字带通滤波器的幅频特性相同,但相频特性相差 90°。所以,CAP 码与正交幅度调制(QAM)信号相同。因为,如果将两路信号分别调制同一个载波,然后用两个滤波器把它们的相位移开 90°,再叠加到一起即得到 QAM 信号。CAP 编码与 QAM 的唯一区别是:QAM 使用了载波,而 CAP 编码不使用载波。

在 HDSL 系统中,CAP 码常和格码调制(TCM)结合应用,例如,TCM8-CAP64 编码的信号星座图与 QAM64 相同,但它的每个码元只包含 4 bit 信息(另外 2 bit 是 TCM 引入的用于纠错的冗余位)。采用这种编码的 HDSL 系统在两对双绞线上传输时,其传输性能优于 2B1Q HDSL 系统在 3 对双绞线上的传输性能。在 24 小时内统计的平均误码率可达 10^{-10},传输质量接近光纤的传输质量。在 0.4 mm、0.8 mm 和 0.9 mm 线径线路上的传输距离,分别大于 4 km、10 km 和 11 km。

2. 回波抵消

回波抵消技术在线对增容系统中已经获得成功,它使得在一对双绞线上进行 ISDN-

BRA 双工传输成为现实。在 HDSL 系统中,回波抵消技术仍然是一个不能缺少的关键技术。首先,由于 HDSL 系统中的线路传输速率提高,因此,要求回波抵消器中的数字信号处理器(DSP)的处理速度更快,以适应信号的快速变化。同时,由于线路特性引起信号拖尾较长,要求回波抵消器具有更多的抽头。其次,系统内部两对(或 3 对)双绞线之间的近端串话,也可以由回波抵消器予以消除,因为系统可以知道串话源的情况。

3. 自适应均衡

在 HDSL 系统中,自适应均衡也是一个关键技术。由于线路信号速率提高,线路的传输特性相应发生变化,这会导致信号波形的更大失真,引起更为严重的码间干扰。因此,要求自适应均衡器应当具有更强的均衡能力。通常,收、发两端都使用均衡器,发端采用固定预均衡器,接收端采用判决反馈自适应均衡器(DFE)。当然,接收端的 DFE 会产生错误传播问题,即它对当前码元的错判将会增大随后码元继续错判的概率。如果将 DFE 放在发端,则不会产生错误传播问题,但却会产生为了让发端得知线路传输特性的动态变化信息而增加的系统复杂性,因此采用得不多。

2.4.3　性能损伤

这里只说明损伤 HDSL 系统性能的两个主要因素:其一,HDSL 系统内部两对双绞线之间产生的近端串话,它将随线路频率的增高而增大;其二,邻近线对上的 PSTN 信令产生的脉冲噪声,这种噪声有时较大,甚至会使耦合变压器出现饱和失真,从而产生非线性效应。对于 HDSL 系统内部两对双绞线之间产生的近端串话,可以用回波抵消技术予以消除;对于脉冲噪声干扰,则需要采用纠错编码技术来对抗。不过,采用纠错编码会引入附加时延。

2.4.4　传输标准

关于 HDSL 系统的传输标准,目前主要有两种不同规定:一种是美国国家标准委员会(ANSI)制定的,另一种是欧洲电信标准委员会(ETSI)制定的。

ANSI 标准规定,美国 HDSL 系统采用 2B1Q 编码技术,利用两对铜线传输 T1 信号,每对线的传输速率分别为 784 kbit/s。对传输线路和系统比特误码率的要求是:

- 电缆必须没有负载;
- 回路中最多使用两种不同线规的电缆;
- 如果电缆有桥接分支,则 1 条支线的长度不能超过 600 m,所有分支的总长度不能超过 750 m;
- 26 号线规的电缆总长度不能超过 2.7 km;
- 19/22/24 号线规的电缆总长度不能超过 3.7 km;
- 系统的比特误码率(BER)不得低于 10^{-10}。

ETSI 标准规定了两种版本的 HDSL 系统标准:一种是使用 3 线对传输 E1,每线对传输速率为 784 kbit/s;另一种是使用两线对传输 E1,每线对传输速率为 1 168 kbit/s。ETSI 之所以提出使用 3 对双绞线传输 E1 的方案,主要是考虑到两个因素:其一,可利用美国已开发的超大规模集成电路(VLSI);其二,可以满足运营公司未来的需要。

评价 HDSL 系统性能的主要指标是:

- 比特误码率(BER)；
- 允许的传输距离；
- 不出现误码条件下,系统能承受的线路劣化程度。

2.4.5　应用与发展

目前,HDSL 系统在世界各地特别是欧洲和北美国家,已经大量投入各种实际应用。其中包括:标准 E1/T1 传输,基群速率的 ISDN、DDN 的下线,卫星地球站、无线寻呼和移动电话基站之间的上、下中继线。除此之外,HDSL 系统还可用于个人通信系统中无线收发信机与主交换机的连接,以及 LAN 之间与 WAN 之间的连接。HDSL 系统支持的业务有会议电视、图像业务以及 Internet 的传输等。在光纤到路边(FTTC)的应用中,HDSL 系统可提供到用户的最后接入。采用 HDSL 系统不仅具有传输各种数字业务的灵活性,而且还能提高系统连接的安全可靠性。因为,即使发生一对线路或两对线路中断,所剩下的其余线路仍可继续工作。所以,它的传输可靠性比采用中继设备的线路有很大提高。

可以认为,HDSL 系统是铜线接入业务(包括话音、数据、图像)的一个通用平台。HDSL 系统之所以能成为铜线接入业务的一个通用平台,是由其应用接口支持的。目前,HDSL 系统具有多种应用接口,例如,G.703、G.704 平衡与不平衡接口和 V.35、X.21 等接口,以及会议电视视频接口。另外,HDSL 系统还有与计算机相连的 RS-232、RS-449 串行口,便于用计算机进行集中监控;E1/T1 基群信号监测口,便于进行在线监测。在局端和远端设备上,可以进行多级环测和状态监视。

HDSL 技术的一个重要发展是芯片技术。随着芯片技术的发展与成熟,不少新的应用产品相继问世。例如,ECI 公司将 HDSL 与用户环路系统结合,推出能开通 15 部电话的 HDSLASLMX 系统。ORCKIT 公司也推出类似的设备 OR590 系统,可开通 16 部电话。ORCKIT 公司和 Nokia 公司还采用 HDSL 技术形成多级速率可调的高速 Modem,其最高传输速率可达 1 024 kbit/s。PairGain 公司另外还推出一种速率为 384 kbit/s 的 HDSL 系统,可以进行会议电视信号的传输,并能完成 LAN 之间以及 LAN 与 WAN 之间的信号传输。另外,为了进一步节省用户线资源,ORKIT 公司已开始试制单线对的 HDSL 系统样机。这些发展无疑为 HDSL 技术提供了更为广阔的应用领域。

HDSL 技术的另一重要发展是延长其传输距离。例如,PairGain 公司和 ORCKIT 公司提出另外一种增配 HDSL 再生中继器的系统。该系统利用增配的再生中继器,可以将传输距离增加 2～3 倍。这显然会增大 HDSL 系统的服务范围。根据应用需要,HDSL 系统还可用于一点对多点的星形连接,以实现对高速数据业务使用的灵活分配。在这种连接中,每一方向以单线对传输的速率最大可达 784 bit/s。

HDSL 技术的又一重要发展是提高传输速率。在短距离内(百米数量级),利用 HDSL 技术还可以再提高线路的传输比特率。甚高数字用户线(VHDSL)可以在 0.5 mm 线径的线路上,将速率为 13 Mbit/s、26 Mbit/s、52 Mbit/s 的信号,甚至速率为 155 Mbit/s 的 SDH 信号,或者 125 Mbit/s 的 FDDI 信号传送数百米远。因此,它可以作为宽带 ATM 的传输媒介,为用户开通图像业务和高速数据业务。

总之,HDSL 系统的应用在不断发展,其技术也在不断提高,在铜线接入网甚至光纤接入网中将发挥越来越重要的作用。

2.4.6　第二代 HDSL——HDSL2

20 世纪 90 年代中期,电信服务提供商在日益激烈的竞争环境的压力下需要最大限度地使用现有的基础设施,因此,他们对于取消第二对铜线的需求也随之增大。使用一对线对于厂家来说可以得到直接的好处。在这种背景下便产生了 HDSL2。

HDSL2 代表"第二代高比特数字用户线"技术,HDSL2 规范的产品在 1998 年生产。HDSL2 是继 HDSL 后的技术,其本质上是在一对线上传送 T1 和 E1 速率信号。它主要是由美国 ANSI 制定的标准。

HDSL2 的主要设计目标如下:

① 一对线上实现两线对 HDSL 的传输速率;

② 获得与两线对 HDSL 相等的传输距离;

③ 对环路损坏(衰减、桥接头及串音等)的容忍能力不能低于 HDSL;

④ 对现有业务造成的损害不能超过两线对 HDSL;

⑤ 能够在实际环路上可靠地运行;

⑥ 价格要比传统的 HDSL 低。

实质上,HDSL2 的设计目标是一种能够传送 T1 数据的单线对对称 DSL 技术。要达到这个设计目标是非常困难的,因为本地环路的传输环境极为苛刻,传输线路上的混合电缆规格和桥接头的阻抗不匹配,还有各种各样的业务带来的串音干扰,形成了一个很差的噪声环境。因此,要在一对双绞线上达到与两对铜线 HDSL 技术相同的传输性能,必须采用先进的编码和数字信号处理(DSP)技术。

另外,与 HDSL 一样,HDSL2 的端到端延时必须小于 500 ms。换句话说,带宽和延迟效应(导线的传输延迟和 HDSL 成帧的处理延迟)加在一起必须小于 0.5 s。为了减少延迟,可通过减小 HDSL2 语音通信时的远端回波来实现。

正在开发的技术,特别是新技术,是为了实际工程研究的。例如,高速率意味着小的比特周期,这样做差错就会增多。而 T1 和 E1 规范又限制了误码率,如果需要在"普通"HDSL 中的一对线上运行全速率的 T1 和 E1,可以采用的一种方法就是在 HDSL 帧中加入一些前向纠错控制比特。这些额外的比特可以在 HDSL 帧中检测到一些错误,也可以纠正一些错误。然而,在 HDSL2 设备中加入 FEC 功能会增加端到端延迟。在线路码的选择方面,各公司已基本达成一致,如 PairGain、Level1、Globespan 等,倾向于采用简单的单载波调制方式,如 64-CAP(无载波调幅调相)或 QAM(正交幅度调制),以 DMT(离散多音)为代表的多载波线路码基本上被淘汰出局。纠错和编码技术还未确定,许多方案都展示了良好的性能,都可达到 5~6 dB 的编码增益,如 RS 编码和 TCM 结合的方案。有的公司提出采用目前最热门的 Turbo Code,它有着接近信息理论极限的性能,但编、译码较复杂。

2.5　ADSL 技术

2.5.1　ADSL 的简介

非对称式数字用户线路(Asymmetric Digital Subscriber's Line,ADSL)是一种利用现有的传统电话线路,以极高的带宽传输数字信息的技术。它的特点是从服务提供商到用户端(下行方向)与从用户端到服务提供商(上行方向)具有不同的速率,其上行方向传送 384~576 kbit/s,而下行方向可传送 1.5~8 Mbit/s 的信息。这就是其名称中"非对称"一词的由来。最初设想 ADSL 主要是用于交互式视频、图像、高密度图形的传输,如视频点播、交互多媒体、远程教学等。这些业务的一个重要特点是双向速率不对称,下行速率远大于上行速率,下行速率可达兆比特每秒级,是上行速率的十倍以上,但几年后图像业务的市场并没有像预想的那样有很大的增长,而 Internet 的爆炸性增长却给 ADSL 提供了另一个大展身手的场所。对于 Internet 接入,特别是有大量图形和多媒体信息的 Web 浏览,从网络侧传送到用户侧的数据量远大于从用户侧传送到网络侧的数据量,而 ADSL 的不对称特性恰好与之相符,ADSL 成为解决 Internet 接入瓶颈的理想手段。

1. ADSL 的发展过程

ADSL 最初是在 1989 年由 Bellcore 的 Joe Lechleider 提出来的,随后便引起了广泛的关注。1992 年,美国国家标准协会的 TIE1.4 委员会正式启动了 ADSL 的标准化工作,并于 1995 年底通过了 ADSL 的第一个正式标准——ANSI T1.413。1994 年成立了由电信设备制造商、半导体公司、电话公司参加的行业性组织——ADSL 论坛(ADSL Forum),进一步促进了制造商间的协作和 ADSL 的标准化进程。国际电信联盟(ITU)于 1998 年加入到制定 ADSL 标准的行列中,它与制定包括 V.34 在内的音频 Modem 规范的标准化组织是同一个机构。ITU 制定的关于 ADSL 的条款包括以下内容。

- G.dmt(g.992.1):主要是基于 T1.413 的方案。
- G.lite(g.992.2):针对于较低速率以减少 ADSL 应用复杂性的方案。主要是去掉远端的分离器。
- G.hs(g.994.1):在 G.dmt 和 G.lite 标准的调制解调器间实现互通所需握手过程的标准。
- G.995.1:ITU 制定的关于 ADSL 各种标准的概述。
- G.test(g.996.1):针对于指定 xDSL 技术测试规范的方案。
- G.ploam(g.997.1):xDSL 物理层管理规范。

第一个采用 CAP 技术的 ADSL 系统是由 AT&T 开发出来的。1992 年,Amati 通信公司开发成功了采用 DMT 技术的 ADSL 系统,并在世界多个电话公司进行了现场测试。最初的 ADSL 系统能达到的传输速率为 1.5 Mbit/s,目前的传输速率已能达到 8 Mbit/s 以上。同时,许多半导体厂家也展开了 ADSL 系统专用集成电路的开发工作,如 Analog Devices、Motorola、Texas Instruments、Alcatel、Centillium 等。目前,已有部分厂家推出了多种 ADSL 芯片组。

2. 系统参考模型

图 2.5.1(a)描述了 ADSL 的网络参考模型。ADSL 和 POTS 在同一对线上共存。POTS 分离器由一个低通滤波器(LPF)和一个高通滤波器(HPF)组成,它将模拟电话信号从数字数据信号中分离出来。高通滤波器可以和中心局侧或远端终端侧(即用户侧)的 ATU(ADSL 收发器)集成在一起。在用户侧,低通滤波器通常安装在住宅入口,即安装在地下室或 NID(网络接口设备)内。图 2.5.1(b)为 ADSL 分离器作用示意图。

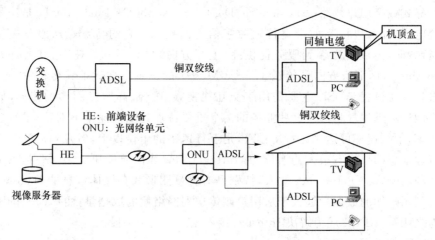

（a）　ADSL 网络参考模型

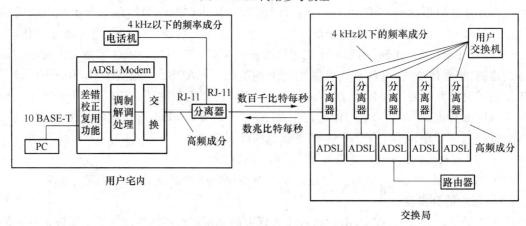

（b）　ADSL 分离器作用

图 2.5.1　ADSL 系统参考模型

3. 性能

ADSL 传输系统为用户提供了不对称的容量。ADSL 下行方向的数据速率通常是上行方向数据速率的 10 倍,其范围可以从 1 Mbit/s 到约 8 Mbit/s。其最高速率取决于由初始化时决定的环路长度和条件,或规定的最高速率。假设一个环路的下行方向能够支持 4 Mbit/s 的速率,上行方向能够支持 440 kbit/s 的速率。一台能够在6 Mbit/s下行速率工作的 CPE (Customer Premises Equipment)将在初始化和训练时就意识到在该特定环路下无法支持 6 Mbit/s的速率,于是经过协商,它能够将其工作速率下调到 4 Mbit/s。这就是一个由环路长度和条件决定速率的例子。同时,服务提供商可能规定 CPE 只能运行于比此更低的速率

(比如局端将最高速率设置为 2 Mbit/s),这样一来,虽然 CPE 可以运行于 4 Mbit/s 较高速率,它也将把下行速率限制到 2 Mbit/s。

ADSL 在不同线径和线路长度下可能达到的下行传输速率如表 2.5.1 所示。

表 2.5.1 ADSL 性能参数

距离/英尺	电缆(美国线规)	下行数据速率/Mbit·s^{-1}	上行数据速率/kbit·s^{-1}
18 000	24	1.7	176
13 500	26	1.7	176
12 000	24	6.8	640
9 000	26	6.8	640

注:1 英尺=0.304 8 m。

重庆电信在某分公司的现网上进行了 0.6 mm 与 0.4 mm 线径铜缆传输性能的测试。测试结果表明:采用 0.6 mm 线径的铜缆可以显著提高线路的传输速率(≈50%),延长传输距离(≈50%)和覆盖范围(上、下行速率为 512 kbit/s 时,传输距离可达 5.5 km 以上,较 0.4 mm 铜线延长 1.5 km 以上)。

具体传输的速率还与线路的条件有关,比如是否有桥接头,是否有加感线圈,以及线路是否有很强的噪声干扰等。

2.5.2 ADSL 的调制技术

1. ADSL 线路码型的选择

线路码型的设计是 ADSL 系统的核心。在 ADSL 发展的初期,围绕正交幅度调制(QAM)、无载波幅度相位调制(CAP)和离散多音调制(DMT)3 种线路码型有过激烈的争论。QAM 和 CAP 在实质上是一样的,CAP 实际上是无载波的 QAM,因此,关于线路码型的争论就集中到了 CAP 和 DMT 上。经过长期的理论分析和实验验证,证明 DMT 的性能要优于 CAP,ANSI 最终也选择了 DMT 作为它的 ADSL 线路码型标准。

CAP 与 QAM 都是单载波调制,差别在于实现方式不同。在发端,CAP 与 QAM 都是先将要传输的数据分成两路,分别调制两个正交载波(I 和 Q),然后再合并进行传输。QAM 的正交信号调制和合成是在模拟域中进行的;CAP 的正交信号调制则是在数字域中,使用两个具有等幅特性、相位响应差为 π/2(希尔伯特变换对)的横向带通滤波器来实现的,随后两个调制后的信号合并,经过数/模转换后发送到线路上。CAP 相对于 QAM 的优点在于可以更有效地利用 DSP 技术,实现更灵活。

DMT 是多载波调制,它将信道分成多个并行的、相互独立的子信道,信息分配给各子信道传输。多载波调制要求所有的子载波间是正交的,而使用快速傅里叶变换(FFT)能很方便地实现这一要求。使用 FFT 的 DMT 调制是在数字域中进行的,需要进行大量的数字信号处理运算。调制的过程是:先对信道特性进行估计,然后将要传的数据按信道特性分配给各子信道,分别对各子载波进行调制。调制后的频域样值经反快速傅里叶变换后,形成并行的时域样值。在经过并/串变换后,数/模转换器将数字时域样值变换为模拟信号,送入线路传输。

可以认为,CAP 调制是在时域中进行的,而 DMT 调制则是在频域中进行的。CAP 的每个符号持续时间短,占用整个传输频带;而 DMT 的每个符号持续时间长,但只占用一个子信道的频带。

从理论上讲,对于同样的线路,单载波系统和多载波系统应能达到同样的性能。但由于实际铜双绞线电气环境的多样性和复杂性,单载波系统的性能较多载波系统差。

2. DMT 调制技术

ADSL 采用离散多音调制技术(Discrete Multi-Tone,DMT),DMT 技术早在 1964 年就已经被证明可以最充分地利用信道带宽,使传输性能最优化,然而由于实现复杂性,一直没有被人们采用。20 世纪 90 年代,高速、高性能 DSP 的出现,使 DMT 技术实用化变成现实。

DMT 调制解调技术是目前最具前景的调制解调技术,由于技术先进已经被 ANSI 组织定为标准,并被美国 ADSL 国家标准推荐使用,目前我国使用的正是这种基于 DMT 复用的编码方式。这里主要介绍 DMT 调制技术。

DMT 将可用传输带宽分成多个独立的子信道,对每个子信道的性能进行测量,并依据子信道的性能进行比特分配。DMT 的自动带宽优化和动态比特分配性能使其成为 ADSL 系统的最佳选择。

DMT 的基本思想是:在频域内将信道可用带宽划分成 N 个独立的正交子信道,数据被分配到各个子信道进行传输。每个子信道的调制载波不同,可以在各个独立的子信道上引入相应的 TCM 成形等技术。只要 N 足够大,信道被划分得足够细,则每个子信道的频率特性均可以看成是平坦的。在接收端不需要采用复杂的信道均衡技术,即可对接收信号进行可靠的解调。理论上而言,只要信道划分得足够细,就可以实现接近信道容量的传输。

如图 2.5.2 所示,信道被分成 N 个子信道,标号为 $0,1,\cdots,N-1$。速率为 $R(\text{bit/s})$ 的输入比特流被分成长度为 $B=RT$ 比特的数据块,其中 T 表示发送的符号周期。经串/并变换后分配给 N 个子信道,b_i 代表第 i 子信道分配到的比特数,且 $\sum b_i = B$,b_i 比特经过编码器后映射为二维星座符号 $\boldsymbol{X}_i$,$\boldsymbol{X}_i$ 与对应矢量 $\boldsymbol{p}_i$ 相乘,最后相加就得到调制后的符号。在接收端,利用矢量 $\boldsymbol{q}_i$ 进行解调。

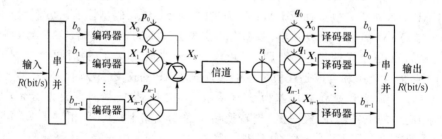

图 2.5.2 DMT 调制原理示意图

2.5.3 基于 DMT 的 ADSL 系统

以上简单介绍了 DMT 的理论,在 G.992.1(g.dmt)和 T1.413 标准中规定 DMT 为 ADSL 的调制方式。下面讨论 DMT 在 ADSL 中的实现。

1. ADSL 系统

图 2.5.3 是一个 ADSL 系统应用的示意图。用户的宽带设备通过 ADSL 与宽带网相连,而采用 POTS 分离器将话带业务和宽带业务分离开来。由于 ADSL 没有使用话音频带,通过 POTS 分离器,宽带业务和普通话带业务可同时使用,互不影响。分离器一般是采

用无源器件制作的,即使电源或 ATU 发生故障,普通话带业务仍可正常使用。图中,ATU-C 为局端 ADSL 收发设备,ATU-R 为用户端 ADSL 收发设备。

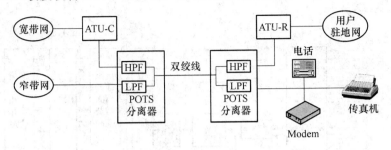

图 2.5.3　ADSL 系统应用的示意图

2. ADSL 频谱

在 ADSL 系统中,频谱是这样划分的(如图 2.5.4 所示):POTS 占低频段,上行数据占中频段,下行数据占高频段。POTS 占 0~4 kHz 的频段,这是因为人耳所能听到的声音绝大部分属于这一频段范围。上行数据占 30～138 kHz 的频段,下行数据占 138 kHz~1.104 MHz的频段。之所以上行数据占较低频段而下行数据占较高频段,是因为双绞线随频率的升高衰减越来越大。如果想在衰减大的线路上提供较高的数据传输速率就必须提供较高的发送功率,而 ADSL 上行数据是由 ATU-R 发送的且 ATU-R 不能提供较高的发送功率,所以它必须选择衰减较小的中频段以保证其较高的数据传输速率。

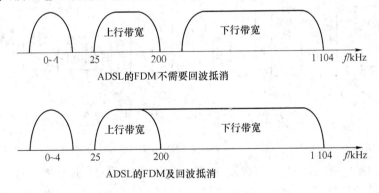

图 2.5.4　ADSL 频谱划分

ADSL 系统中,采用的 DMT 技术是将铜线信道 1.1 MHz 以下的可用带宽划分为256 个子信道,每个子信道的带宽为 4 kHz。系统根据每个子信道的传输能力,将发送数据分配给它们。不能传送数据的信道都被关掉。工作信道采用正交幅移键控(QASK)方式,根据其传输特性确定每码元载送的比特数(1~15 bit)。理论上最高每赫兹可传 15 bit 数据,故ADSL 理论上的上行速率可达 1.8 Mbit/s,下行速率为 13 Mbit/s,如图 2.5.5 所示。

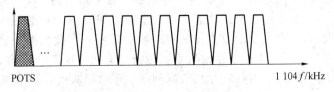

图 2.5.5　DMT 调制的带宽分割

3. ADSL 发送/接收模块

下面讨论 ADSL 发送/接收模块,如图2.5.6和图2.5.7所示(下行方向)。

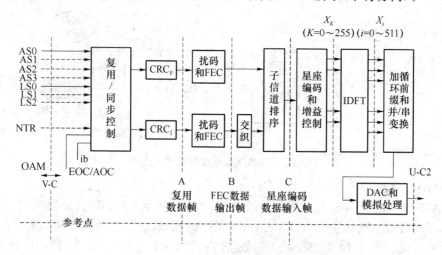

图 2.5.6 ADSL 发送模块示意图

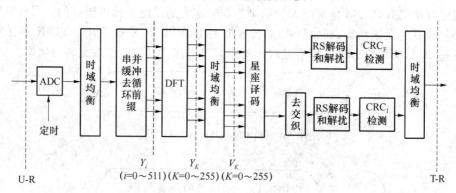

图 2.5.7 ADSL 接收模块示意图

值得一提的是 ADSL 收发机传送不止一条的数据信道,也可传送嵌入式操作通道(EOC)(分析帧结构提到),ADSL 开销信道(AOC),以及同步控制(SC)指示比特(IB)等。除了数据信道外,其他所有的这些信道都简称开销。也就是说,单一的物理信道,即物理 ADSL 链路,可传送不止一条逻辑信道,逻辑信道是指数据信道和开销信道。在发射及接收中合并和分离逻辑信道是通过帧结构来实现的。

在图2.5.6和图2.5.7中,还能看到 ADSL 发射机和接收机各自都有两条相关联的路径,一条路径被称为快速通道,另一条路径被称为交织通道。每条通道上的循环冗余校验(CRC)和前向纠错(FEC)都是独立的。这两条通道的主要区别在于交织通道在发射机上有交织功能(当然在接收机上有去交织功能),而快速通道没有这种功能。快速通道的名字来源于这样一种情况,即不存在交织及因交织而产生的时延。因此数据通过发射机及接收机的速度比交织通道快。一条逻辑数据信道要么被指定为快速通道,要么被指定为交织通道,不能同时被指定为两种通道。标准中规定,两种通道可以同时被激活(每条通道可指定一个或多个逻辑数据通道)。但在绝大多数的实际方案中只使用到其中一条通道,因为实际的方案中只用一条逻辑数据通道。

快速通道传递的快速数据用于对延时敏感,但容许差错的业务,如语音和视频。总之,需要以最小的延时发送这个数据,而不必纠错。如果存在差错,从算法上补偿一个特定的帧的丢失或者跳过那个帧也是可以的。快速数据只是把前向纠错作为提供防止差错的某种手段,而不需要重发帧。

交织通道传递的交织数据用于对延时不敏感,但不容许差错的业务,如纯粹的数据应用。一定量的延时是允许的,但是这个业务必须不出错地发送。在这种情况下,重发帧是允许的。交织数据使用循环冗余校验作为防止差错的机制。

ADSL 链路的逻辑数据信道包括 4 个可能的单工下行信道和 3 个可能的双工信道。逻辑数据信道有时也被称为承载信道。单工信道被命名为 AS0、AS1、AS2 及 AS3。3 个双工信道被命名为 LS0、LS1 及 LS2。双工信道有不同的上、下行速率,包括一个方向或双向的零速率。当双工信道一个方向的速率为零而另一个方向的速率非零时,这就与非零速率方向上的单工信道相似。表 2.5.2 给出不同承载信道可允许的速率。对所有的逻辑数据信道来说,其实际速率必为 32 kbit/s 的整数倍(后面将解释这个原因)。在绝大多数的实际系统中只有一条单工数据信道用于下行方向、一条双工信道用于上行方向的单工模式。通常这样的信道为 AS0 和 LS0。这是因为标准中规定,数字大的逻辑数据信道不能在没有数字小的逻辑信道的情况下存在,也就是说 AS1、AS2、AS3 不可能在不存在 AS0 的情况下存在。同理,LS1、LS2 也不可能在不存在 LS0 的情况下存在。

表 2.5.2　ADSL 逻辑数据信道及相关速率

信　道	类　型	允许速率
AS0	下行单工	8.192 Mbit/s
AS1	下行单工	4.608 Mbit/s
AS2	下行单工	3.072 Mbit/s
AS3	下行单工	1.536 Mbit/s
LS0	双工	0~640 kbit/s
LS1	双工	0~640 kbit/s
LS2	双工	0~640 kbit/s

4. ADSL 帧结构

与所有成熟的数据传输技术一样,ADSL 技术也是采用帧结构来传输数据的,ADSL 的帧结构是了解不同逻辑信道在物理 ADSL 上传送时是如何被组合及分离的关键。

在 ADSL 协议的最底层,是以 DMT 或 CAP 的线路码形式出现的比特。传输时,比特组成帧,再集结成超帧。超帧帧长为 17 ms,由 68 个帧(数字标识为 0~67)和一个同步帧构成。另外,由于 ADSL 链路是点到点的,所以,在 ADSL 帧中没有地址和连接的标识符,这将大大提高数据的处理速度。图 2.5.8 就是一个 ADSL 的超帧结构。

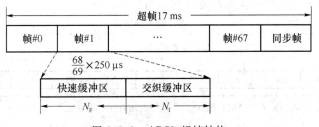

图 2.5.8　ADSL 超帧结构

上行方向和下行方向的基本超帧结构是相同的,同步帧与数据帧有相同的时长,它不承载用户数据信息。

超帧内的每个数据帧具有相同的结构,每个数据帧都包含一个指定的数据字节数,该数字被用于快速通道和交织通道的每个活动逻辑数据信道。开销字节也包含在每个数据帧中。然而,所包含开销字节随帧号的不同而不同。图 2.5.9 给出的是 ADSL 链路的通用数据帧。

图 2.5.9 包含快速通道和交织通道成分的数据帧

快速缓冲区中存放的是时延敏感的快速数据,交织缓冲区中存放的是错误敏感的交织数据。从图 2.5.9 中可以看到,快速缓冲区分成 3 个部分:快速字节、快速数据和 FEC 字节。快速字节是一个特殊的 8 比特码组,可以携带 CRC(循环冗余码校验)和指示比特等纠错控制信息和管理链路的信息;快速数据是实际要传送的用户数据;FEC 是前向纠错,快速数据采用 FEC 方法进行纠错(因为音频数据几乎是不可重传的)。交织缓冲区中的信息被封装成尽量无噪声,其代价是降低了处理速度和增加了时延,主要用于纯数据应用,如 Internet 接入、E-mail 等。在传输前,帧中的内容都被打乱,以此来最小化复帧同步错误发生的可能性。帧被分割为基于比特速率的不同尺寸,帧在第一次配置时,交织数据缓冲区的尺寸是由承载通道的速度和结构决定的,在运行过程中,可以重新配置缓冲区的大小。

快速缓冲区和交织缓冲区的帧结构如图 2.5.10 和图 2.5.11 所示(此图为 ATU-C 发送帧结构,即下行帧结构。对于 ATU-R 发送帧结构即上行帧结构应不包含 ASX 和 AEX)。参考点 A 对应复用数据帧,由快速字节(或同步字节)、净数据、LEX 和 AEX 组成。AEX 用于 ASX 信道之间的同步控制。当任一 AS 信道的净数据不为 0 时,分配给 AEX 一个字节,否则,该字节不存在。同理,LEX 用于所有承载信道之间的同步控制,当任一承载信道的净数据不为 0 时,分配给 LEX 一个字节。具体发送包括哪几个 ASX、LSX 是在 ADSL 初始化的过程中,ATU-C 同 ATU-R 握手阶段确定的。

如果逻辑信道没有使用快速通道,则分配到该信道的字节数将为 0,这样就不在该帧中占用任何空间。另外,分配到数据帧数据信道的是字节(8 bit)而不是部分字节。因为每个数据帧为 1/4 000 s 传输一次,且每个帧的数据字节数不固定,所以将产生 32 kbit/s 的信道数据间隔。同时还应指出的是标准中所提到的下行和上行的最小数据速率 6.144 Mbit/s 和 640 kbit/s,指的是除去开销的净荷速率。

快速缓冲区的帧结构如图 2.5.10 所示,对应于发送机的不同参考点,帧结构是不同的。复用数据帧(参考点 A)由快速字节、各承载信道的净数据、AEX 和 LEX 组成,长度为 K_F 字节。每一帧至少有一字节的快速字节,用于传送 CRC、开销比特以及实现同步控制。在一个复帧内,不同帧的快速字节其含义是不同的。

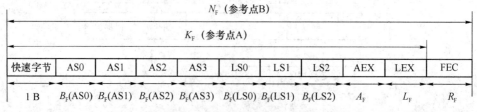

图 2.5.10 ATU-C 发送器——快速缓冲区帧结构

第 0 帧的快速字节传送上一超帧的 CRC 校验字节;第 1、34、35 帧传送 24 bit($ib_0 \sim ib_{23}$)的 OAM 信息;第 2、5、11、36~67 帧传送嵌入操作信道(EOC)或同步控制(SC)。某偶帧(除第 0、34 帧)开始的连续两帧,若比特 0 为"1",则此二字节为 EOC 帧;否则,为 SC 帧。显然连续两帧的第 0 比特必须设定为一致。复用数据帧经扰码和前向纠错编码(FEC)后,对应参考点 B 的 FEC 输出数据帧。采用(N_F,K_F)RS 编码,校验字节数为 R_F,$N_F = K_F + R_F$。

交织缓冲区的帧结构如图 2.5.11 所示,参考点 A 的帧结构与快速通道是一样的,只是同步字节的含义不同。在一个超帧中,帧 0 的同步字节用来传送上一超帧的 CRC 校验字节;帧 1~67 的同步字节由于承载信道的同步控制以及 ADSL 开销控制(AOC)。若交织缓冲区净数据不为 0,则该字节传输同步控制,LEX 字节携带 AOC 数据;相反,若交织缓冲区净数据为 0,则 LEX 字节数为 0,由同步字节自身传送 AOC 数据。

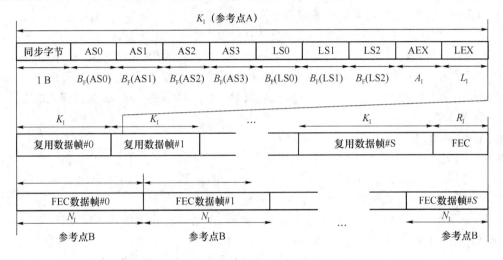

图 2.5.11　ATU-C 发送器——交织缓冲区帧结构

S 组复用数据帧作为 RS 编码器的输入信息字节,共同进行编码。FEC 代码字长度为 $N_{MUX} = K_I \times S + R_I$,FEC 输出数据帧包含 $N_I = N_{MUX}/S$ 字节。当 S 大于 1 时,除最后一帧外(因为最后一帧包含 R_I FEC 相关字节),输出数据帧将部分覆盖两个复用数据帧。

FEC 输出数据帧进入交织器进行交织,交织器将每个字节进行特定的延迟,这样来自不同帧的数据进入星座编码器。

2.5.4　ADSL.Lite(G.Lite 或 UDSL)技术

1. 概述

ADSL 的不足在于它对上限速率支持的要求较高、实现比较复杂以及系统成本偏高。实际上由于每条传输线路线径在全程中会有变化,再加上桥接抽头等影响,具体应用中大部分双绞铜线的实际传输速率只能略超过 1.5 Mbit/s,因而全速率 ADSL 对大多数实际应用来说是一种浪费。据此,推出了一种下行速率降至 1.5 Mbit/s 的不带 POTS 分离器的轻便型 ADSL,称为 UDSL(Universal ADSL)或 G.Lite ADSL,其相应的标准为 G.992.2(全速率的标准为 G.992.1)。UDSL 的频带只有 ADSL 的一半,其下行速率为 64 kbit/s~1.5 Mbit/s,上行速率为 32~512 kbit/s。虽然 UDSL 仍采用 DMT 调制技术,但子信道数降为 ADSL 的一半,抗射频干扰能力有所增强,在全速率 ADSL 中所采用的格栅编码和在差错控制中的 Viterbi 译码算法等均可不用。此外,系统中还嵌入 OAM 和计费功能,故无需外部网管系统的介入。UDSL 不带电话分离器,既降低了成本,又方便了安装,但抗御 ADSL 信号对 POTS 信号串扰的能力会有所下降。为了解决这一问题可采取以下 3 种措施。

(1) 在 POTS 通话期间降低 CPE 的上行传输带宽和发送功率,以避免对 POTS 的干扰,通话结束后则自行恢复至最大上行带宽。

(2) 局端和用户端 Modem 预先存储有关传输情况的数据,用户电话摘机/挂机后启动快速再训练程序,使 Modem 参数在 2～3 s 内迅速恢复到正常状态。

(3) 采用分离式电话分离器,即将高通滤波器(HP)部分集成在用户端调制解调器中,在安装 UDSL 用户端设备时,只需在 POTS 终端前串接一低通微滤波器(LP),而不涉及引入线的改动问题,故不需运营公司派人上门安装。

关于上述(1)和(2),G.922.2 建议中已载明了相应的 Power Backoff 程序和 Fast Retrain 程序;关于(3)则是采用较普遍的方案。

UDSL 主要用于支持 Internet 接入以及部分视频业务和电话业务,以家庭用户和小型商业用户作为其目标市场。主要业务包括 Internet 接入、Web 浏览、IP 电话、远程教育、居家工作、可视电话和电话等。由于其对线路要求不高、价格适中且比较实用,应用前景很好,尤其得到很多著名计算机厂商的青睐,可将 UDSL 集成到 PC 机中,以提供 Internet 高速接入能力。

2. 技术特点

ADSL.Lite 技术具有如下主要的优点。

(1) 通用的、唯一的标准

经过 ITU 的标准化,G.Lite 标准获得了个人电脑、网络和电信行业的支持,有助于在全国甚至全球应用更高速的和更快捷的 Internet 接入。

① G.Lite 由于在用户端不再需要语音分离器,因而其安装简单,用户使用很方便,一般情况下由用户自己安装相应的 Modem。

② G.Lite 仍采用抗干扰性较好的 DMT 线路编码方式,下行速率为 64 kbit/s～1.5 Mbit/s,上行速率为 32～512 kbit/s,信息速率仍为非对称。

③ 由于其传输速率较低,因而技术复杂度也相应减小,有着比高速 ADSL 更好的价格带宽比。

④ G.Lite 的运行环境比 ADSL 要差,G.Lite 必须要抵抗来自电话机非线性产物和串入用户室内布线的干扰,同时电话机摘挂机阻抗的变化对其传输也会产生较大影响。

⑤ G.Lite 有着更好的兼容性,不同厂家设备的互通性将不存在问题,从而更有利于设备成本的降低。

⑥ 传输速率的下降带来了传输距离的增加(最长可至 7 km),因而也大大提高了其覆盖范围。

(2) 简单的即插即用

G.Lite 将在很大程度上减少安装室外附加设施的要求,不需要一些特殊的安装服务和室内额外布线,这使得 PC 销售商能够将这项技术融合到 PC 中。此外,G.Lite 通信的简化软件设置可以包含在最流行的 PC 操作系统(微软的 Windows 操作系统)中。这些都保证为用户提供简单的即插即用的高速接入宽带业务的能力。

(3) 性能

G.Lite 技术能够通过现有的标准模拟电话线路为用户提供 25 倍于目前最快的模拟音频 Modem 的数据通信速率。

（4）始终接通

同 ADSL 一样，G.Lite 也具有始终接通的性能，可以让用户迅速连接访问到 Internet，并且能够连续使用，享受到 Internet 的一些新服务。

G.Lite 将定位于 Internet 接入市场，主要支持 IP 业务，面向家庭和小型商业用户。

3. ADSL.Lite 与全速率 ADSL 的比较

与全速率 ADSL 相比，ADSL.Lite 不仅仅是降低了传输速率，去掉了 POTS 分离器，而且两者在技术方案上也有差别。总体来说，ADSL.Lite 的技术复杂度较低，其市场前景要比 ADSL 好。全速率 ADSL 和 G.Lite 的比较如表 2.5.3 所示。

表 2.5.3　G.Lite 和全速率 ADSL 比较

性　能	全速率 ADSL	G.Lite
传输速率	下行：最高可至 8 Mbit/s 上行：最高可至 1 Mbit/s	下行：最高可至 1.5 Mbit/s 上行：最高可至 512 kbit/s
用户端 语音分离器	用户端需语音分离器，安装复杂，一般由运营公司安装	用户端无需语音分离器，安装简单，一般由用户自己安装
技术方案	下行速率达 8 Mbit/s，需进行网格编码，可工作于两种模式（快速和交织），打电话时无需快速重训练，因而传输速率不会变化，技术复杂	下行速率达 1 Mbit/s，无需进行网格编码，只工作于单一模式（交织），打电话时需进行快速重训练，因而 ADSL 传输速率可能需要降低，技术相对简单
价格和成本	技术复杂因而设备价格高，运营商的初期投资高，需对用户线进行大量的调查，同时安装成本也高	技术相对简单因而设备价格相对便宜，有着较好的价格带宽比，运营商的初期投资同样较高，也需对用户线进行调查，但安装成本相对较低
兼容性	兼容性不高	业界正致力于兼容性的问题，因此兼容性的前景较好，商业运作更有利于将 Modem 推向 OEM 和零售市场
市场前景	发展受一定的条件的限制	定位于接入市场，前景被普遍看好

2.5.5　ADSL 与其他铜有线接入方式的对比

各种数据传输方式比较如表 2.5.4 所示。

表 2.5.4　各种数据传输方式比较

性能 ＼ 方式	PSTN	ISDN	DDN	ADSL	Cable Modem
连接方式	拨号＋认证	拨号＋认证	ALWAYS ON 认证	ALWAYS ON 认证	—
质量保证	独占电路	独占电路	独占带宽	独占带宽	共享带宽
速率	2.4～56 kbit/s	64～128 kbit/s ～2 Mbit/s	19.6 kbit/s～ 2 Mbit/s	128 kbit/s～ 8 Mbit/s	根据用户数分配
网络成熟度	成熟	较成熟	较成熟	较成熟	改造期

1. ADSL 与 Cable Modem 的比较

与 Cable Modem 相比，ADSL 技术具有相当大的优势。应用 HFC 的 Cable Modem 技术的优势是传输速率比较高，约为 10 Mbit/s。但 HFC 接入方案采用分层树形结构，是一个较粗糙的总线型网络，这就意味着用户要和邻近用户分享有限的带宽，当一条线路上用户激增时，其速度将会减慢。并且为了保护现有的大量电视网络和电视产业的投资，大部分传输频带（45～450 MHz）都保留给电视频道专用，只剩余了较少部分可供传送其他数据信号，所以 Cable Modem 的理论传输速率只能达到一小半。国外公司实验表明,其速率减为 1~2 Mbit/s,更常见的是 440~500 kbit/s,综合来看,即使在理想状态下,HFC 也只相当于一个 10 Mbit/s 的共享式总线型以太网,而 ADSL 接入方案在网络拓扑结构上较为先进,因为每个用户都有单独的一条线路与 ADSL 局端相连,它的结构可以看成是星形结构,它的数据传输带宽是由每一用户独享的。

2. ADSL 与普通拨号 Modem 及 N-ISDN 的比较

(1)比起普通拨号 Modem 的最高 56 kbit/s 速率,以及 N-ISDN 的 128 kbit/s 速率,ADSL 的最高速率约是拨号速率的 150 倍、N-ISDN 的 60 倍。

(2)与普通拨号 Modem 或 ISDN 相比,ADSL 更为吸引人的地方是:电话线上数据复用。它在同一铜线上分别传送数据和语音信号,数据信号并不通过电话交换机设备,减轻了电话交换机的负载,并且不需要拨号,一直在线,属于专线上网方式。这就意味着使用 AD-SL 上网并不需要缴付另外的电话费。

综上所述,ADSL 以其优越的技术特性特别适合高速上网、视频点播、网上教育、网上购物等宽带数据业务,是电信部门最具前途的过渡性宽带接入技术。

2.5.6 ADSL 的应用实例

1. 对一般用户的安装

在用户填完申请单后,首先进行线路测试,若线路的各项测试指标均通过,则可进行下一步开通工作,否则需再改造或重建路由,直到测试通过为止。在局端的网管做数据及在测量室跳线后,在用户端只需增加 Filter 和 ADSL Modem,如图 2.5.12 所示,用户端的安装施工十分简便。

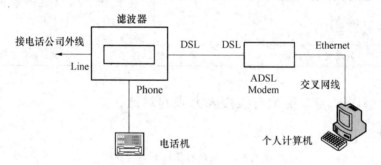

图 2.5.12　一般个人用户 ADSL 的安装

配置:一般网络用户终端都预设了一个 IP 地址,PC 若与 ANT 建立连接,PC 的 IP 地址必须与网络终端在同一个 IP 网络内,子网掩码必须一样,IP 地址必须是唯一的。例如图 2.5.13 中,ANT 的 IP 为 10.0.0.138,子网掩码为 255.255.0.0,PC 的 IP 地址为 10.0.0.140,因为是在同一个子网掩码内。管理人员可以酌情分配 IP 地址,ANT 的地址一般保持默认配置状态。

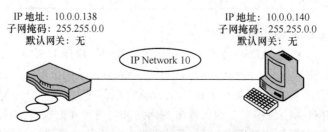

图 2.5.13　一般网络用户终端的 IP 地址

2. ADSL 在各类企业、银行、证券中心、营销连锁店的应用

由于 ADSL 的技术特点,特别适合上述企事业单位对内组建 Intranet 网络,对外应用 Internet、VOD、远程 LAN 互连、会议电视等多种宽带业务。由于大部分企业都有自己成熟的内部电话网络和小交换机,可利用现有的电话铜双绞线的基础,进行必要的技术改造,在工期实效、成本、技术先进程度、实用性上,都有其他方式(如 HFC、FR、DDN、FDDI)不可比拟的优势。组网方式可参照图 2.5.14,用户小交换机端的处理可参照图 2.5.15。

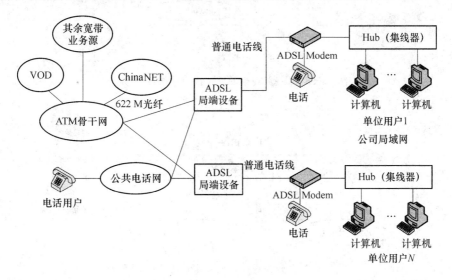

图 2.5.14 ADSL 对于单位用户的组网方式

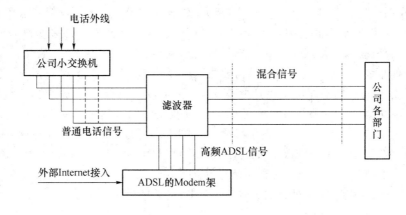

图 2.5.15 ADSL 在小交换机端的处理

配置:首先要确定 ANT 的 IP 地址和子网掩码,在此基础上,分配公司内部网络的 IP 地址,只要确保 IP 地址不同,并落在同一掩码内即可,如图 2.5.16 所示。若局域网规模比较大,局域网设备中有路由器设备,则必须在 ANT 端和 PC 端做一些必要处理,如图 2.5.17所示。对 ANT 必须通过 IP 配置页面证实默认路由,在这个实例中,默认路由器地址为 10.0.0.140,这个地址是连接在 ANT 上的路由器接口地址。对每台 PC 必须在内部的路由表中增加一个指向 ANT 的路由。

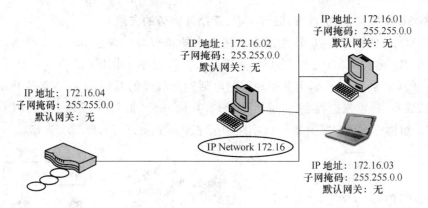

图 2.5.16　一般规模的网络用户终端的 IP 地址

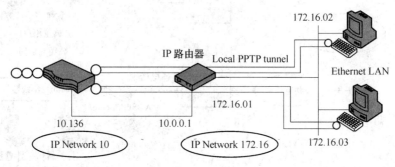

图 2.5.17　较大规模的网络用户终端的 IP 地址

3. 宾馆的 ADSL 的应用

目前,在国内的各种宾馆客房内布线都已比较齐全和完备,如一般都布有电话线、有线电视线、消防监控线路等,但是却很少有计算机网络线的。然而现在许多客户需要提供上网服务,以保证及时获取信息或与公司总部保持密切联系。在这种形式下,宾馆面临对客房重新布线或追加布线的局面,这必然导致需要投入大笔资金,而且由于需要停业,还会带来间接损失。利用 ADSL 技术即可避免这一麻烦,由于可以利用原有的电话线,所以不必考虑重新布线。在宾馆中一般都有自己内部的交换机及完备的客房电话系统,ADSL 技术利用客房原有的电话线作为传输介质,在不影响原有电话使用的条件下提供上述多种宽带业务。在客房端的改造同个人用户的改造类似,原理如图 2.5.14 所示。在程控小交换机端的改动是加入了一个滤波器,将 ADSL 的高频信号在进入电话交换机前分离开来,如图 2.5.18 所示。高频 ADSL 信号送到 ADSL 的 Modem 架中,电话信号送入交换机。

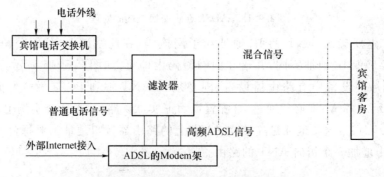

图 2.5.18　宾馆的 ADSL 系统安装图

利用这种方式组建宽带网络,提供宽带业务,比其他方式(如 FR、DDN、VOD 系统)的性价比高得多。

配置问题:网络的配置可参照上一节中的配置,关键是 IP 地址的分配和路由的指向。

4. ADSL 在学校中的应用

综合应用 ADSL 与 ATM 技术可以构建校园骨干网和校园内部网。图 2.5.19 给出了一个建议的校园骨干网的原理图。

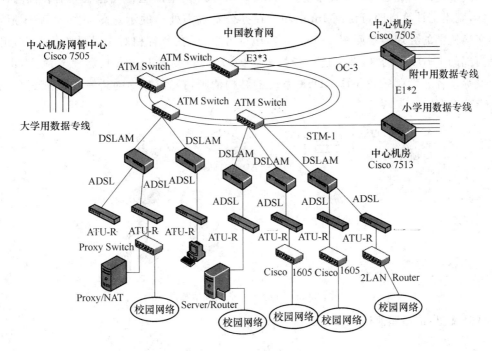

图 2.5.19 ADSL 校园骨干网原理图

学校的校园网络,通过接入 ADSL 的 ATU-R 设备,经 ADSL 专线接入 ATM 宽带网络。在校园内部,可有多种入网方式,以便适应学校不同的网络配置和具体应用。这里设计了一种参考方案,如图 2.5.20 所示。

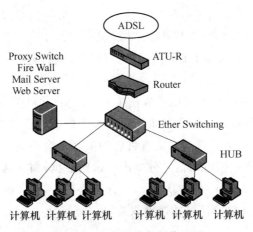

图 2.5.20 校园内部网络配置

此种方案适用于中小学、PC 较少、办公地点相对集中的情况。ADSL 技术利用原有的电话线作为传输线路,在不影响原有电话使用的条件下,提供内部 Intranet/Internet 及其他多种宽带业务服务。电话系统的变化只是加入了一个滤波器和一个 ADSL Modem,对原有的电话线路不需要改动。ADSL Modem 一头连接着滤波器过来的 DSL 信号,一头连接 HUB(集线器)或 Switch(网络交换机),如果计算机访问内部的计算机,则通过 HUB 即可;如果访问外部的则先通过 HUB,再通过 ADSL Modem。增加运行代理服务器软件的代理服务器,则本网计算机即可访问 Internet。在办公室端需处理的示意图如图 2.5.21 所示,在小交换机端的处理请参照图 2.5.15。实施本方案,可在节省相对大量投资情况下,组建学校内部的 Intranet 网络,并可进一步接入中国教育网,接入 Internet、远程教育、VOD、视频会议等多种宽带业务。并且 ADSL 系统的结构清晰,扩容简易,对进一步发展到全光业务网十分有利。

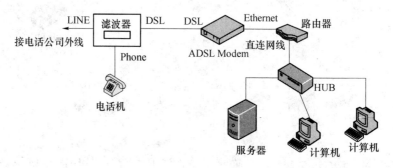

图 2.5.21　办公室端处理示意图

网络配置:请参照前述配置方法。

2.6　VDSL 技术

鉴于现有 ADSL 技术在提供图像业务方面的带宽十分有限以及经济上的成本偏高的弱点,近来人们又进一步开发出了一种称为甚高比特率数字用户线(VDSL)的系统,有人称之为宽带数字用户线(BDSL)系统,其系统结构如图 2.6.1 所示,普通模拟电话线仍不需更改(上半部),图像信号由端局的 HDT 图像接口经馈线光纤送给远端,速率可以为 STM-4 或更高,图像业务既可以是由 ATM 信元流所携带的 MPEG-2 信号,又可以是纯 MPEG-2 信息流。在远端,VDSL 的线路卡可以读取信头或分组头,并将所要的信元或分组复制给下行方向的目的地用户双绞线。远端收发机模块带一个普通电话业务耦合器(实际为一个异频双工器,又称普通电话业务分路器),负责将各种信号耦合进现有双绞线铜缆。在用户处首先利用同样的耦合器将模拟电话信号分离出来送给话机,剩下其他信号再经 VDSL 收发机解调成 25 Mbit/s 或 52 Mbit/s 基带信号,并分送给不同终端(如 TV、VCR 或 PC 机等),同时调制上行 1.5 Mbit/s 数字信号并送给双绞线。

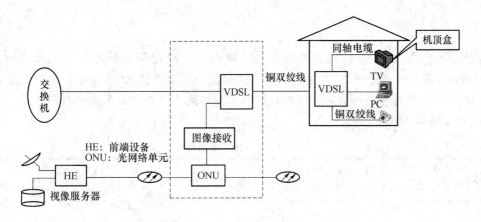

图 2.6.1　VDSL 系统结构

2.6.1　系统要求参考模型

由于距离短,VDSL 不会延伸到中心局,必须在距离用户住宅 1～3 km 的节点处终止。图 2.6.2 显示了 VDSL 的网络参考模型。它本质上是一种光纤到节点的结构,在铜线接入网上,存在一个光网络单元(Optical Network Unit,ONU)。和 ADSL 一样,VDSL 也必须和现有的窄带业务共存。业务分离器允许 VDSL 和 POTS 或 ISDN 基本速率接入(BRA)共享同一物理传输线。

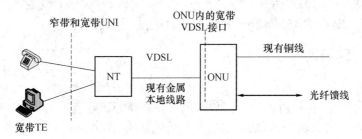

图 2.6.2　VDSL 系统参考模型

2.6.2　传送模式

虽然电信和有线电视(CATV)部门都已经考虑利用 ATM 传送视频娱乐业务,但是也许视频娱乐信息更为可能的传送模式是同步传送模式(STM)。因此,要求 VDSL 收发器既能按照 ATM 方式工作,又能按照带有相关网络定时参考信号的 STM(SDH)方式工作。

VDSL 提供两个或 4 个通路,包括一个或两个下行通路和一个或两个上行通路,其比特率可由网络运营商控制。这些通路具有可编程的延迟时间。VDSL 收发器要传送延迟敏感型业务(如 POTS/视频会议)和对冲击噪声敏感的业务(如数字编码视频信号)。低延迟业务经快速通路传送(无交织或采用浅交织),而对冲击噪声敏感的业务最好经交织通路传送(采用深交织)。

快速通道(fast-path)的最大延时为 1 ms,交织通道(interleave-path)的最大延时为10 ms。

2.6.3　性能

VDSL 应设计成能够同时适应在 ONU 和用户之间进行非对称和对称的传输。表 2.6.1列出了几种上行和下行比特率组合的标称值。在理想情况下，根据对特定业务的需要，VDSL 应能够处理同一组内混合的对称和非对称速率。提供这种灵活性的能力与所选的双工方式密切相关。

表 2.6.1　VDSL 性能指标

距离/英尺	电缆（美国线规）	下行数据速率/Mbit·s^{-1}	上行数据速率/Mbit·s^{-1}
1 000	26	52	6.4
1 000	26	26	26
3 000	26	26	3.2
3 000	26	13	13
4 500	26	13	1.6

VDSL 系统需要满足对其距离和服务质量的要求，考虑到各种传输损伤，如来自其他 xDSL 系统的串扰（包括近端串扰（NEXT）和远端串扰（FEXT））、冲击噪声、射频输入噪声、系统噪声和宽带环境噪声，其误比特率为 10^{-7} 时要求系统余量为 6 dB。网络运营者坚持认为，在同一条多线对的电缆内，ADSL 和 VDSL 系统在频谱上可以兼容，并且无需复杂和额外的设计限制就可以开展这两种业务。另外，VDSL 必须和其他 xDSL 系统〔如 ISDN-BRA（基本速率接入）、DDN-PRA（基群速率接入）和 HDSL〕在频谱上兼容。

2.6.4　发送频谱

VDSL 频带位于 300 kHz～30 MHz 之间，最大宽带发送功率为 11.5 dBm。对于 VDSL 发送器的功率谱密度，存在两种要求。如果电磁干扰 EMI（射频输出噪声）不成问题（如埋地电缆），在整个 VDSL 频带内，功率谱密度的上限值为 −60 dBm/Hz。在电磁干扰必须被严格控制的情况下（如架空电缆），除了在国际标准规定的业余无线电频带功率谱密度应低于 −80 dBm/Hz 外，功率谱密度的上限值为 −60 dBm/Hz。

在上行（和下行）方向，需要进行功率补偿以减少近/远端串扰。

2.6.5　功率消耗

由于 ONU 位于屋外，因此对功耗和散热有严格的限制。事实上，虽然 ONU 通过一条单独的电缆供电（注意：ONU 通过光纤连接到中心局），但能提供给 ONU 的电力仍然有限。而且，由于不能采用风扇帮助降温，因此对其散发的热量也必须加以限制。在传送宽带业务时，位于 ONU 的 VDSL 线路卡每条线路的平均功耗应该限制在 3 W 内。当 VDSL 收发器处于静止模式时，要求功耗大大减小。因此必须提供某些电源休眠设施。

2.6.6　调制技术

VDSL 收发机通常采用 DMT 调制（也可考虑 CAP 调制和 VSB 调制），具有很大的灵活性和优良的高频传送性能。在双绞线上其下行传输速率可以扩展至 25 Mbit/s 甚至

52 Mbit/s，能够容纳 4~8 个 6 Mbit/s 的 MPEG-2 信号，同时允许普通电话业务继续工作于 4 kHz 以下频段，通过频分复用方式将电话信号和 25 Mbit/s 或 52 Mbit/s 的数字信号结合在一起送往双绞线。上行速率可达 1.5 Mbit/s。当然其传输距离会分别缩短至 1 km 或 300 m 左右。有趣的是由于传输距离的缩短，码间干扰大大减少，因而数字信号处理要求可以大为简化，每一收发机的晶体管数量可以比 6.144 Mbit/s 速率的 ADSL 收发机减少一半，因而其成本可望降低一半。这种技术还可以使用户口接收不同的时钟，因而可以提供几种不同的传输速率和资费，灵活性较好。

VDSL 系统除了可以采用 DMT 和 CAP 调制之外，还可考虑采用离散小波多音频（DWMT）调制和简单的线路码（SLC）调制。

DWMT 是一种利用小波变换来生成和解调各个独立载波的多载波系统，它对于上行数据流的复用除允许使用 TDMA 外也允许使用 FDM。

SLC 则是一种四电平基带传送的方案，对于无源 NT 配置，SLC 上行复用很可能采用 TDMA，尽管 FDM 也是可以采用的。

由于 DWMT 各子信道信号频谱的旁瓣要比 DMT 的小得多，因而其相邻子信道之间有很好的隔离，其性能显著优于 DMT。

以上几种方法都曾是 VDSL 线路编码的主要研究对象。但现在，只有 DMT 和 CAP/QAM 作为可行的方法仍在讨论中，DWMT 和 SLC 已经被排除。

2.6.7　应用与发展

VDSL 在应用方面除了上行数据流复用问题比较复杂外，还存在一些需要考虑的问题。

第一个方面的问题是不能确定 VDSL 可靠传输数据的最大距离。因为在实现 VDSL 所需的频段上，实线特性只是理论上的，有些因素如短的桥接抽头或室内未终接的分支线有可能对 VDSL 造成很不利的影响，并且 VDSL 占用了业余无线电频率范围，每根地面上的电话线均成为发射或接收能量的天线，因而需保持低的信号电平，以免产生干扰。

第二个方面的问题是业务环境尚不清楚。虽然最佳的下行和上行数据速率不很明确，但仍可相信 VDSL 将使用 ATM 信元格式来载送视频和不对称数据信息，而较难以评估的是非 ATM 格式承载信息和宽带速率对称信道对 VDSL 的需求。VDSL 将不完全独立于上层协议，特别是由多个 CPE 复用的上行数据流方向，可能需要关于链路层格式（是否是 ATM）的知识。

第三个方面的问题是驻地分配和电话网与 CPE 之间的接口。安装在 CPE 上的驻地 VDSL 以及上行复用处理类似于局域网总线，有利于从成本上来考虑采用无源网络接口；而有源网络终端在系统管理、可靠性和适应情况变化方面比较有利，可以像集线器那样采用点到点或共享连至多个 CPE 的媒质方式运行，与网络布线无关。VDSL 的目标成本比 ADSL 要低得多，它可直接与配线中心或电缆调制解调器连接，公共设备成本可分摊到更多的用户身上。

虽然 VDSL 可获得数倍于 ADSL 的最高数据传送速率，但由于 ADSL 数据速率要适应大的动态范围的变化，故 VDSL 在技术上要比 ADSL 简单。尽管 VDSL 适用于全业务网络，但即使是所有技术均很成熟的电话公司也不可能一夜之间就采用 ONU，因此，VDSL 目前尚不可能像 ADSL 一样很快得到推广应用。

在 VDSL 系统中也同时提供 POTS/ISDN 业务。在一对双绞线上 VDSL 高速数据信道在频域上与 POTS/ISDN 是分开的,并且在目前应用情况下,上行和下行 VDSL 高速数据信道在频域上也是分开的。但随着所需上行传输速率的提高或者采用对称速率模式时,VDSL 的上、下行频谱会发生重叠,因此需采用回波抵消技术。

由于 VDSL 需传送经压缩后的视频信号,故通常采用具有可选择交织的 RS 码作为 FEC 来克服由于突发脉冲噪声引起的误码,但当交织深度较大时会引起较长的时延。

VDSL 下行数据流将以广播方式传送给每个用户驻地设备(CPE)或通过集线器(HUB)以基于信元或 TDM 的复用方式向用户分配数据;上行数据流的复用则较复杂。使用无源网络终端(NT)的系统必须通过 TDMA 或 FDM 形式将数据插入到共享媒质中。TDMA 可采用某种形式的“信元证”或“信元证”竞争方式,从 ONU 调制解调器沿下行方向传送。

FDM 则给予每个 CPE 一个单独的信道,以避免采用 MAC 协议,但每个 CPE 的可用数据速率有所限制,或者需要动态分配带宽。采用有源 NT 的系统则将上行数据流的收集问题转移给逻辑上分开的集线器,由 HUB 采用以太网或 ATM 协议对上行数据流进行复用。

VDSL 单元可借助于对新连接设备或速率变化进行自动识别来运行在各种速率上。无源网络接口必须插入,以使某个新的 VDSL 单元可在不干扰其他 VDSL Modem 的情况下接入线路。

VDSL 应能做到低成本和低功耗,用户界内 VDSL 单元需实现物理层媒质接入控制,以复用上行驻地数据流。

小　结

1. 本章介绍了铜线接入网技术,主要包括铜线用户线路网、话带 Modem 和 ISDN 接入技术、铜线对增容技术、HDSL 技术、ADSL 技术和应用、VDSL 技术等内容。

2. 虽然使用 PSTN 的铜线接入,在技术上复杂且性能不高,也不是宽带接入技术发展的长远方向,但由于电信运营商几十年来积累了庞大的电话接入铜线资源,使得 xDSL 技术(主要是 ADSL 技术)占据了目前接入网领域最大的市场份额,这一事实典型地说明了适用的技术,即使不是最先进的技术,只要合理规划、合理应用、合理管理,也可以取得较好的市场效益。通过学习此章,帮助读者了解铜线接入网的发展过程,理解铜线接入网窄带接入技术和铜线对增容技术,掌握 ADSL 技术的原理和设计应用方案。

思考与练习

2-1　对称电缆芯线绞合的意义何在?

2-2　用户线路网一般由哪几部分组成?

2-3　铜用户线路有哪几种配线方式?

2-4　简述 ISDN 网络结构并说明之。

2-5　何谓线对增容? 常用的线对增容技术有几种?

2-6　简述 HDSL 的基本原理、系统构成及采用了哪些关键技术。

2-7　简述 ADSL 的基本原理,说明其优点。

2-8　简述 ADSL 的 DMT 技术下的频谱划分情况。

2-9　ADSL 中采用了哪些调制技术?

2-10　画图说明 ADSL 的帧结构。

2-11　VDSL 与 ADSL 相比有什么不同? 详细说明不同点。

2-12　简述 ADSL 在各类企业、银行、证券中心、营销连锁店的应用,给出设计实例。

2-13　某单位 100 台 PC 欲采用 ADSL 方式接入 Internet,以利用单位小交换机或直接利用 ADSL 技术两种方式分别设计方案,并对二者接入速度进行比较。

第3章

光纤接入网技术

虽然接入网技术多种多样,但是由于通用接入网传送全业务的需要,光纤宽带接入网具有独特的发展优势。光纤通信具有通信容量大、质量高、性能稳定、抗电磁干扰、保密性强等一系列优点,在干线通信方面,以上优点已得到充分证明。同样,它将在全业务宽带接入网中发挥主要作用。根据统计资料,在今后的光纤通信发展中,由于干线网建设已逐渐饱和,接入网中的光纤通信建设将占主要部分。

3.1 光纤接入网概述

3.1.1 光纤接入网基本概念

光纤接入网(OAN)就是采用光纤传输技术的接入网,泛指本地交换机或远端模块与用户之间采用光纤通信或部分采用光纤通信的系统。通常,OAN指采用基带数字传输技术并以传输双向交互式业务为目的的接入传输系统,将来应能以数字或模拟技术升级传输宽带广播式和交互式业务。在北美,贝尔通信研究所规范了一种称为光纤环路系统(FITL)的概念,其实质和目的与ITU-T所规定的OAN基本一致,只是具体规范稍有差异,因而泛指时OAN和FITL两者可以等效使用,不作区分。只有强调某一项特有功能(如维护操作通路)时再区分是OAN还是FITL。尽管这种结构也能支持CATV业务,但与有线电视公司所采用的以单向广播型业务为主、以双向交互式业务为辅的网络结构有所不同。

目前,光纤已经广泛应用于长途通信和局间中继通信。在接入网环境,光纤也已开始广泛应用于大型企事业单位与本地交换机之间的连接及馈线段。但对于小型企事业单位和居民住宅用户如何处理,这是OAN和FITL要解决的问题。

在电信网中引入OAN或FITL的最基本的目标如下。

① 减少铜缆网的维护运行费用和故障率。目前的接入网仍然主要是铜缆网,携带的业务主要是电话业务。铜缆网的故障率很高,维护运行成本也很高。采用光用户接入网可显著降低线路费用和日常维护管理费用,且光纤接入网故障率低,从而提高了网络可靠性。

② 支持开发新业务,特别是多媒体和宽带新业务。传统电信网不能提供CATV、VOD、高速数据等宽带业务,而光纤网可提供语音、低速数据、高速数据、CATV、VOD的业务,是一个全业务网。光纤接入网可利用新业务来加强竞争力,增加收入,补偿建设光用户接入网所需的新投资。近年来由于光器件价格的持续下降而铜缆价格的持续上升,光纤接入网的初装费用已经可以与传统铜缆网相比,在传输距离大约为2~3 km以上时已低于传

统铜缆网。

③ 增加传输距离,加大覆盖区面积,减少节点数目,有利于简化网络结构。铜缆网服务区域小,铜缆不够时很难接入新用户,新建局费用高、时间长。而光纤网服务区域大,容易接入新用户,不用建新的交换局,能迅速提供业务。

④ 便于实现混合接入结构网。引入光纤接入网特别是 FTTC/FTTB 以后,剩下的双绞线或同轴电缆段的距离已经很短,因而使宽带业务的传送成为可能,而这一部分的投资最大,这样将光纤与现有双绞线或同轴电缆结合可以充分利用巨大的网络资源,提供一种经济的宽带混合接入结构。

此外,采用光纤接入网可以满足用户希望较快提供业务、改进业务质量和可用性的要求,其结果当然也把接入网的数字化进一步推向了用户。简言之,采用光纤接入网已经成为解决电信发展瓶颈的主要途径,不仅最适合那些新建的用户区,而且也是对需要更新的现有铜缆网的主要代替手段。

光纤接入网不是传统的光纤传输系统,而是一种针对接入网环境所设计的特殊的光纤传输系统。OAN 和 FITL 的主要设计目标有如下 3 条。

① 主要是为小型企事业单位和居民住宅用户设计的,因而可以看成是一种小型的数字环路载波系统。这一点不仅与传统的大容量点到点光纤传输系统不同,也与数字环路载波系统不同,从而引入了不少新的特点。

② 光纤接入网的引入不应依赖于交换机的类型,既要能与现有模拟交换机或数字交换机兼容,也应能与新的数字交换机兼容,即能工作于多厂家、多类型交换机环境。

③ 光纤接入网必须能提供所有原来铜缆网所能提供的业务(主要为 2 Mbit/s 以下速率的业务),将来还应能升级提供图像和数据等新的宽带业务。

综上可知,OAN 不是传统的光纤传输系统,而是一种针对接入网环境所设计的特殊的光纤传输系统。尽管有人将之称为小型数字环路载波系统(DLC),其实两者在设计思想、结构、成本和应用环境等方面都有不少差别。表 3.1.1 列出了两者的主要差别。

表 3.1.1　OAN 与 DLC 的比较

项　目	DLC	OAN
光纤化程度	光纤到远端,FTTB	FTTC,FTTO,FTTH
网络拓扑形式	点到点	点到多点,点到点
提供业务	电话	多种业务
设备初始化安装成本	中	低(以后逐渐增多)
每线成本	低(大用户群)	低(小用户群)
设备体积	大	小
设备功能	中	低
应用环境	大型企事业用户 高密度大用户群居民区 新建区,偏远地区	小型企事业用户 中低密度分散居民区 新建区

3.1.2　光纤接入网接入方式

从光纤接入网系统接入方式看,OAN 有以下 3 类接入方式。

(1) 综合的 OAN 系统

这类系统的主要特点是通过一个开放的高速数字接口与数字交换机相连。由于接口是开放的,因而 OAN 系统与交换机制造厂商无关,可以工作在多厂家环境,有利于将竞争机制引入接入网,从而降低了用户接入网成本。这种方式代表了 OAN 的主要发展方向。

目前这类标准开放接口有两大类,一类是美国贝尔通信研究所为综合的数字环路载波(IDLC)系统提出的 TR-303 开放接口。该接口采用嵌入的 OAM 通路,增加一些为支持FITL 系统所需要的功能后将成为综合的 FITL 系统的开放接口。另一类是 ITU-T 提出的V.5.1 和 V.5.2 开放接口,后者比前者仅多了集中和保护功能。这类接口将成为 OAN 的标准开放式数字接口。遗憾的是这两类接口间互不兼容。

(2) 通用的 OAN 系统

这类系统在 OAN 和交换机之间需要应用一个局内终端设备,在北美称之为局端(COT)。其功能是进行数/模转换并将来自 OAN 系统的信号分解为单个的话带信号,以音频接口方式经音频主配线架与交换机相连。由于接口是音频话带接口,因而这种方式适合于任何交换机环境,包括模拟交换机和尚不具备标准开放接口的数字交换机。然而,由于需要增加局内终端设备、音频主配线架和用户交换终端,因而这种方式的成本和维护费用要比综合的 OAN 系统高,其优点是通用性。

(3) 专用交换机的 OAN 系统

这类系统与交换机之间不存在开放的标准接口,而是工厂自行开发的专用内部接口,因而交换机和 OAN 系统必须由同一制造厂家生产。这往往是迫不得已的方法,不是发展方向,将逐渐被淘汰。

3.1.3 光纤接入网参考配置和功能结构

1. 参考配置

ITU-T 建议 G.982 提出了一个光纤接入网功能参考配置,如图 3.1.1 所示,该参考配置与业务和应用无关。图示参考配置是以无源光网络(PON)为例的,但原则上也适用于其他配置结构。由图 3.1.1 可知,光纤接入网(OAN)可以由一个光线路终端(Optical Line Terminal,OLT)、至少一个光分配网(Optical Distribution Network,ODN)、至少一个光网络单元(Optical Network Unit,ONU)及适配设施(Adaptation Function,AF)组成。

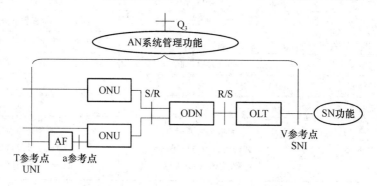

图 3.1.1 光纤接入网功能参考配置

2. OLT 功能

OLT 是为光纤接入网提供与本地交换机之间的接口并经 ODN 与 ONU 通信。OLT

也称为局用数字终端。OLT 可以分离交换和非交换业务,管理来自 ONU 的信令和监控信息,为 ONU 和本身提供维护和指配功能。OLT 可以直接设置在本地交换机接口处,也可以设置在远端,与远端集中器或复用器接口。OLT 在物理上可以是独立设备,也可以与其他功能集成在一个设备内。

3. ODN 功能

ODN 主要功能是为 OLT 与 ONU 之间提供光传输通道,完成光信号功率的分配。ODN 是由光无源器件(如光纤、光连接器、光衰减器、光耦合器和光波分复用器等)组成的纯无源的光分配网。

4. ONU 功能

ONU 的作用是为光纤接入网提供用户侧接口。ONU 位于 ODN 的用户侧,是用户的光终端。ONU 的网络侧是光接口而用户侧是电接口,因此 ONU 需要有光/电和电/光转换功能,还要完成对语声信号的数/模和模/数转换、复用、信令处理和维护管理等功能。其位置具有很大灵活性。根据 ONU 在光纤接入网中所处的不同位置,可以将 OAN 划分为几种不同的应用类型,即光纤到路边(FTTC)、光纤到大楼(FTTB)、光纤到办公室(FTTO)及光纤到家(FTTH)。

5. AF 功能

AF 为 ONU 和用户设备提供适配功能。其具体物理实现既可以包含在 ONU 内,也可以完全独立。以 FTTC 为例,ONU 与基本速率设备 NT_1(相当于 AF)在物理上就是分开的。当 ONU 与 AF 在物理上相互独立时,则 AF 还要完成在最后一段引入线上的业务传送任务。

在图 3.1.1 中,发送参考点 S 是紧靠发送机(ONU 或 OLT)的光连接器后的光纤点;接收参考点 R 是紧靠接收机(ONU 或 OLT)的光连接器前的光纤点;a 参考点是 ONU 与 AF 之间的连接点。

根据接入网室外传输设施中是否含有源设备,OAN 又可以划分为无源光网络(PON)和有源光网络(AON),前者采用光分路器分路,后者采用电复用器分路,两者均在发展,但多数国家和 ITU-T 更注重推动 PON 的发展,ITU-T 第 15 研究组已于 1996 年 6 月通过了第一个有关 PON 的国际建议 G.982,不少国家也已开始或准备开始在接入网中大量引入 OAN 系统。目前商用的 PON 系统主要是窄带 PON(2 Mbit/s 以下业务),宽带 PON(BPON)尚处于研究试验阶段,但发展势头很猛,值得密切关注。

AON 与 PON 的区别主要在 PON 称为 ODN 处,AON 称之为光远程终端(ODT),ODT 可以是一个有源复用设备、远端集线器,也可以是一个环网,其主要功能与 OLT 类似,故也称为远端光线路终端(ROLT)。AON 中的 ODT 包括有源设备或网络系统(如 SDH 系统),同时也可以包括 ODN 的功能。一般有源光网络属于一点对多点的光通信系统,其中点对点的光通信系统仅是一个特例,即只有一对 OLT 和 ONU。例如,ODT 可以包括通用的用户环路光纤传输系统(UDLC,也称为用户环路载波 SLC)、灵活接入的用户环路光纤传输系统(FDLC)、综合的用户环路光纤传输系统(IDLC)、普通的 PDH 系统、SPDH 系统、PSDH 系统、SDH 系统等。

3.1.4 光纤接入网应用类型

按照 ONU 在光纤接入网中所处的具体位置不同,可以将 OAN 划分为 3 种基本的应用类型。下面分别讲述它们的优点和缺点以及适用场合。

1. 光纤到路边(FTTC)

在FTTC结构中,ONU设置在路边的人孔或电线杆上的分线盒处(即DP点),有时也可能设置在交接箱处(即FP点),但通常为前者。此时从ONU到各个用户之间的部分仍为双绞线铜缆。若要传送宽带图像业务,则这一部分可能会需要同轴电缆。这样FTTC将比传统的DLC系统的光纤化程度更靠近用户,增加了更多的光缆共享部分,有人将之看作一种小型的DLC系统。

FTTC结构主要适用于点到点或点到多点的树形——分支拓扑。用户为居民住宅用户和小型企事业用户,典型用户数在128个以下,经济用户数正逐渐降低至8~32个乃至4个左右。还有一种称为光纤到远端(FTTR)的结构,实际是FTTC的一种变形,只是将ONU的位置移到远离用户的远端(RT)处,可以服务更多的用户(多于256个),从而降低了成本。由于FTTR具有业务量处理能力,因而特别适用于点到点或环形结构。

FTTC结构的主要特点可以总结如下。

① 在FTTC结构中引入线部分是用户专用的,现有铜缆设施仍能利用,因而可以推迟引入线部分(有时甚至配线部分,取决于ONU位置)的光纤投资,具有较好的经济性。

② 预先敷设了一条很靠近用户的潜在宽带传输链路,一旦有宽带业务需要,可以很快地将光纤引至用户处,实现光纤到家的战略目标。同样,如果考虑到经济性需要也可以用同轴电缆将宽带业务提供给用户。

③ 由于其光纤化程度已十分靠近用户,因而可以较充分地享受光纤化所带来的一系列优点,诸如节省管道空间、易于维护、传输距离长、带宽大等。

由于FTTC结构是一种光缆/铜缆混合系统,最后一段仍然为铜缆,还有室外有源设备需要维护,从维护运行的观点仍不理想。但是如果综合考虑初始投资和年维护运行费用的话,FTTC结构在提供2Mbit/s以下窄带业务时仍然是OAN中最现实、最经济的。然而对于将来需要同时提供窄带和宽带业务时,这种结构就不够理想了,届时初期对窄带业务合适的光功率预算值对以后的宽带业务就不够了,可能不得不减少节点数和用户数,或者采用$1.5\mu m$波长区来传宽带业务。还有一种方案是干脆将宽带业务放在独立的光纤中传输,例如采用HFC结构,此时在HFC上传模拟或数字图像业务,而FTTC主要用来传窄带交互型业务,具有一定灵活性和独立性,但需要有两套基本独立的基础设施。

2. 光纤到楼(FTTB)

FTTB也可以看成是FTTC的一种变形,不同处在于将ONU直接放到楼内(通常为居民住宅公寓或小企事业单位办公楼),ONU和用户之间通过楼内的垂直和水平布线系统相连,再经多对双绞线将业务分送给各个用户。FTTB是一种点到多点结构,通常不用于点到点结构。FTTB的光纤化程度比FTTC更进一步,光纤已敷设到楼,因而更适于高密度用户区,也更接近于长远发展目标,预计会获得越来越广泛的应用,特别是那些新建工业区或居民楼以及与宽带传输系统共处一地的场合。

ONU设置在楼内有综合布线系统的单位办公楼或居民住宅楼内,可通过5类线缆向用户提供10M或100M的局域网接入。目前,各种规模的企事业单位、公司大都建有自己的局域网,通过宽带网实现高速专线互联网接入、远程高速局域网互联或VPN等业务将有较大的市场需求,新建的办公楼和高档公寓都配有较完善的综合布线系统,现在城市中用户光缆环对市内新建大楼的覆盖率极高,局域网接入是单位用户、部分高级住宅用户宽带接入的主要方式之一。

"FTTB＋局域网"方式将 FTTB 与目前已在许多办公大楼使用的以 5 类线为基础的大楼综合布线系统结合起来,能够较好地提供多媒体交互式宽带业务。因此 FTTB 适合于给一些智能化办公大楼提供高速数据、电子商务和视频会议等业务。

FTTB 与 FTTC 的不同之处仅在于将 ONU 放在了大楼内,并由多对双绞线将业务分送给用户。FTTB 的光纤化程度比 FTTC 更进了一步,对宽带业务的适应性更强。由于光纤已敷设到楼,因而更适于高密度用户区,也更接近于长远发展目标。

需要注意有些文献将 FTTB 理解为光纤到办公楼或商务楼是不准确的,这里 B 表示 Building 而非 Bisenes,而且 Building 主要指公寓楼。若为光纤到办公大楼,则称 FTTO。

3. 光纤到家(FTTH)和光纤到办公室(FTTO)

在原来的 FTTC 结构中,如果将设置在路边的 ONU 换成无源光分路器,然后将 ONU 移到用户家即为 FTTH 结构。如果将 ONU 放在大企事业用户(公司、大学、研究所、政府机关等)终端设备处并能提供一定范围的灵活的业务,则构成所谓的光纤到办公室(FTTO)结构。由于大企事业单位所需业务量大,因而 FTTO 结构在经济上比较容易成功,发展很快。考虑到 FTTO 也是一种纯光纤连接网络,因而可以归入与 FTTH 一类的结构。然而,由于两者的应用场合不同,结构特点也不同。FTTO 主要用于大企事业用户,业务量需求大,因而结构上适于点到点或环形结构。而 FTTH 用于居民住宅用户,业务量需求很小,因而经济的结构必须是点到多点方式。以下的讨论将以 FTTH 为主进行。总地来看,FTTH 结构是一种全光纤网,即从本地交换机到用户全部为光连接,中间没有任何铜缆,也没有有源电子设备,是真正全透明的网络,其主要特点可以总结如下。

① 由于整个用户接入网是全透明光网络,因而对传输制式(例如 PDH 或 SDH,数字或模拟等)、带宽、波长和传输技术没有任何限制,适于引入新业务,是一种最理想的业务透明网络,是用户接入网发展的长远目标。

② 由于本地交换机与用户之间没有任何有源电子设备,ONU 安装在住户处,因而环境条件比户外不可控条件大为改善,可以采用低成本元件。同时,ONU 可以本地供电,不仅供电成本比网络远供方式可以降低约一个量级,而且故障率也大大减少。最后,维护安装测试工作也得以简化,维护成本可以降低,是网络运营者长期以来一直追求的理想网络目标。

③ 由于只有当光纤直接通达住户,每个用户才真正有了名副其实的宽带链路,B-ISDN 的实现才有了最终的保证,采用各种 WDM 或 FDM 技术真正发掘光纤巨大潜在带宽的工作才有可能。

综上所述,一个全光纤的 FTTH 网在战略上具有十分重要的位置。然而主要由于经济的原因,目前尚不能立即实现光纤到家,影响这一目标实现的因素很复杂,有系统成本的因素、竞争的需要、政策法规的影响以及新技术的推动等。随着时间的推移,光纤光缆和光元器件成本在稳步下降;各种宽带业务的需求正在逐步呈现;现有铜缆网的维护运行负担的增加在不断推动网络运营者转向光纤网;来自同行,特别是 CATV 公司的竞争压力正迫使电话公司可能提前实施 FTTH 网以便保证长远的宽带业务收入;各国电信政策法规管制的逐渐放开越来越有利于 FTTH 的实施;各种新技术,诸如新型环路用激光器的出现、平面光波电路(PLC)的发展、光纤放大器的问世、波分复用和频分复用以及数字集成和压缩技术的进展都在积极推动 FTTH 的实现,人们对 FTTH 的兴趣又在重新增加。有理由相信,在接入网中较大规模引入 FTTH 的时机已不太遥远了。

3.2 光纤接入网的拓扑结构

光纤接入网的拓扑结构是接入网的基本技术之一。所谓拓扑结构,就是把各种结构的网络,从几何学的观点进行抽象、概括成一种典型结构,这种结构称为拓扑结构,它反映了网络的物理形状和连接关系。网络的拓扑结构与网络的功能、效率、可靠性以及经济性等因素有直接关系,是网络设计中首先要考虑的问题。下面介绍光纤接入网中常用的几种典型拓扑结构及其性能。

3.2.1 单星形结构

单星形结构是指每一个 ONU 分别通过一根或一对光纤与端局的同一 OLT 直接相连,中间没有光分路器,形成以 OLT 为中心向四周辐射的星形连接结构,如图 3.2.1 所示。这种结构的特点是:在每一根光纤连接中都不使用光分路器,对光信号来说是点到点连接配置。这与传统的铜线接入网结构相似。由于这种结构中不使用光分路器,因此,不存在由光分路器引入的光信号衰减,其传输距离要远大于使用光分路器的点到多点的连接配置。

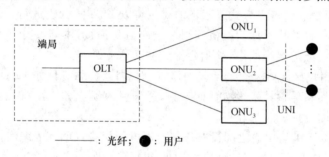

———:光纤; ●:用户

图 3.2.1 单星形结构

采用单星形结构的主要特点如下。

① 每一个 ONU 分别使用一根或一对专用光纤直接与 OLT 相连,故光纤和 O/E 设备数量较大,成本较高。

② 可与原有网络兼容。光缆敷设可走现有电缆管道或线杆。接入网覆盖范围大。

③ 用户之间互相独立,保密性好。

④ 对与某个 ONU 有关的传输设备进行测试维护时,不会影响其他 ONU 用户的业务传送。线路没有有源电子设备,为纯无源网络结构,维护工作简单。

⑤ 易于升级和扩容。改变和增加网络业务容易,因线路设施可以不动,只需更换端局和用户端的相关设备即可。

一个 ONU 可以只为一个用户服务,也可以为一群用户服务。如果每个 ONU 服务的用户数越多,则光设备的使用效率越高,每个用户分担的光设备成本则越低。反之,如果每个 ONU 服务的用户数越少,则每个用户分担的光设备成本越高。因此,从经济性考虑,这种结构仅适用于大单位用户。

3.2.2　双星形结构

双星形是单星形的改进结构。如图 3.2.2 所示为双星形结构,从光线路终端到远端分配单元(RDU)形成一个星形结构光纤连接,从 RDU 到 ONU 又形成一个星形结构光纤连接,故称为双星形结构。

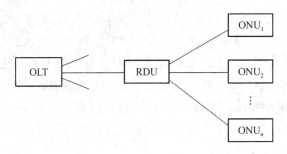

图 3.2.2　双星形结构

它适合于网径更大的范围,在每一条线路中设置远端分配节点。节点越多则表明网络规模越大,节点功能越多则网络性能越佳。远端分配单元主要是将信息分别送入每个用户,并把用户的上行信息集中送入端局。若节点是由无源器件所组成,则称为无源双星形网络,简称双星形。这种网络有许多优点,是目前采用较多的一种结构。由于远端分配单元将一些用户信息流复用后在一根光纤中传输,所以能够作到光、电器件和传输媒介的共享,降低了每个用户的成本;此外,双星形结构维护费用低,使用寿命长,易于扩容升级,业务变化更灵活,能充分利用光纤的带宽。若远端分配单元使用了电复用器(MUX)这一有源电子设备,则称为有源双星形网络。在这个结构中复用器的任务是首先对来自光纤的光信号进行光/电变换,在电信号上对来自与发往不同 ONU 的信号进行合路与分路,然后再将电信号进行电/光变换,送到相应的光纤上。这样,复用器使得多个 ONU 可以共享来自端局的馈线光缆及相应设备。

3.2.3　总线形结构

总线形结构有一条共享主干信道,如图 3.2.3 所示。该信道可使用一根双向传输的光纤线路或两根单向传输的光纤作线路,线路终点不闭合。各个终端用光耦合器互连到共享信道上。采用时分多路、频分多路等方法使各节点共享同一条信道。这种网络的主要优点是结构简单,增减节点容易,一个节点功能出故障时不会影响其他节点,且造价相对较低。主要缺点是总线本身出故障时网络将受到损害。

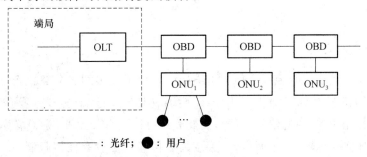

——：光纤;●：用户

图 3.2.3　总线形结构

这种结构的特点是，所有 ONU 通过非平衡光分路器（OBD）共用同一光纤馈线。非平衡光分路器的作用是从光纤总线上，分出 OLT 送给与之相连的 ONU 的信号，并将 ONU 送来的信号插入光纤总线送给 OLT。其分光比由具体使用情况（如最大的 ONU 数以及每个 ONU 所需要的光功率等因素）来决定。总线结构中，中间一系列 OBD 若串接在一起，每个 OBD 可以上下各种速率的信号，包括用户所需的 2 Mbit/s、64 kbit/s 和 $N\times 64$ kbit/s 等信号。这种结构与星形结构恰好相反，全部传输设施可以为用户共享，从端局发出的信号可以为所有用户所接收，每个用户根据预先分配的时隙选择属于自己的信号，因而只要总线带宽足够高，不仅传低速双向通信业务没有问题，而且传分配型业务也没问题。

这种结构特别适合于 CATV 等分配型业务。它与单星形结构的 ONU 不能共享传输光纤及其相关设备的情形相反，全部传输设施可以为所有用户共享。从端局发出的信号可以为所有用户所接收，每个用户根据预先分配的时隙选出属于自己的信号。

3.2.4　环形结构

光纤接入网的环形结构如图 3.2.4 所示。每个节点仅与两侧节点相连，每个节点可双向传输或单向传输。它可以看成封闭的总线形结构。与总线形结构相比，环形网结构的优点是使线路设定的自由度和灵活性大为改善，同时也极大地提高了网络的可靠性。

当利用分插复用器（ADM）作远端节点时可构成各种可靠性很高的自愈环网结构，其中最适于像接入网这样业务量集中于端局的一种环形结构叫单向通道倒换环。例如 SDH 自愈环结构，由于其质量高、成本也较高，因此较适合于带宽要求大、质量要求高的企事业用户和接入网馈线段应用。

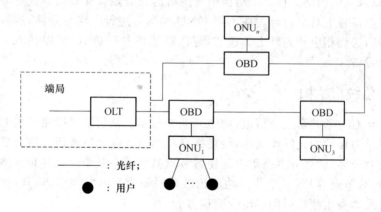

图 3.2.4　环形结构

3.2.5　树形结构

树形结构如图 3.2.5 所示。这种网络结构中采用了较多的光分路耦合器，即光无源分路器，因而也叫无源光网络（PON）。由于在交接箱（相当于远端局）和分线盒等位置采用光分路耦合器进行光功率（即光信号）分配，因此光纤可以共享。此外，除了端局和 ONU 之外网络中不包括任何有源器件，因而对带宽、波长和传输方法没有任何限制。所以说，无源光网络是解决本地接入网要求的最佳途径。

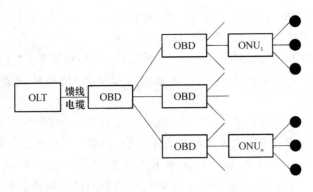

图 3.2.5 树形结构

3.3 无源光网络

3.3.1 PON 的定义

无源光网络(Passive Optical Networks，PON)是光纤接入网(OAN)中的一种。在众多的接入网技术中，PON 因其具有成本低、对业务透明、易于升级和易于维护管理的优势而深受用户欢迎。它基于一点到多点的拓扑结构，可传送双向交互式业务，并可根据需要灵活地进行升级。PON 系统根据其支持的业务类型和接口又可分为窄带 PON 系统(2 Mbit/s 业务速率以下，主要支持电话和 ISDN 业务)和宽带 PON 系统(支持 ATM 和其他宽带业务)。

PON 系统最早出现在 20 世纪 90 年代初期。ITU-T 第 15 研究组从 1992 年开始对窄带光纤接入网进行标准化研究，然而由于这一领域技术选择的多样性，标准化进展十分缓慢。1996 年 ITU-T 完成了对 G.982 建议的标准化，其主要目标是对 2 Mbit/s 以下接入速率的窄带 PON 系统进行规范。但是该规范的标准化程度很低，只是对系统容量、分路比进行了规定，而对于双向传输技术、线路速率和帧结构等一系列物理参数都没有制定标准，主要原因在于先有窄带 PON 产品，后有规范，而且各厂商规范不一，都认为自己是最好的选择，因此到现在为止 ITU-T 还没有形成统一完整的规范。规范的不统一带来的是不能形成器件的大规模生产，以至于价格居高不下。在全球范围内，日本、德国和美国的一些窄带 PON 系统已经应用。在国内，虽然 1997 年电信总局通过接入网实验把 PON 系统作为推荐的优选技术之一，但从全国范围看，应用不超过 100 万线。

如图 3.1.1 所示，图中 OLT 为光线路终端，它为 ODN 提供网络接口并连至一个或多个 ODN。ODN 为光配线网，它为 OLT 和 ONU 提供传输手段。ONU 为光网络单元，它为 OAN 提供用户侧接口并和 ODN 相连。如果 ODN 全部由光分路器(Optical Splitter)等无源器件组成，不包含任何有源节点，则这种光纤接入网就是 PON，其中的光分路器也称为光分支器(Optical Branching Device，OBD)。

3.3.2 PON 的光纤类型

光纤类型从大的方面看可以划分为单模光纤和多模光纤两类，鉴于单模光纤的损耗低、带宽宽、制造简单和价格低廉,在公用电信网(包括接入网)中已成为主导光纤类型。新敷设的光纤几乎全部采用单模光纤,已不再考虑多模光纤。

单模光纤又分为 G.652、G.653、G.654 和 G.655 等多种类型,考虑到成本及网络的维护和统一性,ITU-T 规定在接入网中只使用生产量最大、价格最便宜、性能优良的标准 G.652 光纤。

有些国家主张也应允许使用 G.653 光纤,理由是色散小,与光纤放大器结合在 $1.55~\mu m$ 波长区可望提供更长的色散受限距离和扩大用户数,具有一定优势。然而 ITU-T 认为在接入网环境下,目前的重点是 2 Mbit/s 速率以下的业务,即使考虑宽带业务后其线路传输速率也不大可能超过 2.4 Gbit/s,因而足以覆盖现行规划的接入网最长传输距离。再考虑到 G.653 光纤的成本偏高以及将来开放波分复用系统方面的困难,因而目前不准备使用这种光纤。至于 G.654 光纤就更不会考虑使用了。而在未来采用波分复用系统的光接入网中,G.655 光纤将可能成为应用主流。

3.3.3 PON 的波长分配

目前光纤的可用工作波长区有 3 个,即 850 nm 窗口、1 310 nm 窗口和 1 550 nm 窗口。鉴于 OAN 对成本最敏感的部分是光电器件,因而设法降低这一部分的费用是改进整个系统技术经济性能的关键。一般地说,设法采用新技术、革新工艺和规模生产是 3 个降低成本的主要措施。就新技术而言,大量采用平面光波电路(PLC)是主要发展趋势。那么,是否还有别的降低成本的措施? 一种方法就是采用 850 nm 波长区。主要考虑这一波长区的光纤用激光器已经大规模生产,成本很低。至于常规单模现象可以用滤模的办法来消除,并不复杂。850 nm 光纤损耗稍大,但对接入网环境也不是个大问题。然而,目前国际上尚无标准支持工作在这一波长区的元器件,也无法用最坏值法来进行传输设计。此外,由于存在多模传输和高损耗传输问题,致使系统复杂性增加,部分抵消了其成本优势。因而从长远看,应用 850 nm 波长区的近期经济优势似乎并不足以构成长期发展方向的理由。

ITU-T 通过的 G.982 建议决定只使用 1 310 nm 窗口和 1 550 nm 窗口,其中 1 310 nm 波长区将首先启用,主要支持电话和其他 2 Mbit/s 以下的窄带双向通信业务,其工作范围应尽量宽,以便容纳未来的 WDM 的应用。按照这一原则,其可用波长的下限主要受限于光纤截止波长和光纤衰减系数,其上限主要受限于 1 385 nm 处 OH 根吸收峰的影响。据分析,由于光纤的截止波长过高可能会引起模噪声损伤,这是一种乘性噪声,一旦产生就无法去掉,因此必须彻底杜绝。基本措施就是保证系统中最短的无连接光缆(例如维修光缆段)的有效截止波长不超过系统工作波长的下限,以确保单模传输条件。按照目前的 ITU-T 标准参数,由模噪声所限定的系统工作波长的下限为 1 260 nm,以确保单模传输条件。

根据典型敷设光缆的衰减系数,考虑了现场光纤接头的损耗和光缆温度系数余度($-50 \sim +60$ ℃),并假设 1 385 nm 的 OH 根吸收峰为 3 dB/km,当光缆最大衰减系数按 0.65 dB/km 计时,波长范围为 1 260~1 360 nm。

根据上述分析,最经济合理的 1 310 nm 波长区工作范围为 1 260~1 360 nm。这一波长范围与 G.957 所规范的 STM-1 等级局内通信接口波长范围一致,可适用于多纵模激光器和发光二极管。

对于 1 550 nm 波长区,除了暂时可以用作异波长双工的下行方向外,主要用于未来的新业务,特别是宽带图像业务。该波长区的下限主要受限于 1 385 nm 处 OH 根吸收峰的影响,而上限主要受限于红外吸收损耗和弯曲损耗的影响。若按 0.25 dB/km 光纤衰减系数计,则可用波长范围为 1 480～1 580 nm,而将 1 600 nm 以上保留给 OTDR 或其他测试技术使用。当然,如果将来准备采用 EDFA,则工作波长区还要进一步受限于 EDFA 的增益平坦区范围,系统工作范围还会进一步变窄。

3.3.4　双向传输技术

传输技术主要完成连接 OLT 和 ONU 的功能,其连接方式可以为点到点,也可以为点到多点。至于反向的用户接入方式也可以有多种,主要有时分多址接入(TDMA)和副载波多址接入(SCMA)两种。目前的 ITU-T 标准是以 TDMA 方式为基础的,但不排除其他接入方式。下面就几种主要的双向传输方式作一简要介绍。

1. 空分复用(SDM)

SDM 就是双向通信的每一方向各使用一根光纤的通信方式,即所谓单工方式,其原理如图 3.3.1(a)所示。在 SDM 方式下,两个方向的信号在两根完全独立的光纤中传输,互不影响,传输性能最佳,系统设计也最简单,但需要一对光纤才能完成双向传输的任务,当传输距离较长时不够经济。对于 OLT 与 ONU 相距很近的应用场合,则由于光纤价格的不断下降,SDM 方式仍不失为一种可以考虑的双向传输方案。最后,由于两个方向的信号传输通路互相独立,因而对于光源波长没有特殊要求,只要在 1 310 nm 波长区内,是否相同无关紧要。

2. 时间压缩复用(TCM)

TCM 方式是解决双向传输的有效手段之一。这种方法只利用一根光纤,但不断交替改变传输方向,使两个方向的信号得以轮流地在同一根光纤上传输,就像打乒乓球一样,因而又称"乒乓法"。实现 TCM 传输有两种方法,第一种方法是利用一只激光器既作光源又作检测器,十分简单,只要有一个收发控制开关准确地控制其收发时间,使之不发生冲突即可。然而这种激光器兼作检测器的方法灵敏度较差,速率较高时,光通道可用光预算很小。第二种方法是利用两套独立收发设备,两端各设一个光耦合器用于分离上行和下行信号,两个方向的信号发送在时间上分开,分别占用不同的时隙轮流发送,其双向传输原理如图 3.3.1(b)所示。由于同一时刻只允许一个方向传输信号,因而称为半双工方式,以便与 WDM 和 SCM 的全双工方式有所区别。采用 TCM 方式时,两个方向的信号允许工作在同一波长,但目前规定必须在 1 310 nm 波长区。

需要注意在接入网环境,PON 主要工作在点到多点方式,因此上下行信号的处理方式不同。下行方向上的信号是连续排列发送且以广播方式送给各个 ONU 的,各个 ONU 收到的是全部信号但只能在属于自己的时隙中取出属于自己的信号。上行方向则不同,各个 ONU 是以突发方式发送信号的,且只能在属于自己的时隙内发送信号,于是从各个 ONU 来的信号呈一个个非连续的突发块且幅度也不尽相同。

采用 TCM 方式可以用一根光纤完成双向传输任务,节约了光纤、分路器和活动连接器,而且网管系统判断故障比较容易,因而获得了广泛的应用。这种系统的缺点是两端的耦合器各有 3 dB 功率的损失,而且 OLT 和 ONU 的电路比较复杂。

3. 波分复用(WDM)

当光源发送功率不超过一定门限时,光纤工作于线性传输状态。此时,不同波长的信号只要有一定间隔就可以在同一根光纤上独立地进行传输而不会发生相互干扰,这就是波分复用的基本原理,如图 3.3.1(c)所示。对于双向传输而言,只需将两个方向的信号分别调在不同波长上即可实现单纤双向传输的目的,称为异波长双工方式。这种方式未来的升级扩容潜力很大,很容易扩展至几十个波长,但目前 WDM 器件的成本还过高,因而传输距离不长时不够经济。

4. 副载波复用(SCM)

利用 SCM 实现双向传输的原理很简单,只需将两个方向的信号分别安排在不同频段即可实现单纤同波长双向传输的目的,如图 3.3.1(d)所示。在实际 OAN 传输系统中,下行方向往往采用 TDM 方式基带传输形式,因而频率分量集中在低频端,而上行方向采用副载波多址接入(SCMA)方式,即各个用户的频率调在较高频段,与下行信号的频谱隔开。由于上下行信号分别占用不同频段,因而系统对反射不敏感,也无须 TDMA 方式所必不可少的复杂的延时调整电路,传输延时较小,电路较简单。当然,模拟频分方式必然带有一切模拟方式所不可避免的缺点,这里就不重复讲述了。

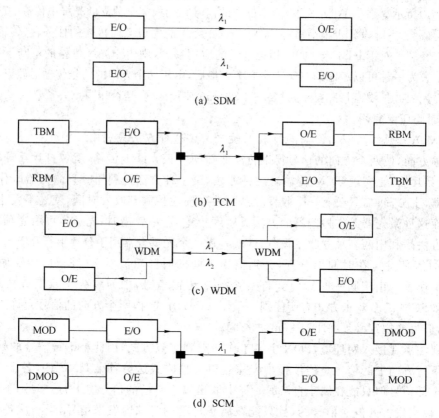

E/O:光/电转换;O/E:电/光转换;TBM:发送缓存;RBM:接收缓存;
MOD:调制器;DMOD:解调器;■:方向耦合器

图 3.3.1   光双向传输复用技术

3.3.5   多址接入技术

在 PON 中,OLT 至 ONU 的下行信号的传输过程较为简单,一般在 OLT 将需要送至各 ONU 的信息采用时分复用(TDM)方式组成复帧送至馈线光纤,通过无源光分路器以广播方式送至每一个 ONU,ONU 收到下行复帧信号后分别取出属于自己的那一部分信息,如图 3.3.2 所示。各 ONU 至 OLT 的上行信号传输采用的多址技术如下。

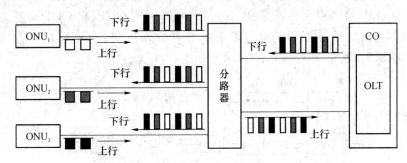

图 3.3.2　下行传输原理示意图

1. 时分多址(TDMA)

TDMA 方式是一种已广泛用于卫星通信的较为成熟的技术。在 PON 中应用该技术时,同样将上行传输时间分为若干时隙,在每一个时隙内只安排一个 ONU 以分组的方式向 OLT 发送分组信息,各 ONU 按 OLT 规定的顺序依次向上游发送。应用 TDMA 方式的无源双星形 PON 系统如图 3.3.3 所示。

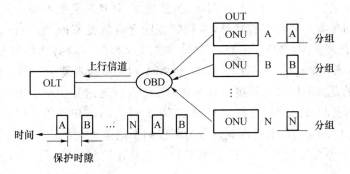

图 3.3.3　TDMA 方式的 PON 系统

由图 3.3.3 可知,各 ONU 向上游发送的码流在 OBD 合路时可能发生碰撞,这就要求 OLT 测定它与各 ONU 的距离后对各 ONU 进行严格的发送定时。由于各 ONU 与 OLT 间距离不一样,它们各自传输的上行码流衰减也不一样,到达 OLT 时的各分组信号幅度不同。因此在 OLT 端不能采用判决"1"门限恒定的常规光接收机,只能采用突发模式的光接收机,根据每一分组信号开始的几个比特信号幅度的大小建立合理的判决"1"门限,以正确接收该分组信号。各 ONU 从 OLT 发送的下行信号获取定时信息,并在 OLT 规定的时隙内发送上行分组信号,故到达 OLT 的各上行分组信号在频率上是同步的,但由于传输距离的不同,到达 OLT 时的相位差也就不同,故在 OLT 端必须采用快速比特同步电路,在每一分组信号开始几个比特信号的时间范围内迅速建立比特同步。

采用 TDMA 方式的 PON 只需要使用较为简单的光器件,因此比较经济。但由于在 OLT 端需要采用上述新技术,所以电路部分相当复杂。

2. 副载波复用多址(SCMA)

SCMA 采用模拟调制技术,将各个 ONU 的上行信号分别用不同的调制频率调制到不同的射频段,然后用此模拟射频信号分别调制各 ONU 激光器(LD),把波长相同的各模拟光信号传输至 OBD 合路点后再耦合到同一馈线光纤到达 OLT,在 OLT 端经光电探测器(PD)后输出的电信号通过不同的滤波器和鉴相器分别得到各 ONU 的上行信号。应用 SCMA方式的无源双星形 PON 如图 3.3.4 所示。

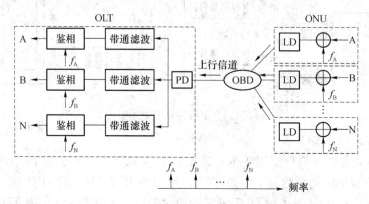

图 3.3.4　SCMA 方式的 PON 系统

SCMA 系统主要利用相当成熟的射频/微波技术,并且只需要简单的光器件,具有很强的经济性。SCMA 有十分良好的特性,在频带宽度允许的范围内,各上行信道比特率完全透明,在一定的范围内易于升级。与 TDMA 相比,SCMA 可以灵活地增加或减少任一路 ONU,而且该系统各上行信道彼此独立,与 TDMA 相比不需要复杂的同步技术。但由于各 ONU 至 OLT 的距离不同,OLT 接收到的各 ONU 上行光信号功率也不同,特别是调制到频率较为接近的射频段的两路上行信号到达 OLT 后的功率相差很大时,将引起严重的相邻信道干扰(ACI)。增大各上行调制信号射频段频率间隔,可使其 ACI 性能得到较大的改善,但这也限制了系统的容量。在传输速率为几十兆比特每秒的系统中,SCMA 是一项较为实用的技术。

3. 波分复用多址(WDMA)

WDMA 采用波分复用技术,将各 ONU 的上行传输信号分别调制为不同波长的光信号,送至 OBD 后耦合到馈线光纤,到达 OLT 后利用分波器(WDM)分别取出属于各 ONU 的不同波长的光信号,再分别通过光电探测器解调为电信号。应用 WDMA 方式的无源双星形 PON 如图 3.3.5 所示。

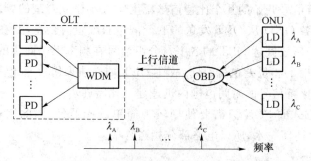

图 3.3.5　WDMA 方式的 PON 系统

WDMA 充分地利用了光纤的低损耗波长窗口,每个上行传输通道完全透明,能够以不同的方式传输不同的业务。只要在光纤线路上有足够的功率余度,WDMA 便能方便地扩容和升级。与 TDMA 和 SCMA 相比,WDMA 所用电路设备较为简单,但要求光源频率稳定度高,上行传输的通道数及信噪比受光分波器件性能的限制,系统各通道共享光纤线路而不共享 OLT 光设备,故系统成本较高。

4. 码分复用多址(CDMA)

CDMA 是一项广泛用于移动通信和小容量卫星通信的较为成熟的技术,目前应用较多的为直接序列码分多址系统(CDMA/DS)。在 PON 中应用该技术时,给每一个 ONU 分配一个多址码,各 ONU 的上行信号与相应多址码进行模二加后将其调制为同一波长的光信号,各路上行光信号经 OBD 合路至馈线光纤到达 OLT,在 OLT 端经 PD 检测出电信号后,再分别与同 ONU 端同步的相应的多址码进行模二加分别恢复各 ONU 传输来的信码,如图 3.3.6 所示。由于多址码的速率远大于信码速率,故 CDMA 系统实际上是一种扩频通信系统。为了减少各 ONU 上行信号的串扰,所用各多址码的相关函数峰值应尽量小,而每个多址码的自相关函数应具有尖锐的单峰特性,以便在 OLT 端进行准确的识别。多址码一般采用 Gold 码,它是通过两种伪随机 m 序列移位后进行模二加得到的。

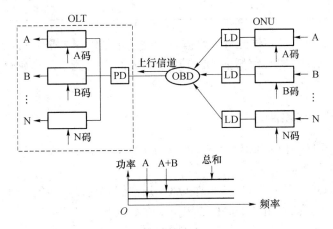

图 3.3.6　应用 CDMA 方式的 PON 系统

CDMA 系统用户地址分配灵活,抗干扰性能强,由于每个 ONU 都有自己独特的多址码,故它有十分优越的保密性能。CDMA 不像 TDMA 那样划分时隙,也不像 SDMA 及 WDMA 那样划分频隙,ONU 可以更灵活地随机接入,而不需要与别的 ONU 同步,但 CDMA 系统容量不大。

3.3.6　OAN 系统规范

1. OAN 容量和 ONU 类别

表 3.3.1 给出了 ITU-T 建议 G.982 所规定的 OAN 容量和 ONU 类别。ONU 的类别按照其用户侧所需要的最大通透容量来规定,即以 B 通路(64 kbit/s 承载通路)为基本度量单位,而控制和信令一般不包括在内,除非在承载通路内(如 ISDN 基群速率接入)。

表 3.3.1 OAN 容量和 ONU 分类

参 数	类型 I(如 SDM 和 WDM)	类型 II(如 TCM)
OAN 容量	至少 4 个 ODN 接口,总容量至少 800 B。每个 ODN 接口至少 200 B	至少 4 个 ODN 接口,总容量至少 800 B。每个 ODN 接口至少 100 B
ONU 分类	1 类:至少 2 B 2 类:至少 32 B 3 类:至少 64 B	1 类:至少 2 B 2 类:至少 32 B 3 类:至少 64 B

2. 逻辑距离限制

逻辑距离是指因帧结构、ONU 数量等因素所限定的理论上可达的最大传输距离,与光功率预算无关。表 3.3.2 给出了 ITU-T 建议 G.982 的逻辑距离值(指光纤千米数),它是由系统类型和分支比不同所致。逻辑距离超过 20 km 时,ITU-T 建议 G.982 未规定。

表 3.3.2 建议 G.982 的逻辑距离限制

距离/km	OAN 系统类型 I	OAN 系统类型 II
10	支持至少 16 路分支比	支持至少 8 路分支比
20	支持至少 32 路分支比	支持至少 16 路分支比

系统设计时,需要知道不同光纤长度差异。这并不是限制未来革新,而是可以为初始系统提供灵活性。OAN 系统必须保证 ODN 中不同光纤之间的距离差别可以为 0~5 km 之间的任意值。

3.3.7 PON 功能结构

ITU-T 建议 G.982 对 ONU、OLT 和 ODN 的功能要求进行了规范,下面将分别进行介绍。

1. ONU 的功能要求

ONU 提供到 ODN 的光接口,并且在 OAN 用户侧实现接口功能。ONU 可以位于用户住宅的室内(FTTB,FTTO 和 FTTH)或用户所在处的室外(FTTC)。ONU 提供传递系统处理的各种不同业务所需要的手段。ONU 功能框图如图 3.3.7 所示。

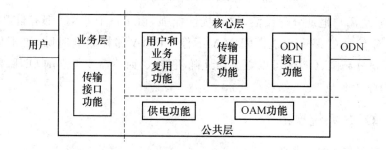

图 3.3.7 ONU 功能框图

ONU 可以分成 3 部分,称为核心层、业务层和公共层,它们的功能描述如下。

(1) ONU 核心层

ONU 核心层功能包括用户和业务复用功能、传输复用功能和 ODN 接口功能。传输复用功能提供从 ODN 接口功能来的和到 ODN 接口功能的输入、输出信号的鉴别和分配所要求的功能,提取和输入与该 ONU 有关的信息。用户和业务复用功能对来自或送给不同用户的信息进行组装和拆卸,并连接单个的业务接口功能。ODN 接口功能提供一组光物理接口功能,终结终端 ODN 相应组的光纤,它包括光/电、电/光变换。如果一个 ONU 中使用一根以上的光纤,则可以存在一个以上的物理接口。

(2) ONU 业务层

ONU 业务层提供用户端口功能。用户端口功能提供用户业务接口,并且将其适配到 64 kbit/s 或 $N \times 64$ kbit/s。该功能可以提供给单个用户或一群用户。它还能按照物理接口来提供信令变换功能(例如振铃、信令、A/D 变换和 D/A 变换)。

(3) ONU 公共层

ONU 公共层功能包括供电和操作、维护与管理(OAM)功能。供电功能为 ONU 提供电源(例如交流/直流、直流/直流变换)。供电方式可以是本地供电,也可以是远供,几个 ONU 可以共用一个供电系统。ONU 应能在备用电池供电条件下正常工作。

OAM 功能对 ONU 的所有功能块提供处理操作、管理和维护功能的手段(例如不同功能块的环回控制)。

2. OLT 的功能要求

光线路终端(OLT)提供到光分配网(ODN)的光接口,并在 OAN 网络侧至少提供一个网络接口。OLT 可以位于本地交换局内,也可以位于远端。它包括传送各种业务到必需的 ONU 所需的必要手段。OLT 的功能框图如图 3.3.8 所示。

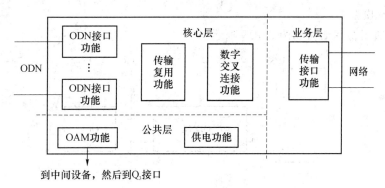

图 3.3.8　OLT 的功能框图

OLT 也由 3 部分组成,也称为核心层、业务层和公共层,它们的功能描述如下。

(1) OLT 核心层

OLT 核心层功能包括数字交叉连接功能、传输复用功能和 ODN 接口功能。传输复用功能提供在 ODN 上发送或接收业务通路所必需的功能。数字交叉连接功能提供 ODN 侧的可用带宽与网络侧的网络部件的连接。ODN 接口功能提供一组物理光接口功能,终结 ODN 中相应的一组或多组光纤,它包括光/电和电/光转换。为了实现从 OLT 到 ODN 中光分路器处灵活分配点之间不同地理路由间的保护倒换,OAN 系统应能为 OLT 装备可选的备用 ODN 接口。

(2) OLT 业务层

OLT 业务层包括业务端口功能。业务端口应至少传输 ISDN 基群速率,并应能配置成许多种业务中的一种或者能同时支持两种或多种不同的业务。任何提供两个或多个 2 Mbit/s端口的支路单元(TU)都应能以每个端口为基础独立地进行配置。对这种多端口 TU,它可以将每个端口配置给不同的业务。OLT 设备中的每一个 TU 位置应能接受任何类型的 TU。OLT 应能支持任何不超过最大设计数、业务类型任意组合的 TU。

(3) OLT 公共层

OLT 公共层包括供电和 OAM 功能。供电功能将外部电源变换为所要求的机内电压。OAM 对 OLT 的所有功能块提供处理操作、管理和维护的手段,它还提供一个接口功能。对本地控制,提供一个接口用于测试以及通过协调功能经接入网 Q_3 接口与操作系统(OS)相连。

3. ODN 的功能要求

光配线网(ODN)是 OAN 的关键部分,其主要作用是将一个 OLT 和多个 ONU 连接起来,提供光信号的双向传输。多个 ODN 可以通过光纤放大器结合起来以延长传输距离和扩大服务用户数。

(1) ODN 组成

从网络结构来看,ODN 由馈线光纤、光分路器和支线组成,它们分别由不同的无源光器件组成,主要的无源光器件有:单模光纤和光缆、光纤带和带状光缆、光连接器、无源光分支器、无源光衰减器、光纤接头等。

无源光器件的详细规范参看 ITU-T 建议 G.671,光纤和光缆的详细规范参看 ITU-T 建议 G.652。

(2) ODN 模型

ODN 的通用物理结构如图 3.3.9 所示。

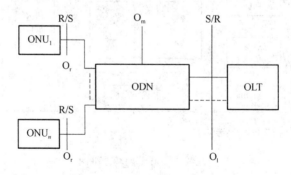

图 3.3.9　ODN 的通用物理结构

图中的 R、S 为参考点,O_r 表示 ONU 与 ODN 间的光接口,O_l 表示 OLT 与 ODN 间的光接口,O_m 表示 ODN 与测试和监视设备间的光接口。图中,连接任何两个光模块的每条线可以代表一根或多根光纤。

ODN 定义在 S 参考点和 R 参考点之间。与建议 G.955 和 G.957 中给出的定义类似,此处 S 和 R 的定义如下。

• S 点:光纤上刚好在 OLT[a]/ONU[b]光连接点之后的点(例如光连接器和光纤接头)。

• R 点:光纤上刚好在 ONU[a]/OLT[b]光连接点之前的点(例如光连接器和光纤接头)。

注意:这些光连接点不属于 ODN。

信号从 OLT 传向 ONU 被定义为[a]过程,信号从 ONU 传向 OLT 被定义为[b]过程。根据 ODN 的物理实现方式,ODN 两端的 S 点和 R 点可位于同一根光纤或不同的光纤上。

ODN 在一个 OLT 和一个或多个 ONU 之间提供一个或多个光通道。每个光通道被限定在一个特定波长窗口里的 S 和 R 参考点之间。

在物理层,接口 O_r 和 O_l 可能需要一根以上的光纤,例如分隔不同传输方向或不同类型的信号(业务)。接口 O_m 物理上可位于 ODN 中的多个点,而且既可以用专用光纤也可以用传送业务的网络光纤。

ODN 的光特性应能够在不需要大规模改造 ODN 本身的情况下,提供目前可以预见的任何业务。这种要求对构成 ODN 的无源光器件将产生影响。以下是直接影响 ODN 光特性的一系列基本要求。

① 光波长透明性:如不具有波长选择功能的光分支器件之类的无源器件,应能支持传送 1 310 nm 和 1 550 nm 波长区内任一波长的信号,这不仅能降低对现有单波长系统的光源要求,而且也为将来的 WDM 系统应用提供了基础。

② 互换性:输入和输出口互换后,对通过器件的光损耗不应产生显著的变化,这样可以简化网络的设计。

③ 光纤兼容性:所有的光器件都应能与 G.652 协议中规范的单模光纤兼容。

ODN 中光传输的两个方向规定如下:信号从 OLT 向 ONU 传输的方向为下行方向,信号从 ONU 向 OLT 传输的方向为上行方向。

上、下行方向的传送可用同一光纤和无源光器件(双工)或者用分开的光纤和无源光器件(单工)。

如果 ODN 的重新配置需要额外的连接器或其他无源器件,它们应处在 S 和 R 参考点之间,并且其损耗也应在任何光损耗计算中考虑进去。

3.3.8 PON 系统的保护

PON 系统的保护包括馈线光纤保护、OLT 保护和全保护 3 种方式。在 OLT 和 ONU 设备支持的前提下,可以根据实际需要采用相应的保护方式。对于普通用户,一般不考虑系统保护。全保护的成本较高,宜只对重要用户采用。

1. 馈线光纤保护

如图 3.3.10 所示,馈线光纤保护就是采用 1∶N 或 2∶N 光分路器,在分路器和 OLT 之间建立两条独立的、互相备份的光纤链路,一旦主用馈线光纤发生故障,通过人工改接的方式,在备用光纤链路可用的情况下切换至备用光纤的保护方式。

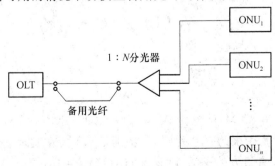

图 3.3.10 馈线光纤保护方式

2. OLT 保护

如图 3.3.11 所示,OLT 保护就是采用 2:N 的光分路器,在分路器和两个互为备份的 OLT 之间建立两条独立的光纤链路,一旦主用馈线光纤或 OLT 发生故障,在备用光纤链路和备用 OLT 可用的情况下自动切换至备用 OLT 的保护方式。

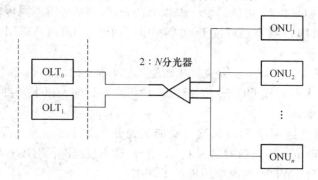

图 3.3.11　OLT 保护方式

3. 全保护

如图 3.3.12 所示,全保护就是 PON 系统对 OLT、ODN、ONU 均提供备份的保护方式,属于采用互为热备份的保护方式。

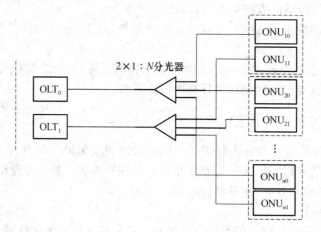

图 3.3.12　全保护方式

3.4　ATM 无源光网络

3.4.1　概述

在 PON 系统中采用 ATM,就成为 ATM-PON(即 APON 系统)。APON 系统可以使接入网充分享受 ATM 所带来的一系列好处,特别是 ATM 在实现不同业务的复用以及适应不同带宽的需要方面有很大的灵活性,这一点对接入网很重要。ATM 接入网可以为用户提供一个经济、高效的多媒体业务传送平台并有效地利用网络资源。

　　在窄带 PON 系统发展初期,许多人就把目光投向了 APON 系统,因为接入网迟早要走向宽带化。以 ATM 为基础的 PON 基本上与窄带 PON 系统的概念同时提出,中间经历了几个版本。1998 年 ITU-T 正式通过了建议 G.983.1,即基于 PON 系统的高速光接入系统,对 APON 系统进行了详尽的规范,规范的标准化程度要高得多。其目的是为用户提供大于 2 Mbit/s 接入速率的业务,包括图像和其他分配型业务。G.983.1 建议主要规定标称线路速率、光网络要求、网络分层结构、物理媒质层要求、传输汇聚层要求、测距方法和传输性能要求等,从物理层等下三层角度保证 TDM/TDMA 技术的实现。根据 G.983.1,我国 APON 系统的行业标准也在 2000 年年底通过。1999 年 ITU-T 又推出 G.983.2 建议即 APON 的光网络终端(ONT)管理和控制接口规范,目标是实现不同光线路终端(OLT)和光纤网络单元(ONU)之间的多厂商互通,规定了与协议无关的管理信息库(MIB)被管实体、OLT 和 ONU 之间信息交互模型、ONU 管理和控制通道、协议和消息定义等。该建议主要从网络管理和信息模型上对 APON 系统进行定义,以确保不同厂商的设备可实现互操作。APON 系统的技术特点及核心是在 PON 上采用 TDMA 方式传输 ATM 信元。物理层上下行方向一般采用 TDM/TDMA 技术。2001—2002 年,ITU-T 又通过了 G.983.3～G.983.7 等一系列建议,对宽带系统中通过采用波长分配和动态带宽分配提高业务能力、ONT 管理和控制接口以及进一步提高生存能力进行了规范。

3.4.2　APON 的系统结构及工作原理

　　APON 系统结构如图 3.4.1 所示。其中 OLT 上的每个 APON 接口可连接多达 32 个 ONU,从局端 OLT 到 ONU 传送下行信号采用 TDM 技术,从 ONU 到 OLT 传送上行信号采用 TDMA 技术,上行和下行传输时,ATM 信元均被组装在一个 APON 包中。系统采用的双向传输方式主要有两种,一种是单向双纤的空分复用方式,即采用两根光纤,分别传输上行和下行信号,工作波长限定在 1 310 nm 区;另一种是单纤波分复用方式,即采用一根光纤,异波长双工,上下行波长分别工作在 1 310 nm 区和 1 550 nm 区。从成本上来看,后一种方式较为经济可行。该系统可以用光纤到 ONU,再用短的铜缆到用户,也可直接将 ONU 放在用户处,即 FTTH。

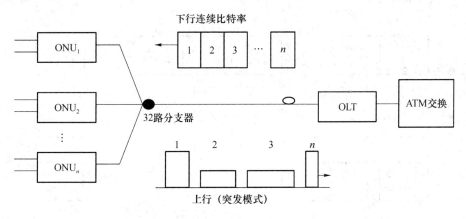

图 3.4.1　APON 系统结构

　　APON 可连接的业务点类型包括:PSTN/ISDN 窄带业务节点、B-ISDN 宽带业务节点、非 ATM 视频服务器(提供 VOD 业务)和非 ATM 的 IP 选路。在 ITU-T 建议 G.983 中规定 APON 中数字信号的标称比特率应该是 8 kbit/s 的整数倍,其标称线路速率有两种,对称数率为 155.52 Mbit/s;非对称速率为上行 155.52 Mbit/s、下行 622.08 Mbit/s。

APON 的工作原理如下:在下行方向采用点到多点的广播方式,由 ATM 交换机来的 ATM 信元先送给 OLT,OLT 将到达各个 ONU 的下行业务组装成帧,变为 155.52 Mbit/s 或 622.08 Mbit/s 的速率,以广播的方式,用 1 550 nm 波长区发送到下行信道上,各个 ONU 收到所有的下行信元后,根据信元头信息 VPI/VCI(虚通道标识/虚通路标识)从连续的信元流中取出属于自己的信元,然后再转换成原数据格式送给用户;在上行方向上,来自各个网络终端的用户数据由相应的 AAL 适配成 ATM 格式,再由 ONU 将 ATM 信元装配成 APON 格式,并通过 1 310 nm 波长区,以 155.52 Mbit/s 的速率,采用突发模式发送信元,以保证同一时刻仅有一个 ONU 发出上行信号,除去极少量的保护时隙和同步等开销外,频带几乎可以全部利用。首先由 OLT 轮询各个 ONU,得到 ONU 的上行带宽要求,OLT 合理分配带宽后,以上行授权的形式允许 ONU 发送上行信元,即只有收到有效授权的 ONU 才有权利在上行帧中占有指定的时隙。

3.4.3 APON 的帧结构

按 G.983 建议标准,APON 可采用两种速率结构,即上、下行均为 155.52 Mbit/s 的对称结构和下行 622.08 Mbit/s、上行 155.52 Mbit/s 的不对称结构。图 3.4.2 和图 3.4.3 分别给出 APON 的对称和不对称帧结构。

APON 上、下行信道的 ATM 信元被打包成所谓的 APON 帧,上、下行信道都由连续的时隙流组成。下行每时隙宽为发送一个信元(53 B)的时间;上行每时隙宽为发送 56 B 的时间。下行每 27 个时隙插入一个物理层维护管理(PLOAM)信元,其余为 ATM 信元。下行速率为 155 Mbit/s 时,一个下行帧包含 2 个 PLOAM 信元,共 56 个时隙。而 622 Mbit/s 下行帧包含 8 个 PLOAM 信元,共 224 个时隙。上行帧包含 53 个时隙,每一个时隙长 56 B,其中开头 3 B(图 3.4.2 和图 3.4.3 中的阴影部分)是 PON 开销,内容由 OLT 编程决定,表 3.4.1 对其作用进行了描述。

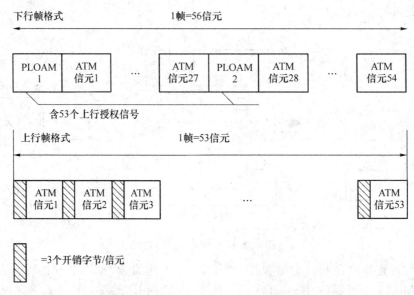

图 3.4.2 对称 155.52 Mbit/s APON 的帧结构

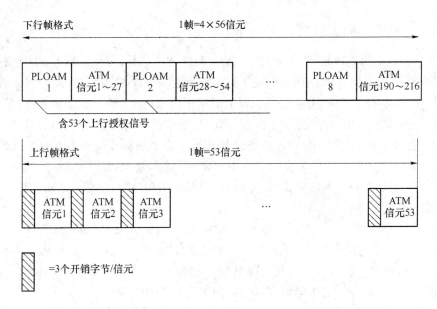

图 3.4.3　不对称 622.08/155.52 Mbit/s APON 的帧结构

表 3.4.1　上行开销

信息域	作　用
保护时间	在两个连续信元间提供足够距离来避免碰撞
前导码	从到达信元中提取相位信息,并且/或者获得比特同步和幅度恢复信息
定界符	突发块开头的特定填充模式,被用来实现字节同步

　　上行 PON 开销由 3 部分组成。首先是保护时间,用来防止由于上行信元的相位抖动而引起的碰撞,最短长度 4 bit;其次是前导码,用于幅度恢复和实现突发同步;最后是定界符,用于上行信元定界。开销中 3 部分的边界不固定,容许厂家根据其接收机性能要求自行设定,保护时间内不传任何信息,前导码和定界符的内容由 OLT 在下行 PLOAM 信元中发送上行开销(Upstream Overhead)消息指定。

　　上行时隙可以用作可分割时隙(Divided Slot),可分割时隙可分割成多个微时隙(Mini Slot),用于多个 ONU 发送较短的突发信息(称之为"微信元")。MAC 协议可利用这些微时隙传送 ONU 的信元到达信息给 OLT 以实现带宽动态分配。

　　在图 3.4.2 和图 3.4.3 中,上、下行帧的开头都分别相互对准,这表明上、下行帧具有相等的经历时间。然而,在 OLT(或 ONU)中的参考点 S/R 处两者的实际相位差并不确定。更一般地,两帧可能会在 OLT 中的某个虚拟参考点相互对准。测距过程用以使上行信元与上行帧对准。

　　工作时,对于上行信道,来自各个 NT 的用户数据由相应的 AAL 或 CLAD 适配成 ATM 格式,所形成的 ATM 信元再由 ONU 装配成 APON 格式,然后进入传输系统;对于下行信道,从传输系统接收到的 ATM 信元根据它们的 VPI/VCI 值进行分路,然后再转换成原数据格式送给用户。

3.4.4 APON 的关键技术

采用 G.983.1 的 APON 系统下行方向以 TDM 方式工作,可使用标准 SDH 光接口,因此实现起来较容易。但是,由于 PON 的 ODN 实际上是共享传输介质,需要接入控制才能保证各 ONU 的上行信号完整地到达 OLT。通常采用 TDMA 的上行接入控制,信号是"突发"模式。就是说上行信号是突发的、幅度不等的、长度也不同的脉冲串,并且间隔时间也不相同。由于是突发模式,APON 系统在物理层传输上需要解决几个技术上的难点。

在 APON 中,需要解决的关键技术主要有测距、带宽分配、光功率动态调整,以及多址接入、突发发射/接收和突发同步技术、媒质接入控制(MAC)等,分别介绍如下。

1. 测距

由于不同 ONU 到 OLT 的逻辑距离各不相同,所以信元在 OLT 和不同 ONU 之间的往返时间就不一样。若不进行控制,各 ONU 上发的信元在 OLT 处可能发生碰撞。使 OLT 无法正确接收。产生传输时延差异的根源有两个,一是物理距离的不同,二是由环境温度的变化和光电器件的老化等因素。为避免上行碰撞的发生,必须采用测距技术。通过测距精确测出各 ONU 与 OLT 之间的逻辑距离,各 ONU 采用不同的调整时延 T_d 使信元在所有 ONU 与 OLT 之间的往返时间相同。

测距程序分为两步:第一步是在新的 ONU 安装调测阶段进行的静态粗测,这是对物理距离差异进行的时延补偿;第二步是在通信过程中实时进行的动态精测,以校正由于环境温度变化和器件老化等因素引起的时延漂移。测距方法可以分为如下几种。

(1)扩频法测距

粗测时 OLT 向 ONU 发出一条指令,通知 ONU 发送一个特定低幅值的伪随机码,OLT 利用相关技术检测出发出指令到接收到伪随机码的时间差,并根据这个值分配给该 ONU 一个均衡时延 T_d。动态精测需要开一个小窗口,通过监测相位变化实时调整时延值。这种测距的优点是不中断正常业务,精测时占用的通信带宽很窄,ONU 所需的缓存区较小,对业务质量(QoS)的影响不大;缺点是技术复杂,精度不高。

(2)带外法测距

粗测时 OLT 向 ONU 发出一条测距指令,ONU 接到指令后将低频小幅的正弦波加到激光器的偏置电流中,正弦波的初始相位固定。OLT 通过检测正弦波的相位值计算出环路时延,并依据此值分配给 ONU 一个均衡时延,精测时需要开一个信元大小的窗口。这种方法的优点是测距精度高,ONU 的缓存区较小,对 QoS 影响小;缺点是技术复杂,成本较高,测距信号是模拟信号。

(3)带内开窗测距

这种方法的最大特点是粗测时占用通信带宽,当一个 ONU 需要测距时,OLT 命令其他 ONU 暂停发送上行业务,形成一个测距窗口供这个 ONU 使用。测距 ONU 发送一个特定信号,在 OLT 处接收到这个信号后,计算出均衡时延值。精测采用实时监测上行信号,不需另外开窗。这种测距方法的优点是利用成熟的数字技术,实现简单、精度高、成本低;缺点是测距占用上行带宽,ONU 需要较大的缓存区,对业务的 QoS 影响大。

接入网最敏感的是成本,所以 APON 应该采用带内开窗测距技术,为了克服上边提到的不足,需要采取措施减少开窗尺寸。因为开窗测距是对新加入的 ONU 进行的,该 ONU

与 OLT 之间的距离可以有个大概的估计值,可以根据估计值先分配给 ONU 一个预时延,这样可以大大减少开窗尺寸。如果估计距离精确度为 2 km,则开窗大小可限制在 10 个信元以内(一个上行帧为 53 个信元)。为了不中断其他 ONU 的正常通信,可以规定测距的优先级较信元传输的优先级低,这样只有在空闲带宽充足的情况下才允许静态开窗测距,使得测距仅对信元时延和信元时延变化有一定的影响,而不中断业务。

2. 带宽动态分配

由于 APON 系统在上行方向共享传输媒质,所以必须进行上行接入控制(MAC),以便在为用户提供多种业务的同时,避免不同 ONU 发送的信号在 OLT 处产生冲突,提高信道的利用率。APON 的优点在于它能提供宽带综合的接入,所以 APON 的 MAC 协议必须能够充分利用上行带宽,同时支持不同业务的 QoS 要求。对综合业务,只有动态分配上行带宽才能充分利用上行带宽,要支持不同业务的 QoS 就必须对业务进行优先级划分,所以 APON 的 MAC 协议必须具备带宽动态分配和业务信元按优先级接入的特点。如何设计一种公平、高效,又支持不同业务 QoS 的 MAC 协议是实现 APON 宽带综合接入的关键。

带宽分配算法既要考虑连接业务的性能特点和其服务质量的要求,又要考虑接入控制的实时性。通常的算法分为两大类:其一是建立连接时采用缓冲存储,但为了满足实时性要求,很难有效地对系统资源进行统计复用,因此,只能在业务量较大时取得较好的性能;其二是建立连接时无缓冲存储,这既可满足实时要求又能很好地对系统资源进行统计复用,但在业务量较大时会产生信元丢失。在 APON 系统中,相对于主干网其业务量要小得多,因此一般选用基于第二种考虑的带宽分配算法。在 APON 上行信道中,动态分配带宽有效地管理网络资源,使 APON 能为用户的不同类型的业务提供满足要求的连接。

3. 上行突发同步

OLT 在接收上行突发数据流时,必须用突发块中的开头几个比特迅速建立比特同步,这就是突发同步。按照 G.983 建议,突发同步可以使用 PON 开销中的前导码获得。前导码的长度自行设定,一般为 8 bit,传统的同步方法同步速度非常慢,一般在毫秒量级,而 APON 是高速传输系统,必须在极短的时间内(8 bit 约为 0.05 μs)实现同步,因此必须想别的办法。上行突发同步是 OLT 正确接收的前提,所以选择并实现一种快速突发同步方法是开发 APON 设备的关键。

4. 上行光突发接收

由于距离和发射功率的差别,各 ONU 发射的光信号到达 OLT 时的功率也不一样,因而 OLT 在对上行信号进行数据恢复时采用的判决门限也应该不一样。对 APON 系统,OLT 上行接收的高速突发光信号,信号速率达到 155.52 Mbit/s。信号的突发性要求采用突发模式的光接收机。信号的高速特性要求光接收机能在极短的时间内建立判决阈值,快速建立判决阈值是光接收机的技术难点。按照 G.983 建议,可以使用 PON 开销中的若干个前导比特来建立光功率接收判决阈值。建议中没有指明使用多少个比特,但由于开销有限,用于建立判决阈值的比特数目也受到限制,一般不多于 4 bit,以 4 bit 计算,则光接收机必须在 25.72 ns 内建立判决阈值。

为了实现这种高速光信号的突发接收,一般使用快速充放电的峰值探测器,当新的突发块到达时,光接收模块利用突发块中前导比特的幅度信息在有效数据之前建立判决阈值。对于 APON 系统,由于光信息速率过高,很难在几个比特的时间内将峰值保持电容充到新的峰值,这受到器件性能的限制。不幸的是前导比特数目又受到限制。所以,必须在前导比特数目与器件性能间进行折中,但是,如果有条件采用 ASIC 专用芯片,则器件的性能限制要宽松得多。

除了以上讨论的关键技术外,APON 还有安全和下行时钟同步等技术难题。为了防止盗名和信息窃取,在 APON 系统中分别使用口令认证和搅动技术,搅动的频度也是一个值得探讨的问题。

3.5 以太网无源光网络

以太网无源光网络(Ethernet Passive Optical Networks,EPON)是一项刚刚出现的技术。这项技术为在中心交换局和客户现场之间配置光接入线路提供了一种低成本的方法。EPON 建立在国际电信联盟(ITU)关于异步传输模式 PON(APON)的标准 G.983 上面,寻求构建把生活带入梦幻般完美的服务接入网络(Full-Services Access Network,FSAN)。这个完美服务接入网络在单一的光接入系统上传输汇聚的数据、视频和语音信息。

3.5.1 EPON 推出背景

自 1990 年以来数据业务年增长率一直超过 100%。随着互联网的迅猛发展,以 IP 为代表的数据业务更是以前所未有的速度在增长,1995 年和 1996 年的年增长率甚至高达1 000%。话音业务虽然也在增长,但速度要慢得多,每年只增长 8%。大多数分析家认为,全球数据业务量现在已经超过了话音业务量,而且其高速发展的趋势还将继续下去。上网的用户会越来越多,上网的时间也越来越长。市场研究表明,在网络升级到宽带以后,用户上网的时间可能要比过去多 30%。今后居家办公的用户越来越多,他们要求网络性能与局域网一样。随着每用户带宽的增加,服务种类将越来越多,新的应用将层出不穷。

由于技术和市场的原因使得 ATM 已经从局域网上全面败退。与此同时,IP/Ethernet却越来越得到人们的青睐。以太网是在 20 世纪 80 年代发展起来的一种局域网技术,其带宽为 10 Mbit/s,最初是共享媒体型,需要防碰侦听,这就限制了其使用效率和传输距离。90年代发展了交换型以太网,解决了上述问题,并先后推出了快速以太网 FE(100 Mbit/s)和吉位以太网 GbE(1 000 Mbit/s)。以太网由于具有使用简单方便、价格低、速度高等优点,很快成为局域网的主流。以太网的帧格式与 IP 是一致的,特别适合于传输 IP 数据。随着因特网的快速发展,以太网被大量使用。目前全世界已经有 5 亿多个以太网端口,以太网技术已经被证明是最成功的数据网络技术。随着吉位以太网的成熟和万兆以太网的出现,以及低成本在光纤上直接架构吉位以太网和万兆以太网技术的成熟,以太网开始进入城域网(MAN)和广域网(WAN)领域。目前,万兆以太网已经成为宽带 IP 城域网的首选方案,也已经开始用于 WAN。2002 年万兆以太网标准完成后,将被广泛用于 MAN 和 WAN。如果接入网也采用以太网将形成从局域网、接入网、城域网到广域网全部是以太网的结构。采用与 IP 一致的统一的以太网帧结构,各网之间无缝连接,中间不需要任何格式转换。这将提高运行效率、方便管理、降低成本。这种结构可以提供端到端的连接,根据与用户签定的服务协议(SLA),保证服务质量(QoS)。

基于上述原因,以太网接入网得到快速发展和广泛重视,特别是 Ethernet over PON 的概念开始引起设备供应商和运营商的很大兴趣。2001 年初,IEEE 成立了 802.3 EFM(Ethernet in the First Mile,EFM,以太网第一英里)工作组,发展制定以太网接入网标准,在现有 IEEE 802.3 协议的基础上,通过较小的修改实现在用户接入网络中传输以太网帧。为实现这一目的,在 IEEE 802.3 EFM 工作组的头两次会议上,工作组提出了 EPON 的概念,以压倒多数的投票同意研究这个课题,并对其目标、优势及关键技术问题进行了初步的讨论,提出要加速 EPON 的标准化工作。该组织已经指出了 EPON 的许多优点,包括成熟的协议、易于扩展、面向用户以及采用现成的知识和技术,等等。同年 12 月,由 20 家公司发起成立了以太网设备做接入网的以太网第一英里联盟(EFMA),目前它们已经成为 IEEE 802.3ah 协议的主要技术力量。

所谓第一英里,也就是连接服务提供商中心局与企业及住宅用户的通信架构。通常我们称这个网络为最后一英里、用户接入网或者本地环路。为了突出它的优先地位与重要性,以太网圈子的人已经把“最后一英里”这一网络段改称为“第一英里”。

EFM 工作组定义了 3 个拓扑结构及物理层:①通过现有的铜线以 10 Mbit/s 以上的数据传送速度、在 750 m 距离内进行连接的 P-to-P(Point to Point)方式的铜线连接;②使用 1 条光纤连接以 1 Gbit/s 的数据传送速度、在 10 km 距离内进行连接的 P-to-P 方式的光纤连接;③使用 1 条光纤、以 1 Gbit/s 的数据传送速度、在 10 km 距离内进行连接的 P-to-MP(Point to Multipoint)方式的光纤连接。

P-to-MP 方式使用 EPON,通过光分割器传送信号,分割比率为 1/16。顾名思义,EPON 是利用 PON(无源光网络)的拓扑结构实现以太网的接入。业务网络接口到用户网络接口间为 EPON,而 EPON 通过 SNI(业务节点接口)与业务节点相连,通过 UNI(用户网络接口)与用户设备相连。根据目前的讨论,EPON 的下行信道为百兆/千兆的广播方式,而上行信道为用户共享的百兆/千兆信道。

EPON 支持很多 EFM 的应用,如光纤到户(FTTH)、光纤到楼(FTTB)、光纤到多住所单元(Fiber to the MDU/MTU)、光纤到路边(FTTC)。EPON 是重要的接入技术。

目前,一些新兴公司认为,把 Ethernet 和 PON 技术结合起来可以克服 ATM PON 的很多缺点,例如缺乏视频传输能力、带宽有限、系统复杂以及价格昂贵,等等,利用 Ethernet 的简单性,从而在接入网上提供低价格、高效率的宽带。目前,该项技术正处在研究讨论阶段,还未形成标准,但由于 EPON 具有其他接入技术无法比拟的优势,可以预见在不久的将来,它将很可能成为 IEEE 802.3 协议中的又一重要成员。

3.5.2　EPON 定义与系统结构

1. EPON 定义

所谓 EPON 就是把全部数据装在以太网内来传送的一种 PON。它是一种基于以太网技术的宽带接入系统,采用以太网的帧结构,在传统以太网的点到点和共享(多点到多点)媒体访问机制基础上,增加了一种点到多点的媒体访问机制,即无源光网络媒体。新采纳的 QoS 技术使以太网能够支持话音、数据和视像,这些技术包括全双工支持、优先等级化(P802.1P)和虚拟局域网(VLAN)标记(P802.1Q)等。

在 EPON 中,光纤是传输语音、数据和视频业务的最有效媒体,而且它可以提供真正无限的带宽。在外场地 EPON 采用一点到多点的拓扑结构代替点到点的方式,消除了有源电子设备(例如再生器、放大器和激光器),减少 CO 内所需的激光器的数量,从而克服了点到点光纤解决方案的缺点。它使电信公司消除了复杂和昂贵的异步传输模式(ATM)和 SONET 元件,使网络大大简化。

2. EPON 网络结构

虽然,EPON 的网络结构在目前还没有定论,但肯定会采用 PON 的结构,因此,讨论中许多成员都沿用了 ITU-T 建议 G.983 中定义的 ATM-PON 的结构来描述 EPON。

业务网络接口到用户网络接口间为 EPON,而 EPON 通过 SNI 与业务节点相连,通过 UNI 与用户设备相连。EPON 主要由 3 部分组成,即 OLT、ODN 和 ONU/ONT。其中 OLT 位于局端,ONU/ONT 位于用户端(其区别为 ONT 直接位于用户端,而 ONU 与用户间还有其他的网络,如以太网)。OLT 到 ONU/ONT 的方向为下行方向,反之为上行方向。

尽管在结构上与 ATM-PON 类似,但 EPON 在功能和实现上都与 ATM-PON 有所不同,因此,其各部分实现的功能也和 ATM-PON 不同。

① OLT 既是一个交换机或路由器,又是一个多业务提供平台,它提供面向无源光纤网络的光纤接口。根据以太网向城域和广域发展的趋势,OLT 上行将提供多个吉比特每秒和 10 Gbit/s 的以太接口,支持 WDM 传输。OLT 还支持 ATM、FR 以及 OC3/12/48/192 等速率的 SONET 的连接。如果需要支持传统的 TDM 话音,普通电话线(POTS)和其他类型的 TDM 通信(T1/E1)可以被复用连接到上连端口,OLT 除了提供网络集中和接入的功能外,还可以针对用户的 QoS/SLA 的不同要求进行带宽分配、网络安全和管理配置。

② OLT 根据需要可以配置多块光线路卡(Optical Line Card,OLC),OLC 与多个 ONU 通过无源光分路器(Splitter)连接,无源光分路器是一个简单设备,它不需要电源,可以置于全天候的环境中,一般一个无源光分路器的分线率为 8、16 或 32,并可以多级连接。

③ 在 EPON 中,OLT 到 ONU 间的距离最大可达 20 km,如果使用光纤放大器(有源中继器),距离还可以扩展。

④ EPON 中的 ONU 采用了技术成熟而又经济的以太网络协议。在中带宽和高带宽的 ONU 中实现了成本低廉的以太网第二层、第三层交换功能。这种类型的 ONU 可以通过层叠来为多个最终用户提供很高的共享带宽。因为都使用以太网协议,在通信的过程中,就不再需要协议转换,实现了 ONU 对用户数据的透明传送。

EPON 各部分功能如下。

(1) OLT

作为 EPON 的核心,OLT 实现的功能包括:向 ONU 以广播方式发送以太网数据;发起并控制测距过程,记录测距信息;发起并控制 ONU 功率,控制 ONU 注册;为 ONU 分配带宽,即控制 ONU 发送数据的起始时间和发送窗口大小;产生时间戳消息,用于系统参考时间;其他相关的以太网功能。

(2) ODN

由无源光分路器和光纤构成,它的功能是分发下行数据并集中上行数据。其中无源光分路器实现将一路输入光信号进行光功率分割,分成多路输出(可以等分,也可以按照需要定制功率分配比)。无源光分路器有熔锥型和光波导型两类,典型的分路器实现 1:2 到 1:32 的分光。特点是无源器件不需要供电,环境适应能力较强。

（3）ONU/ONT

ONU/ONT 为用户提供 EPON 接入的功能,包括:选择接收 OLT 发送的广播数据;响应 OLT 发出的测距及功率控制命令,并作相应的调整;对用户的以太网数据进行缓存,并在 OLT 分配的发送窗口中向上行方向发送;其他相关的以太网功能。

从 EPON 中功能划分可以看出,EPON 中较为复杂的功能主要集中于 OLT,而 ONU/ONT 的功能较为简单,这主要是为了尽量降低用户端设备的成本。

3.5.3　EPON 工作原理

EPON 是几种最佳的技术和网络结构的结合。它采用点到多点结构,以无源光纤传输方式,在以太网之上提供多种业务。目前,IP/Ethernet 应用占到整个局域网通信的 95% 以上,EPON 由于使用上述经济而高效的结构,从而成为连接接入网最终用户的一种最有效的通信方法。10 Gbit/s 以太主干和城域环的出现也将使 EPON 成为未来全光网中最佳的"最后一英里"解决方案。

EPON 系统采用 WDM 技术,实现单纤双向传输(强制)。为了分离同一根光纤上多个用户的来去方向的信号,采用以下两种复用技术:下行数据流采用 TDM 技术,使用 1 490 nm 波长,上行数据流采用 TDMA 技术,使用 1 310 nm 波长。

EPON 从 OLT 到多个 ONU 下行传输数据和从多个 ONU 到 OLT 上行数据传输是十分不同的。所采取的不同的上行、下行技术分别如图 3.5.1、图 3.5.2 所示。

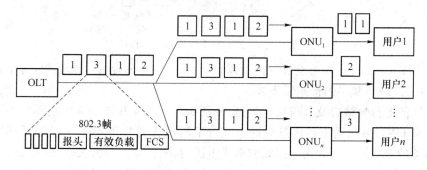

图 3.5.1　EPON 的下行广播方式

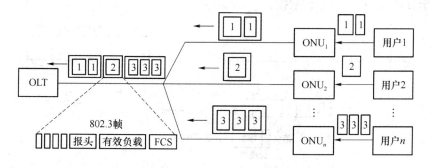

图 3.5.2　EPON 的上行 TDMA 方式

图 3.5.1 中数据从 OLT 到多个 ONU 广播式下行,在 ONU 注册成功后分配一个唯一的 LLID;在每一个分组开始之前添加一个 LLID,替代以太网前导符的最后两个字节;OLT

接收数据时比较 LLID 注册列表,ONU 接收数据时,仅接收符合自己的 LLID 的帧或者广播帧。根据 IEEE 802.3 协议,每一个包的包头表明是给 ONU(ONU$_1$,ONU$_2$,ONU$_3$,…,ONU$_n$)中的唯一一个。另外,部分包可以是给所有的 ONU(广播式)或者特殊的一组 ONU(组播),在光分路器处,流量分成独立的三组信号,每一组载有所有指定 ONU 的信号。当数据信号到达该 ONU 时,它接收给它的包,摒弃那些给其他 ONU 的包。例如,图 3.5.1 中,ONU$_1$ 收到包 1,2,3,但是它仅仅发送包 1 给终端用户 1,摒弃包 2 和包 3。

图 3.5.2 中,采用时分复用技术(TDM)分时隙给 ONU 管理上行流量,时隙是同步的,以便当数据信号合到一根光纤时各个 ONU 的上行包不会互相干扰。ONU 在指定的时隙上传数据给 OLT。采用时分复用避免数据传输冲突,即上行采用复用方式,下行采用广播方式。

EPON 下行帧结构如图 3.5.3 所示,它由被分割成一定长度帧的连续信息流组成,其传输速率为 1.25 Gbit/s,每帧又携带多个可变长度的数据包(时隙)。含有同步标识符的时钟信息位于每帧的开头,用于 ONU 与 OLT 的同步,每 2 ms 发送一次,同步标识符占 1 B。

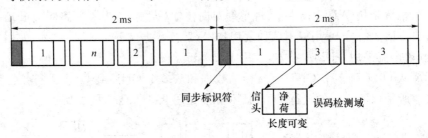

图 3.5.3　EPON 下行传输帧结构

按照 IEEE 802.3 组成可变长度的数据包,每个 ONU 分配一个数据包,每个数据包由信头、可变长度净荷和误码检测域组成。

EPON 的上行帧结构及其组成的过程,分别如图 3.5.4 和图 3.5.5 所示。与光分配器连接的各个 ONU 发送的上行信息流通过光分配器耦合到共用光纤,以 TDM 的方式复合成一个连续的数据流。该数据流以帧的形式组成,其帧长与下行帧长一样,也是 2 ms,每帧有一个信头,表示该帧的开始。每帧进一步分割成可变长度的时隙,每个时隙分配给一个 ONU 用于发送给 OLT 的上行数据。

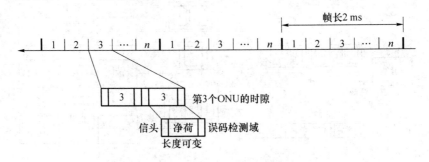

图 3.5.4　EPON 上行帧结构

每个 ONU 有一个 TDM 控制器,它与 OLT 的定时信息一起,控制上行数据包的发送时刻,以避免复合时互相发生碰撞和冲突。图 3.5.4 中专门用时隙 3 表示传送 ONU$_3$ 的数据,该时隙含有两个可变长度的数据包和一些时隙开销。时隙开销包括保护字节、定时指示符和信号权限指示符。当 ONU 没有数据发送时,它就用空闲字节填充自己的时隙。

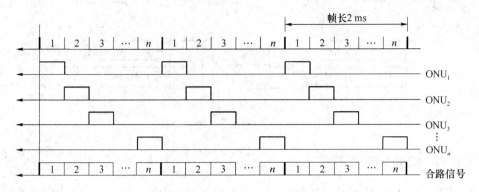

图 3.5.5　EPON 上行帧的组成过程

3.5.4　EPON 光路波长分配

　　EPON 的光路可以使用两个波长,也可以使用 3 个波长。在使用两个波长时,下行使用 1 490 nm,上行使用 1 310 nm。这种系统可用于分配数据、语音和 IP 交换式数字视频 (SDV)业务给用户。在使用 3 个波长时,除下行使用 1 490 nm、上行使用 1 310 nm 外,可增加一个 1 550 nm 窗口(1 530～1 565 nm)波长。这种系统除提供两个波长业务外,还提供 CATV 业务或者 DWDM 业务。

　　EPON 的两波长结构如图 3.5.6 所示,1 490 nm 波长用来携带下行数据、语音和数字视频业务,1 310 nm 波长用来携带上行用户语音信号和点播数字视频、下载数据的请求信号。使用 1.25 Gbit/s 的双向 PON,即使分光比为 32,也可以传输 20 km。

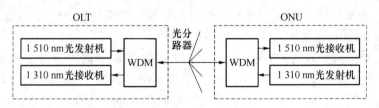

图 3.5.6　EPON 的两波长结构

　　EPON 的三波长结构如图 3.5.7 所示,除使用 1 490 nm 波长携带下行数据、语音和数字视频业务外,另外使用 1 550 nm 波长携带下行 CATV 业务。上行用户语音信号和点播数字视频、下载数据的请求信号仍用 1 310 nm 波长。在这里既可以直接传输模拟视频信号,又可以将模拟视频信号编码成 MPEG2 数字视频流,然后用 QAM 调制载波。这种 PON,即使分光比为 32,也可以传输 18 km。也可使用三波长的 EPON 光路设计提供未来的 DWDM 应用,此时 1 550 nm 窗口(1 530～1 565 nm)波长留给以后提供 DWDM 业务和模拟视频业务使用,这样可以降低使用 EPON 的初装费用。随着用户业务量增加,对带宽需求量加大,今后可以在现有 EPON 的光路上增加 DWDM 器件和设备,使 EPON 升级。

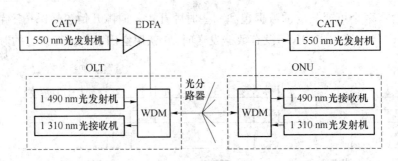

图 3.5.7　EPON 的三波长结构

3.5.5　EPON 的关键技术

如前所述,EPON 技术目前还处在研究讨论阶段,还有许多问题有待解决,主要技术难点包括以下几个方面。

1. 上行信道复用技术

EPON 上行接入技术可以使用 FDMA、TDMA、WDMA、CDMA。FDMA 的缺点有:OLT 中需要多个转发器;初期成本高;信道容量固定;增加/减少用户时比较麻烦。CDMA 的缺点有:信道间的干扰由 ONU 的数量决定;需要高速器件。WDMA 主要的问题是:成本比较高,主要是因为光器件成本目前还比较高。但如果开发出便宜的、适用于 WDMA 方式接入网的光发射和光接收器件,则使用 WDMA 是发展的趋势。TDMA 具有 n 个 ONU,只需要一个 OLT 转发器和极少的波长等优点,但时分复用还是需要高速电子器件。

综合以上考虑,现在一般都采用 TDMA 方式。因此,讨论的焦点主要是 TDMA 的实现方法,即如何使用 TDMA 的方法使上行信道的带宽利用率、时延和时延抖动等指标达到要求。其中,上行带宽的分配方法、ONU 发送窗口固定还是可变、最大的 ONU 发送窗口应为多大、ONU 发送窗口的间隔、以太网帧是否切割等问题都有待于研究和确定。

2. 测距和时延补偿技术

由于光纤信道时延较大的特点,ONU 与 OLT 之间的距离将会影响到上行信道的复用,如果准确测量各个 ONU 到 OLT 的距离并能精确地调整 ONU 的发送时延,则可以减小 ONU 发送窗口的间隔,从而提高上行信道的利用率并减小时延。另外,测距过程应充分考虑到整个 EPON 的配置情况,例如,系统在工作中加入新的 ONU,此时对它的测距不应对其他 ONU 有太大的影响。

3. 光器件

由于 EPON 上行信道是所有 ONU 分时复用的,每个 ONU 只能在指定的时间窗口内发送数据。因此,EPON 上行信道中使用的是突发信号,这就要求在 ONU 和 OLT 中使用支持突发信号的光器件。现有的大部分光器件还不能满足这一要求,少数突发模式的光器件也只能工作在 155 Mbit/s 的速率上,而且价格昂贵。可以说,这是 EPON 技术面临的一大问题,但是,目前已有厂商正在研制满足 EPON 要求的光器件,相信随着 EPON 标准的制定,会有更多的产品出现。

4. 突发信号的快速同步

由于 OLT 接收到的信号为突发信号,OLT 必须能在很短的时间(几个比特)内实现相位的同步,进而接收数据。这一技术与 APON 中使用的类似,因此可以借鉴 APON 的经验。

5. 动态带宽分配

动态带宽分配算法就是实时地(毫秒/微秒量级)改变 EPON 的各 ONU 上行带宽的机制。EPON 中如果用带宽静态分配,对数据通信这样的变速率业务很不适合,如按峰值速率静态分配带宽,则整个系统带宽很快就被耗尽,带宽利用率很低,而动态带宽分配使系统带宽利用率大幅度提高。通过 DBA,可以根据 ONU 突发业务的要求,在 ONU 之间动态调节带宽来提高 PON 上行带宽效率。由于能更有效地利用带宽,网络管理员可以在一个已有的 PON 上增加更多用户,终端用户也可以享有更好的服务,如用户可以用到的带宽峰值可以超过传统的固定分配方式的带宽。

根据 EPON 的特点及 ITU-T 建议 G.983,可以得出对动态带宽分配设计的具体要求有:业务透明;高带宽利用率;低时延和低时延抖动;公平分配带宽,健壮性好,实时性强。动态带宽分配采用集中控制方式:所有的 ONU 的上行信息发送,都要向 OLT 申请带宽,OLT 根据 ONU 的请求按照一定的算法给予带宽(时隙)占用授权,ONU 根据分配的时隙发送信息。其分配准许算法的基本思想是:各 ONU 利用上行可分割时隙反映信元到达的时间分布并请求带宽,OLT 根据各 ONU 的请求公平合理地分配带宽,并同时考虑处理超载、信道有误码、有信元丢失等情况的处理。

ONU 可能经常要断开(特别是在 FTTH 情况下),已经断开的 ONU 不应再占用网络带宽。解决这个问题的方法有:使新的请求在许可信号后的 RTT+Dt 时间内到达;如果请求(k 个)丢失了就意味着 ONU 已经断开;下次询问此 ONU 前先等待 1 分钟。这样可使断开 ONU 只占用大约 0.000 5% 的 PON 带宽。

在 PON 中,在传输汇聚层上用流量容器来存储管理上行带宽分配的业务流,使 PON 段带宽利用率得到提高。分析表明,采用 DBA,最大的带宽利用率可达 80%,而没有 DBA 时只有 40%。平均传输时延无 DBA 时为 100 ms,而用 DBA 时为小于 10 ms。

6. 安全性

安全性历来是以太网的弱项。在点到点全双工以太网中,安全性不是问题,因为只有两台机器在一条专用信道上通信。在共享的半双工以太网上,由于用户属于同一管理域,遵照相同的策略,安全性问题会被缩小到最低程度。

但是点到多点以太网则不同。EPON 具有广播式的下行信道,它们为互不相干的用户服务。由于一个随便乱放的恶意 ONU 能阅读所有下行的数据包,因此保密机制就很必要。加密和解密可以在物理层、数据链路层或更高层上进行。在 MAC 层上仅对 MAC 帧的有效负荷加密,报头不加密。MAC 子层在把有效负荷送往较高子层解密之前将先验证接收帧的完整性。这一方法防止了恶意 ONU 阅读有效负荷,但不能防止它知道其他 ONU 的 MAC 地址。

加密也可以在 MAC 下面的物理层进行。在此方法中,物理层将对整个比特流进行编码,包括帧头和 CRC。接收端在把数据送往 MAC 层验证之前,先由物理层对数据进行解密。因为不同 ONU 的加密密钥不同,所以不是送往某一指定 ONU 的帧不会被解密为适当形式的帧,它将被 MAC 层拒收。采用此方法可使恶意 ONU 得不到任何信息,但困难在于按定义物理层是一个无连接层,而在 OLT 中要求物理层对不同 ONU 使用不同密钥则将使它变成面向连接的了。总地来说,EPON 中的加密问题仍是一个正在研究的问题。

除此之外,如何实现 QoS、如何实现 VLAN 和网管等也是影响 EPON 应用前景的问题,必须加以考虑。

3.5.6 EPON 技术应用分析

目前 EPON 技术已基本成熟,具备了小规模商用的条件,是目前宽带光接入及 FTTH 的主要实现方式。近期应综合考虑 EPON 技术特点、业务需求、成本、网络演进、竞争、政策等因素,在有明确市场需求、投资效益或竞争需要的条件下,EPON 主要可以应用于如下场合。

1. 用于中小商业客户比较集中的写字楼、网吧集中区和工业园区等

(1)需求分析

商业客户的业务需求具有如下特征:带宽需求一般相对较高(一般均超过 2 Mbit/s,典型需求为 10 Mbit/s 甚至 100 Mbit/s);可以承受较高的资费;对系统的可用性和维护质量要求较高;某些工业园区的企业用户可能距局端机房较远,需要系统有较强的覆盖能力。

(2)传统解决方式

基于媒质转换器(MC)的点到点光纤直连方式:这种方式每个商业客户都需要一对(或一根)光纤和一对光/电转换模块,设备成本较低,但由于消耗较多的光纤资源,线路成本较高,设备维护管理能力较弱。

xDSL 方式:可以充分利用现有铜线资源,设备成本低,但带宽和传输距离有限。

(3)PON 应用建议

采用 EPON 方式提供比较密集(如 10 个以上)的商业用户的接入,与媒质转换器直连方式相比,可以节省主干光缆,增强维护管理能力。

由于商业用户投资收益相对较高,而且竞争比较激烈,可以有效降低投资风险。由于商业用户在数量上远小于住宅用户,对 EPON 设备互通性要求可以降低,目前引入技术风险较小。

EPON 适用于数兆到 100 Mbit/s 左右的带宽需求的用户。对于速率超过 100 Mbit/s 的用户,考虑到这种客户和业务的重要性、安全性,应主要以光纤直连为主。

对于分布零散的商业客户,宜采用点到点光纤直连方式。

2. 用于 DSL 技术无法提供的上行带宽要求较高的业务(如上行带宽超过 1 Mbit/s 的视频监控、视频通信等业务)

(1)需求分析

视频监控("全球眼")、视频通信("新视通")等业务需求具有如下特征:业务质量与业务体验与带宽(特别是上行带宽)直接相关;接入网设备需具备一定的 QoS 能力;主要应用于公共安防和行业应用,客户要求较高,对成本不很敏感;很多情况下(特别是"全球眼")需要的终端设备数量较大。

(2)传统解决方式

xDSL 方式:综合投资较低,但上行带宽不足、传输距离有限(ADSL/ADSL2⁺ Annex A 模式的上行带宽不超过 1 Mbit/s;ADSL2⁺ Annex M 的最大上行带宽可达 3 Mbit/s,但受串扰等因素影响,2 Mbit/s 上行带宽的传输距离一般不超过 2 km),限制了"全球眼"、"新视通"等视频业务的清晰度和客户体验。

（3）EPON 应用建议

针对公共安防（如公安、交通监控）和行业应用开展"全球眼"视频监控业务时，由于"ADSL/ADSL2$^+$"上行带宽和传输距离有限，在 DSL 技术无法满足业务需求时，可以利用光接入、特别是 EPON 技术提高网络接入能力，以满足高质量视频监控业务的需要。

在终端设备数量较大（如几百点的"全球眼"）且分布相对集中的情况下，EPON 技术与点对点光纤直连方式相比，能够节省主干光缆，具有比较明显的优势。

对于视频通信等业务较多的用户也可以适当引入 EPON 技术作为宽带接入手段。

3. LAN 接入小区，采用 EPON＋LAN（以太网交换机内置 EPON 接口）的方式

（1）现状分析

目前 FTTB＋LAN 接入方式大多存在以下问题：网络层次较多，包括园区交换机、楼道交换机，有两级甚至多级；楼道交换机能力不足，一般不支持带宽控制、QoS 机制、组播、SVLAN/QinQ 等；园区交换机与楼道交换机互联，某些情况下采用光纤收发器，增加了故障点且维护管理能力较弱。

（2）EPON 应用建议

① 采用光分路器取代园区交换机可以减少网络层次（减为一级）；

② 无源光网络结构，可以避免园区交换机和（某些情况下）光纤收发器的使用，减少故障点，增强维护管理能力；

③ 建议采用内置 EPON 接口的以太网交换机，以进一步简化网络层次结构；

④ 楼道型 ONU（楼道交换机）可以支持带宽控制、QoS 机制、组播、远程管理等，多业务支持能力和维护管理能力得到增强。

4. 高档住宅小区（主要是高档别墅和高档公寓）采用 EPON 直接实现 FTTH

（1）需求分析

高档别墅、高档公寓的业务需求具有如下特征：相对于普通住宅用户，对建设投资和业务资费不敏感；业务类型主要包括 Internet 专线接入、电话、IPTV 等；房地产开发商一般乐于采用 FTTH 等技术以提高楼盘档次。

（2）传统解决方式

① xDSL 方式：综合投资较低，但其较低的带宽限制了 IPTV 等高带宽业务的开展。在新建地区，随着铜缆价格的不断上涨，其相对光纤接入的成本优势逐渐减小。

② FTTB＋LAN 方式（一般为公寓住宅）：线路投资成本较低，但网络层次较多，维护管理能力和 QoS 保证能力较弱，IPTV 业务提供能力有限。

（3）EPON 应用建议

如果房地产开发商愿意承担部分或全部建设费用，或者政府能够提供一定的财政补贴，可考虑采用 EPON 实现 FTTH。

如果用户能够承担较高资费，可以考虑采用 EPON 实现 FTTH，同时应充分利用 EPON 的多业务综合接入能力，开展高速 Internet 接入、IPTV、VoIP 等综合业务接入，以提高用户的 ARPU 值。

当竞争需要时，可以考虑将 EPON 用于住宅用户。例如，在中国电信的南方区域，其他运营商为了扩大宽带接入的市场份额，会采用 EPON 等新技术作为竞争手段；在中国电信的北方区域，铜缆等接入手段比较缺乏。可以根据竞争需要，采用 EPON 技术对大城市和发达地区的中高档小区进行 FTTH/FTTB 覆盖。

由于 EPON 设备目前成本较高、互通性尚未实现，用于 FTTH 时应特别慎重。最好在 EPON 系统级互通基本实现、成本进一步下降后再考虑。

对于普通家庭用户，近期尚不宜采用 FTTH 方式。

3.6　吉比特无源光网络

3.6.1　GPON 简介

近年来通信网中骨干网和高速局域网随着人们对带宽越来越大的需求而不断升级，但是连接两者之间的接入网成了整个网络的瓶颈，因此，宽带接入技术成为目前的研究热点。在各种宽带接入技术中，吉比特无源光网络（GPON）以其特有的封装方式及传输特性，成为下一代宽带接入网的最佳候选技术之一。

GPON 在传送多业务时有两大承诺：一是保证高比特率，二是保证高效率。故 GPON 一开始就自下而上地重新考虑了 PON 的应用和要求，不再基于早先的 APON 标准。

GPON 采用 GEM（GPON Encapsulation Method）封装机制，它适配来自传送网上高层客户信令的业务，可对 Ethernet、TDM、ATM 等多种业务进行封装映射，能提供 1.244 Gbit/s 或 2.488 Gbit/s 下行速率和所有标准的上行速率，并具有强大的 OAM 功能。

设计 GPON 协议时主要考虑到：基于帧的多业务（ATM、TDM、数据）传送；上行带宽分配机制采用时隙指配（通过指示器）；支持不对称线路速率，下行 2.488 Gbit/s，上行 1.244 Gbit/s；线路码是不归零码（NRZ），在物理层有带外控制信道，用于使用 G.983 的 PLOAM 的 OAM 功能；为了提高带宽效率，数据帧可以分拆和串接；缩短上行突发方式报头（包括时钟和数据恢复）；动态带宽分配（DBA）报告，安全性和存活率开销都综合于物理层；帧头保护采用循环冗余码（CRC），误码率估算采用比特交织奇偶校验；在物理层支持 QoS。

GPON 采用 125 μs 长度的帧结构，用于更好地适配 TDM 业务；继续沿用 APON 中 PLOAM 信元的概念传送 OAM 信息，并加以补充丰富；帧的净负荷中分 ATM 信元段和 GEM 通用帧段，实现综合业务的接入。

APON 经过多年的发展，并没有真正进入市场。主要原因是 ATM 协议复杂，相对于接入市场而言设备价格较高，各个 APON 厂商的产品目前仍然难以实现互通，同时受到 ATM 在局域网中发展受挫的影响。因此，目前 PON 的研究热点集中在 EPON 和 GPON 两种技术上。

GPON 与 EPON 最大的不同在于业务支持能力。GPON 是为支持全业务的部署而设计，而 EPON 是为使点到点网络能支持点到多点网络而设计，没有考虑对全业务的支持。它最初是用来向高速上网业务提供比普通 DSL 网络或有线电视网络更高的接入速率，所以当用 EPON 构建的网络提供全业务时，其可靠性还未得以验证。而 GPON 系统在带宽能力、安全性、可管理性以及经济效益方面均明显要优于 EPON 系统。

① 带宽能力:GPON 的下行线路速率是 2.488 Gbit/s,上行 1.244 Gbit/s,而 EPON 是 1.25 Gbit/s 上下行对称速率。GPON 不但提供了两倍的下行速率,而且带宽可用效率明显高于 EPON。这是因为 EPON 采用 8 B/10 B 的线路编码方式引入 20% 的带宽损失,而 GPON 采用不归零编码(NRZ),没有这部分损耗,另外,帧间隙较大、零碎时隙浪费等也是导致 EPON 的总效率较低的因素。从而 GPON 能为宽带运营商实现网络带宽的高效提速,更适合部署高带宽需求的宽带业务。

② 安全性:由于 PON 在下行方向的数据是广播到所有 ONU,每个用户都可以接收到同样的数据包。恶意用户就可以通过改写 ONU 代码来偷看所有下行数据包,产生安全隐患。在上行方向,数据是由各个 ONU 分别传送在特定的时间片,故没有被其他 ONU 偷看的可能。由于 GPON 技术支持高级的封装标准——AES 标准,即世界上最严密的加密算法,可防止下行方向数据被窃听。所以其网络的安全性更强。

③ 可管理性:GPON 的可靠性同样优于 EPON。这是因为 GPON 提供标准的 ONU 管理控制接口(OMCI),OMCI 信道协议用来管理高层定义的业务,包括 ONU 的功能、T-CONT 业务种类与数量、QoS 参数协商等参数,是实现 GPON 网络集中业务管理的信令传输通道,处理层次高,并保证了开放性、可扩展的特性。

④ 经济效益:比较无论采用何种 PON,每用户的主要成本主要取决于 ONU 和 OLT。GPON 在作为新技术刚出现时,该标准的 ONU 和 OLT 的成本会相对高一些。但是,目前 GPON 的核心芯片和光器件复杂度与技术指标已经与 EPON 相近,在相同的设备配置(如业务接口类型等)情况下,设备成本将主要取决于采购数量。从 2006 年下半年起,随着 ONU 和 OLT 器件成本的进一步优化及网络部署的规模化,GPON 与 EPON 的成本将更加接近,而且 GPON 最终将会比 EPON 更经济。同样,线路的物理速率、带宽效率和光分离比率也是在提高带宽时影响用户成本的关键因素。APON 和 EPON、GPON 的对比如表 3.6.1 所示。

表 3.6.1　APON 和 EPON、GPON 的对比

	APON	GPON	EPON
标准	G.983.1	G.984	无标准
封装方式	ATM	ATM/GFP	以太网
下行线路速率/Mbit·s⁻¹	155/622/1 244	1 244/2 488	1 250
上行线路速率/Mbit·s⁻¹	155/622	155/622/1 244/2 488	1 250
线路编码	NRZ	NRZ	8 B/10 B
分路比	32	64~128	32~64
最大传输距离/km	20	60	20
TDM 支持能力	TDM over ATM	TDM over ATM 或 TDM over Packet	TDM over Ethernet
上行可用带宽/Mbit·s⁻¹ (传输 IP 业务)	500(上行 622 Mbit/s)	1 100(上行 1.244 Gbit/s)	760~860
OAM	有	有	有
下行数据加密	搅动或 AES 加密	AES 加密	没有定义
上行波长/nm	1 260~1 360	1 260~1 360	1 310
下行波长/nm	1 550	1 480~1 500	1 550

3.6.2 GPON 的标准化进程和研究现状

GPON 技术由 ITU-T 提出并标准化。2003 年 1 月 31 日,ITU-T 批准了 GPON 标准 G.984.1 和 G.984.2。2004 年,又相继批准了 G.984.3 和 G.984.4,形成了 G.984.X 系列标准,至此,GPON 技术标准已经完成。

1. G.984.1(G.gpon.gsr)

该标准的名称为千兆比特无源光网络的总体特性,主要规范了 GPON 系统的总体要求,包括光纤接入网(OAN)的体系结构、业务类型、业务节点接口(SNI)和用户网络接口(UNI)、物理速率、逻辑传输距离以及系统的性能目标。G.984.1 对 GPON 提出了总体目标,要求光网络单元(ONU)的最大逻辑距离差可达 20 km,支持的最大分路比为 16、32 或 64,不同的分路比对设备的要求不同。从分层结构上看,ITU 定义的 GPON 由物理媒体相关(PMD)层和传输汇聚(TC)层构成,分别由 G.984.2 和 G.984.3 进行规范。G.984.1 所列举的 GPON 要求主要有以下几点。

① 支持全业务,包括话音(TDM、SONET 和 SDH)、以太网(工作在双绞线对上的 10/100 Base-T-10 或 100 Mbit/s)、异步传输模式(ATM)、租用线及其他业务。

② 覆盖的物理距离至少为 20 km,逻辑距离限于 60 km 以内。

③ 支持同一种协定下的多种速率模式,包括同步 622 Mbit/s,同步 1.25 Gbit/s,以及不同步的下行 2.5 Gbit/s、上行 1.25 Gbit/s 或更多(将来可达到同步 2.5 Gbit/s)。

④ 针对点到点服务管理需提供运行、管理、维护和配置(OAM&P)的能力。

⑤ 针对 PON 下行流量是以广播形式进行传输的特点,提供协定层的安全保护机制。

2. G.984.2(G.gpon.pmd)

该标准名称为千兆比特无源光网络的物理媒体相关(PMD)层规范,主要规范了 GPON 系统的物理层要求。G.984.2 规定,系统下行速率为 1.244 Gbit/s 或 2.488 Gbit/s,上行速率为 0.155 Gbit/s、0.622 Gbit/s、1.244 Gbit/s 或 2.488 Gbit/s。标准定义了在各种速率等级下 OLT 和 ONU 光接口的物理特性,提出了 1.244 Gbit/s 及其以下各速率等级的光线路终端(OLT)和 ONU 光接口参数。但对于 2.488 Gbit/s 速率等级,并没有定义光接口参数,原因在于此速率等级的物理层速率较高,因而对光器件的特性提出了更高的要求,有待进一步研究。从实用性角度看,在 PON 中实现 2.488 Gbit/s 速率等级将会比较难。

3. G.984.3(G.gpon.gtc)

该标准名称为千兆比特无源光网络的传输汇聚(TC)层规范,于 2003 年完成,该标准规定了 GPON 的 TC 子层、帧格式、封装方法、适配方法、测距机制、QoS 机制、安全机制、动态带宽分配和操作维护管理功能等。

G.984.3 引入了一种新的传输汇聚子层,用于承载 ATM 业务流和 GPON 封装方法(GEM)业务流。GEM 是一种新的封装结构,主要用于封装那些长度可变的数据信号和时分复用(TDM)业务。

4. G.984.4(GPON OMCI 规范)

该标准名称为 GPON 系统管理控制接口规范。2004 年 6 月正式完成的 G.984.4 规范提出了对光网络终端管理与控制接口(OMCI)的要求,包括 OLT 和 ONU 之间交换信息的协议独立的管理信息库(Management Information Base,MIB)的管理实体,以及 ONU 管理和控制通道、协议和具体消息,目标是实现多厂家 OLT 和 ONU 设备之间的互通。该建议指定了协议无关的管理实体,模拟了 OLT 和 ONU 之间信息交换的过程。G.984.4 重用了 APON 标准 G.983 的很多内容。

5. GPON 的研究现状

近几年来,EPON 和 GPON 的优势及前景如何已经成为讨论的热点话题。由于 EPON 标准简单,技术要求宽松,拥有成熟的 EPON 商用芯片,EPON 设备已经开始在国内各地测试或应用。但是,GPON 在最近的两年更有了长足的进展,并且发展趋势远远优于 EPON,其表现有以下几点。

① 阻碍 GPON 应用的商用芯片问题得到解决:Broadlight 公司宣布了针对 GPON 标准的系统单芯片(SoC)策略,飞思卡尔半导体将与 PON 和 DSL 系统主导厂商阿尔卡特携手打造 GPON 的 SoC 解决方案。一直提供 EPON 芯片的供应商 Passave 也推出 GPON 芯片,并成为了业界第一个能同时提供符合 IEEE 和 FSAN 标准的 PON 芯片供应商。

② 光器件成本的优化:ITU-T 15 组在 2005 年 5 月会议上对 GPON 标准进行了增补,允许可选地将上行前导字延长为最大 823 ns,放宽了突发同步时长的要求,使得成本较低的法布里-珀罗腔(FP)发送机可以用于 GPON 的 ONU,从而使 GPON ONU 的成本显著降低。

③ 网络应用需求开始出现:2005 年 11 月,期待已久的美国 3 个 RBOC 运营商关于 GPON 技术的招标建议(RFP)与公众见面。同时,北电、朗讯、阿尔卡特、收购 Optical Solutons 之后的 Calix、摩托罗拉、Tellabs、日立和 FlexLight 等都已经透露了自己 GPON 产品的情况,纷纷加入到 GPON 阵营中来。

④ 完整的端到端 GPON 解决方案已经推出,它对于服务提供商向其基于 MIU 和 MDU 的客户推出 IPTV 和三合一业务,向多个用户同时提供持续且可随时间调节的带宽等方面,是一个完全的解决方案。BroadLight 的 E2E GPON 解决方案已赢得来自北美、拉美、欧洲、亚洲的 25 项客户设计,该解决方案的成功有 3 个关键因素:一是持续与客户和电信商广泛协商及合作;二是及时针对北美最近的 GPON RFP(提案申请)推出首套有效的芯片和软件解决方案;三是产品具备可配置的 AES、前向错误校正(FEC)和动态带宽分配(DBA)等功能。如此成就的另一深层意义是,它也标志着 GPON 开发进入迅速发展阶段。

3.6.3 GPON 系统结构

GPON 标准的设置基于不同服务需求,提供最理想的传输速率,同时兼顾 OAM&P 功能以及可扩充的能力。这种设计原则使得 GPON 技术成为光纤接入网中一种全新的解决方案,不但提供高速带宽,而且支持各种接入服务,特别是在传输数据及 TDM 业务方面,它支持原有数据的格式且无须进行转换。

1. GPON 系统的基本构成

同所有的 PON 系统一样,GPON 由 ONU、OLT 和 ODN 组成,OLT 位于局端,是整个 GPON 系统的核心部件,向上提供广域网接口(包括千兆以太网、ATM 和 DS-3 接口等),作为无源光网络系统的核心功能器件,OLT 具有集中带宽分配、控制光分配网(ODN)、实时监控、运行维护管理光网络系统的功能;ONU 放在用户侧,为用户提供 10/100 Base-T、T1/E1 和 DS-3 等应用接口,适配功能在具体实现中可以集成于 ONU 中;ODN 是一个连接 OLT 和 ONU 的无源设备,其功能是分发下行数据和集中上行数据。GPON 中下行数据采

用广播方式发送,上行数据采用基于统计复用的时分多址方式接入。系统支持的分路比为
1:16/32/64,随着光收发模块的发展演进,支持的分路比将达到 1:128。在同一根光纤
上,GPON 可使用波分复用(WDM)技术实现信号的双向传输。根据实际需要,还可以在传
统的树型拓扑的基础上采用相应的 PON 保护结构来提高网络的生存性。GPON 网络结构
如图 3.6.1 所示。

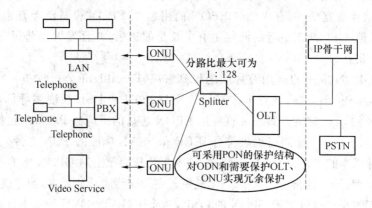

图 3.6.1　GPON 的系统结构图

2. GPON 中 OLT 和 ONU 的功能要求

GPON 的 OLT 和 ONU 是系统的两个关键部分,它们具体的功能要求如下。

(1) OLT 网络侧经标准 SNI 接口连接到城域网。OLT 的 ODN 侧提供比特率、功率预
算、抖动等特性符合 GPON 标准的光接口。OLT 主要由业务接口功能、交叉连接功能和
PON 核心功能 3 个功能模块组成。典型的功能模块如图 3.6.2 所示。

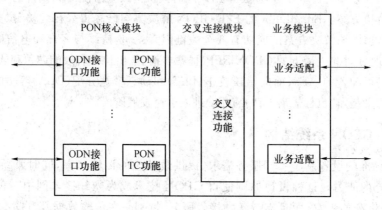

图 3.6.2　OLT 功能结构

① PON 核心模块(PON Core Shell):由 ODN 接口功能和 PON TC 功能两部分组成。
ODN 接口功能在 G.984.2 中规范,PON TC 功能包括:媒质接入控制,OAM、DBA、ONU
管理和为交叉连接功能进行的 PDU 定界。每个 PON 的 TC 选择支持 ATM、GEM 和双重
模式中的一种。

② 交叉连接模块(Cross Connect Shell):交叉连接模块提供 PON 核心模块和业务模块
的连接。OLT 根据连接模式是 GEM、ATM 或双重模式提供相应的交叉连接功能。

③ 业务模块(Service Shell):提供 PON 中业务节点接口和 TC 接口的转换。

（2）ONU 的主要功能模块和 OLT 相似。由于 ONU 只有一个 PON 接口（在使用保护倒换结构的情况下，最多可有两个接口），交叉连接功能可以省略掉，取而代之的是业务的复用和解复用功能。ONU 的典型配置如图 3.6.3 所示，每个 PON 的 TC 选择支持 ATM、GEM 和双重模式中的一种。

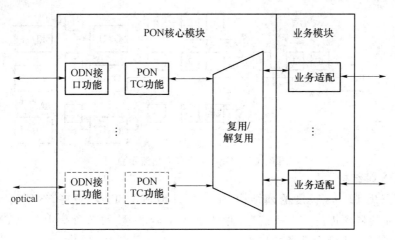

图 3.6.3　ONU 功能结构

3.6.4　GPON 的工作原理

GPON 作为一种新的 PON 技术，其特殊性及优越性主要从它的工作原理体现出来。下面将分别从 GPON 的上下行传输方式、GPON 的帧结构、GPON 的传输容器（T-CONT）3 个方面对 GPON 的工作原理进行介绍。

1. GPON 的上下行传输方式

在下行方向，GPON 是一个点到多点的网络。OLT 以广播方式将由数据包组成的帧经由无源光分路器发送到各个 ONU。GPON 的下行帧长为固定的 $125\ \mu s$，所有的 ONU 都能收到相同的数据，但是通过 ONU ID 来区分不同的 ONU 的数据，ONU 通过过滤来接收属于自己的数据，如图 3.6.4 所示。

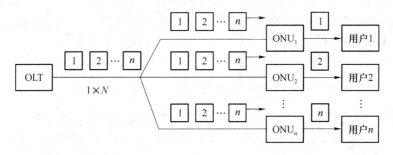

图 3.6.4　GPON 下行数据流示意图

在上行方向，多个 ONU 共享干线信道容量和信道资源。由于无源光合路器的方向属性，从 ONU 来的数据帧只能到达 OLT，而不能到达其他 ONU。从这一点上来说，上行方向的 GPON 网络就如同一个点到点的网络。然而，不同于其他的点到点网络，来自不同ONU 的数据帧可能会发生数据冲突。因此，在上行方向 ONU 需要一些仲裁机制来避免数据冲突和公平地分配信道资源。一般 GPON 系统的上行接入是通过 TDMA(时分复用)的方式传输数据,上行链路被分成不同的时隙,根据下行帧的 US BW Map(Upstream Bandwidth Map)字段来给每个 ONU 分配上行时隙,这样所有的 ONU 就可以按照一定的秩序发送自己的数据了,不会产生为了争夺时隙而冲突。每帧共有 9 120 个时隙,如图 3.6.5 所示。

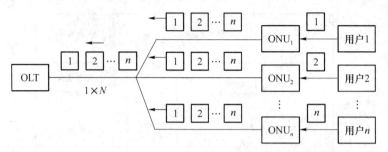

图 3.6.5　GPON 上行数据流示意图

2. GPON 帧结构

GPON 采用 125 μs 长度的帧结构,用于更好地适配 TDM 业务,继续沿用 APON 中 PLOAM 信元的概念传送 OAM 信息,并加以补充丰富,帧的净负荷中分 ATM 信元段和 GEM 通用帧段,实现综合业务的接入。

（1）GPON 下行帧结构

GPON 下行帧结构如图 3.6.6 所示,它由被分割成帧长 125 μs 的连续信息流组成。

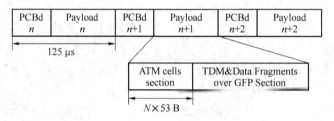

图 3.6.6　GPON 下行帧格式

图 3.6.6 中,下行物理层控制块(Physical Control Block downstream,PCBd)提供帧同步、定时及动态带宽分配等 OAM 功能,载荷部分透明承载 ATM 信元及 GEM 帧。ONU 依据 PCBd 获取同步等信息,并依据 ATM 信元头的 VPI/VCI 过滤 ATM 信元,依据 GEM 帧头的 Port ID 过滤 GEM 帧。图 3.6.7 给出了 PCBd 模块的组成。

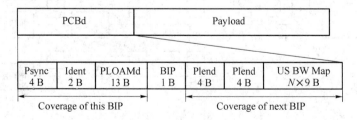

图 3.6.7　PCBd 模块的组成

图 3.6.7 中,物理层同步(Physical synchronization,Psync)用作 ONU 与 OLT 同步;Ident 用作超帧指示,值为 0 时指示一个超帧的开始;PLOAMd(PLOAM downstream)用于承载下行 PLOAM 信息;BIP 是比特间插奇偶校验 8 比特码,用作误码监测;PLend(Payload

Length downstream)用于说明 US BW Map 域的长度及载荷中 ATM 信元的数目,为了增强容错性,Plend 出现两次;US BW Map 域用于上行带宽分配,带宽分配的控制对象是 T-CONT(Transmission Container),一个 ONU 可分配多个 T-CONT,每个 T-CONT 可包含多个具有相同 QoS 要求的 VPI/VCI 或 Port ID,这是 GPON 动态带宽分配技术中引入的概念,提高了动态带宽分配的效率。

(2) GPON 上行帧结构

上行帧长 125 μs,帧格式的组织由下行帧中 US BW Map 域确定,图 3.6.8 给出了 GPON 的上行帧结构。

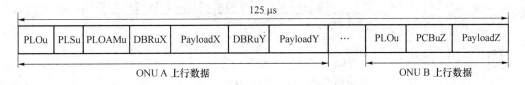

图 3.6.8 GPON 上行帧结构

上行物理层开销(Physcial Layer Overhead upstream,PLOu)突发同步,包含前导码、定界符、BIP、PLOAMu 指示及 FEC 指示,其长度由 OLT 在初始化 ONU 时设置,ONU 在占据上行信道后首先发送 PLOu 单元,以使 OLT 能够快速同步并正确接收 ONU 的数据;PLSu 为功率测量序列,长度 120 B,用于调整光功率;PLOAMu(PLOAM upstream)用于承载上行 PLOAM 信息,包含 ONU ID、Message ID、Message 及 CRC,长度 13 B;DBRu 包含 DBA(动态带宽调整)域及 CRC 域,用于申请上行带宽,共 2 B;Payload 域填充 ATM 信元或者 GEM 帧。

3. 传输容器(T-CONT)

GPON 支持的 T-CONT 类型与 ITU-T G.983.4 中规定的相同,分为 5 类。不同种类的 T-CONT 拥有不同类型的带宽。因此可以支持不同服务质量(QoS)的业务。可分配的带宽有固定带宽(Fixed Bandwidth)、确保带宽(Assured Bandwidth)、非确保带宽(Non-assured Bandwidth)和尽力而为带宽(Best Effort Bandwidth),4 种类型带宽分配的优先级依次下降。

(1) T-CONT 类型 1:固定分配

这一类型 T-CONT 提供的业务对时延敏感。因此,无论 T-CONT 是否有数据要发送 OLT 都为其分配固定带宽。即使发现拥塞,也不再分配额外带宽。这类 T-CONT 可用于承载 TDM 业务和 ATM 适配层 1(ATM Adaptation Layer 1,AAL1)业务。

(2) T-CONT 类型 2:确保带宽(需要激活的固定分配)

采用预约方式只能分配到确保带宽。与类型 1 的 T-CONT 不同的是,授权分配发送时隙的间隔在变化。这一类型 T-CONT 可用于承载部分 ATM 业务和需要资源预留的以太网业务,例如 MPLS over Ethernet。

(3) T-CONT 类型 3:具有最小保证带宽的突发授权分配

类型 3 可以得到确保带宽和非确保带宽,两项之和不能超过预约的最大带宽。只有当类型 3 的 T-CONT 的峰值速率超过确保带宽时,才开始分配非确保带宽。当具有确保带宽的 T-CONT 要求额外带宽时。它可以得到与它的确保带宽成比例的非确保带宽。OLT 通过改变下行帧 PCBd 域中的 US BW Map(如图 3.6.9 所示)的授权间隔和发送窗口长度来给类型 3 的 T-CONT 分配更多的带宽资源。

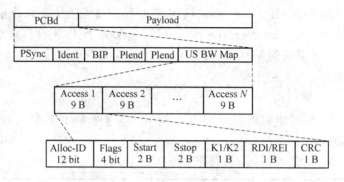

图 3.6.9　GPON 的下行帧结构

（4）T-CONT 类型 4：尽力而为型分配

这一类型的 T-CONT 提供的业务对时延不敏感，因此，采用动态方式分配尽力而为带宽。这一类型业务的逻辑链路没有保证带宽，只是在分配完固定带宽、确保带宽和非确保带宽后才为这种类型的 T-CONT 分配带宽，它可以用来承载不定比特率（UBR）业务或者传统的以太网业务。

（5）T-CONT 类型 5：组合分配类型

类型 5 的 T-CONT 支持所有类型的 T-CONT。每个 T-CONT 所分得的带宽之和不应该超过最大带宽。首先分配固定带宽和确保带宽，然后分配与确保带宽成比例的非确保带宽。最后，如果仍然需要额外的带宽，可分配尽力而为带宽，直到达到它应该得到的最大带宽。

3.6.5　GPON 的协议栈和复用机制

GPON 技术特征主要体现在传输汇聚层。GPON 协议参考模型如图 3.6.10 所示，其中传输汇聚层又分为 PON 成帧子层和适配子层。GPON 传输汇聚层（GPON Transmission Convergence，GTC）的成帧子层完成 GTC 帧的封装、终结所要求的 ODN 传输功能，PON 的特定功能（如测距、带宽分配等）也在 PON 的成帧子层终结，在适配层看不到。GTC 的适配子层提供 PDU 与高层实体的接口。ATM 和 GEM 信息在各自的适配子层完成业务数据单元（SDU）与协议数据单元 PDU 的转换。OMCI 适配子层高于 ATM 和 GEM 适配子层，它识别 VPI/VCI 和 Port-ID，并完成 OMCI 通道数据与高层实体的交换。

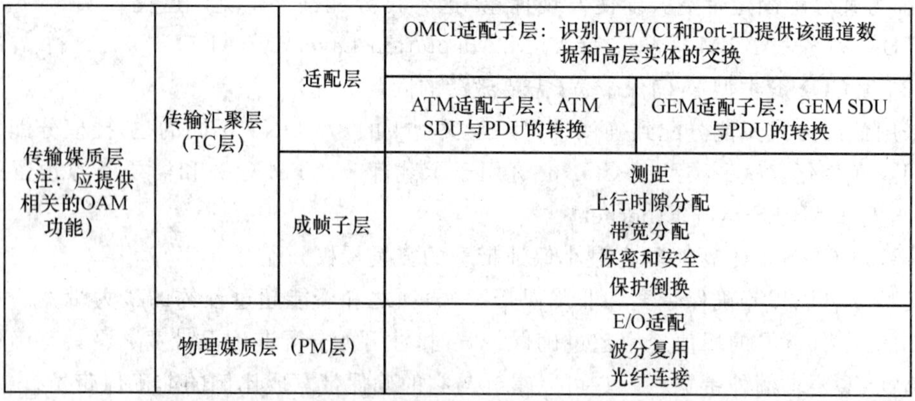

传输媒质层 （注：应提供 相关的OAM 功能）	传输汇聚层 （TC层）	适配层	OMCI适配子层：识别VPI/VCI和Port-ID提供该通道数据和高层实体的交换	
			ATM适配子层：ATM SDU与PDU的转换	GEM适配子层：GEM SDU与PDU的转换
		成帧子层	测距 上行时隙分配 带宽分配 保密和安全 保护倒换	
	物理媒质层（PM层）		E/O适配 波分复用 光纤连接	

图 3.6.10　GPON 系统层次模型

1. GPON 的协议栈

(1) GTC 协议栈

GPON TC(GTC)层系统协议栈如图 3.6.11 所示,由 GTC 成帧子层(GTC Framing Sublayer)和 TC 适配子层(TC Adaptation Sublayer)组成。

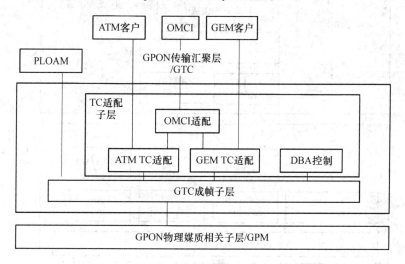

图 3.6.11 GTC 系统的协议栈

在 GTC 成帧子层,ATM 块、GEM 块、嵌入的 OAM 和 PLOAM 形成 GTC 帧。嵌入的 OAM 通道信息直接嵌入 GTC 帧头,对 GTC 成帧子层进行控制,在该子层就被终结。PLOAM 信息作为该子层的客户业务处理。GTC 成帧子层对所有的数据来说都是全局可见的。OLT GTC 成帧子层与所有的 ONU GTC 成帧子层直接对等。

ATM 和 GEM SDU 在各自的适配子层被识别,与 OMCI 实体间相互转化。

从另外一个角度看,GTC 由控制管理平面(C/M Plane)和用户平面或者称 U 平面(U Plane)组成,控制管理平面管理用户业务流量、安全性、业务 OAM 等,U 平面则承载用户业务。嵌入的 OAM、PLOAM 和 OMCI 被归为 C/M 平面;除去 OMCI 的 ATM 和 GEM PDU 被归为 U 平面。

(2) 控制管理平面协议栈

GPON 控制管理平面由 3 部分组成:嵌入的 OAM、PLOAM 和 OMCI。嵌入的 OAM 和 POLAM 通道管理 PMD 层和 GTC 层;OMCI 提供对业务定义的高层的统一管理。

嵌入 OAM 通道由格式化的 GTC 帧头提供。嵌入 OAM 通道的每个信息直接映射到 GTC 帧头中的特定区域,提供了一条时间要求严格的控制信息的低时延通道。GPON 使用这一通道提供带宽授权、密钥交换、DBA 信令功能。

PLOAM 通道在 GTC 帧内专门分配的区域传送。它传送所有不经由嵌入 OAM 通道的 PMD 和 GTC 层管理信息。该 OAM 通道的消息格式与 G.983.1 中规范的 PLOAM 消息格式类似。

OMCI 管理 GTC 上层所定义的业务。GEC 为 OMCI 信息流提供 ATM 或 GEM 传送接口,并根据设备情况配置可选的通道、指定传输协议流识别符(VPI/VCI 或 Port-ID)。

控制管理平面功能块如图 3.6.12 所示。

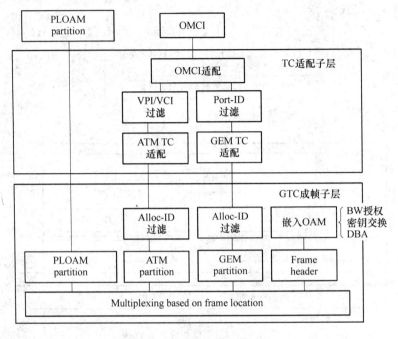

图 3.6.12　控制管理平面

(3) U 平面协议栈

　　U 平面通过业务类型(ATM 或 GEM 模式)和它们的 Port-ID 或 VPI 来识别业务流,如图 3.6.13 所示。Port-ID 用来识别 GEM 业务流,VPI 用来识别 ATM 业务流。GPON 采用 G.983.4 中规范的传输容器(T-CONT)概念,T-CONT 通过 Alloc-ID 来识别,是捆绑业务单元。带宽分配和 QoS 保障都以每个 T-CONT 为单位授权控制,不同的业务类型不能被映射到同一个 T-CONT,必须被映射到不同的 T-CONT,有不同的 Alloc-ID。

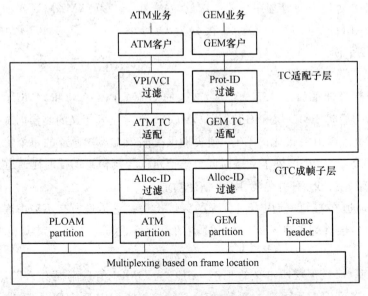

图 3.6.13　U 平面协议栈

2. GPON 的复用机制

GPON 提供两种复用机制:一种基于异步传递模式(ATM),另一种基于 GEM。GEM 是 GPON 的一种新的数据封装方法,可以封装任何一种业务。它由 5 B 的帧头(Header)和可变长度的净荷(Payload)组成。与 ATM 相同,GEM 也提供面向连接的通信,但是 GEM 的封装效率更高。

基于 ATM 和 GEM 的复用结构如图 3.6.14 所示,上行信号的复用分为两步:首先是 VP/VC 或 Port 到 T-CONT(Transmission Container)的复用。然后是 T-CONT 到 ONU 的复用。T-CONT 是 ONU 中的传输容器,是进行带宽请求和分配的基本单位。其概念由 G.983.4 首先提出之前的协议中带宽分配。之前的协议中,带宽分配的基本对象仍是 ONU。GPON 中每个 ONU 上有多个 T-CONT,各个 T-CONT 之间是独立地由一个全局唯一的 Alloc-ID 来标识。

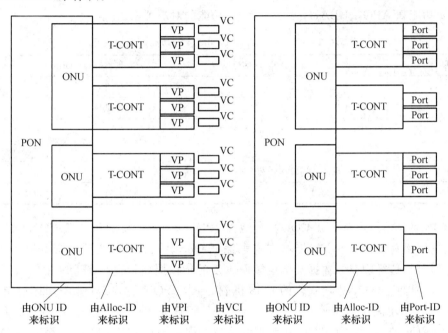

图 3.6.14　基于 ATM 和 GEM 的复用结构

3. GPON 的传输汇聚层(GTC 层)

GPON 的传输层的标准是 ITU-T 于 2003 年完成的,该标准规定了 GPON 的 TC 子层、帧格式、封装方法、适配方法、测距机制、QoS 机制、安全机制、动态带宽分配(DBA)和操作维护管理功能等。GPON 引入了一种新的传输汇聚子层,用于承载 ATM 业务流和 GPON 封装方法(GEM)业务流,这一子层集中体现出了 GPON 技术的特征。

(1) GTC 的关键功能

GTC 的关键功能包括媒质接入控制和 ONU 注册。

① 媒质接入控制

OLT 在下行物理控制块(Physical Control Block,PCB)的上行带宽映射(US BW Map)域中传递一种指针信息,指示上行流中相应的 ONU 开始和结束传输的时间,使之在任何时间内只有一个 ONU 能够访问媒质,正常工作时没有冲突。指针以字节为单位,允许 OLT

以 64 kbit/s 的粒度(因为帧长是 125 μs,一帧里的一个字节就对应 64 kbit/s 速率)对媒质进行高效的带宽控制。一些 OLT 的应用可选用以更大的粒度设置指针和时隙大小,通过动态的带宽粒度设置和带宽分配达到更大的带宽控制。GPON 媒质访问控制以每个 T-CONT 为单元。

② ONU 注册

ONU 通过自动发现进程注册,有两种方式:一是通过管理系统在 OLT 处注册 ONU 的序列号,二是在 OLT 处不注册 ONU 的序列号。

(2) GTC 业务流与 QoS

在动态资源分配中,OLT 通过检查 ONU 的 DBA 报告和/或自动监测到来的业务,了解网络中的拥塞情况,然后根据带宽分配策略分配合适的资源。GTC 提供了 ITU-T G.983.4 指定的状态报告 DBA 和/或非状态报告 DBA。表 3.6.2 列举了 GPON DBA 规范中的主要功能和 APON DBA(G.983.4 规范)功能的对应关系。

表 3.6.2 GPON DBA 和 G.983.4 的功能之间的关系

功　能	GPON DBA	APON DBA(G.983.4)
控制单元	T-CONT	T-CONT
T-CONT 的标志	Alloc-ID	Grant code
报告单元	对于 ATM 是 ATM 信元,对于 GEM 是固定长度块(默认是 48 B)	ATM 信元
报告机制	PLOu 报告,DBRu 报告和 ONU DBA 报告	Mini-slot
协商过程	GPON OMCI	POLAM(G.983.4) OMCI(G.983.7)

GPON 的 TC 层规范了 T-CONT 类型。GPON 中 OLT 检测每个 T-CONT 的业务负荷,通过使用指针安排 ONU 的传输方式来保证 QoS。例如当连续分配资源以提供 TDM 业务的应用时,这样的业务数据被指定短而重复的传输周期指针。GPON 中对 ATM 业务提供的 QoS 与 G.984.3 中所提供的 QoS 机制一致,GPON 的 GEM 业务同样设定的 5 种 T-CONT 业务,也满足不同业务要求的 QoS。ATM 业务的处理完全和 G.983.4 兼容。不同业务的 VCC 或 VPC 可以根据 QoS 需要装载在同一类型的 T-CONT。至于 GEM,除了用固定长度块代替了 ATM 信元以外,其他都和 G.983.4 兼容。Port 标志的 GEM 连接可以流量整形(这一点正在研究当中),可以装载在一种类型的 T-CONT 中。GPON 和 APON 一样,通过 5 种类型的传输容器,将不同优先级、不同类型的业务映射到不同的 T-CONT 中,通过以 T-CONT 为控制单元的带宽分配可以区分业务、保证不同业务的不同 QoS 要求。

(3) ONU 激活方式

GPON 系统采用权数字带内开窗测量 ONU 与 OLT 间的逻辑到达距离。一旦 ONU 被测距,它就可以在该 PON 中工作。GPON 要求的最大测距至少为 20 km。在测量每个 ONU 的传输时延时,不能打断 PON 中其他 ONU 的业务。

在对新 ONU 进行测距的时候,正在工作的 ONU 必须暂停传输,从而打开测距窗口。已知新 ONU 的大致位置信息可以减小这个测距窗口时间,但是对于以前没有进行测距的 ONU 来说,这个时间取决于 PON 的最大测距范围。

① ONU 安装方式

ONU 有两种安装方式：对于通过运行系统实现在 OLT 处注册 ONU 序列号这种方式，一旦 OLT 检测到一个未注册的 ONU 序列号，将声明其为 Unexpected ONU。对不通过运行系统在 OLT 处注册 ONU 序列号这种方式，要求具有 ONU 序列号的自动监测机制，一旦检测到一个 ONU，将分配一个 ONU 序列号给它。

② ONU 激活进程的触发

ONU 有 3 种启动激活进程的触发机制：当知道有新的 ONU 连接时，网络操作者启动激活进程；当与一个或多个先前工作的 ONU 失掉联系时，OLT 自动启动激活程序，看这些 ONU 能否回到业务当中。由运行系统设置轮询周期；OLT 周期性地启动激活进程，测试是否有新的 ONU 被连接进来。

③ ONU 激活进程的类型

激活进程发生时的几类不同情况分别是：PON 中无上行业务运行，ONU 没有收到来自 OLT 的 PON-ID；有新的未被测的 ONU 增加或者原来被激活过的 ONU 恢复其功率，重新回到 PON 中，而此时 PON 中有业务运行；连接当前 PON 中的已被激活的 ONU 保持其功率开启状态，但由于长时间处于告警状态而重新返回到初始状态。

④ ONU 激活的基本流程

ONU 的激活过程是在 OLT 的控制下进行的，ONU 响应 OLT 发起的消息。激活过程概况如下：ONU 根据 OLT 的要求调整发射功率；OLT 发现一个新连接 ONU 的序列号；OLT 给该序列号指派 ONU-ID；OLT 测量该 ONU 的到达时间（测距）；OLT 将均衡时延通知给该 ONU；该 ONU 插入 OLT 通知的均衡时延。

这个过程通过上下行的标志位和 PLOAM 消息的交换来完成。

3.6.6　GPON 的封装方式

GPON 技术特征主要体现在传输汇聚层，很多 GPON 的关键技术都是在传输汇聚层实现的，如测距、上行时隙分配、带宽分配、安全保障等关键技术。这些方面属于 PON 的基本技术范畴，即各种 PON 技术都需要解决的问题。尽管 GPON 在这些 PON 的基本问题上也有其特点，但其传输汇聚层的最大特色是采用了全新的传输汇聚层协议——GEM（GPON Encapsulation Method）。

在 GPON 标准的制定过程中，FSAN 希望设计新的传输汇聚层完成对高层多样性业务的适配，包括 ATM 业务、TDM 业务及 IP/Ethernet 业务，而且这种适配是高效透明的。同时，该层支持多路复用、动态带宽分配、OAM 等机制。考虑到 ATM 承载 IP 业务时引入的"信元税"（Cell Tax），因此没有选择 ATM 作为承载协议。

针对 GPON 的传输汇聚层有 3 个备选方案，即 ATM Based Enhanced BPON、Ethernet Based EMPCP（Enhanced Multi Point Control Protocol）和 PMF-TC（PHY Multi-Frame TC）。其中，PMF-TC 引入了 GFP（Generic Framing Procedure）对高层的 IP 数据进行封装适配，且引入了 OAM 及动态带宽分配机制，是 3 种备选方案中效率最高的，因此在 2002 年 9 月被 FSAN 选择作为 GPON 的传输汇聚层的基线建议。FSAN 虽然选择 PMF-TC 作为基线建议，但是考虑到 PON 结构中多路复用的需要，没有选择 GFP 作为适配协议，而是定义了专有的适配协议 GEM。GEM 可以实现多种数据的简单、高效地适配封装，将变长或定长的数据分组进行统一的适配处理,并提供端口复用功能,提供和 ATM 一样的面向连接的通信。下面分别对 GEM 功能、帧格式、定界方式、分片机制等方面做详细的介绍,并分析 GEM 与 GFP 之间的异同点。

1. GEM 功能

从帧结构封装的角度讲,GEM 和其他数据封装方式类似。然而,GEM 是嵌入在 PON 内部的,与 OLT 端的 SNIs 及 ONU 端的 UNIs 类型无关,如图 3.6.15 所示。也就是说,GEM 封装功能在 GPON 内部终结而 PON 以外的系统无法看到。

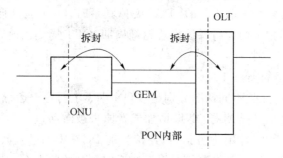

图 3.6.15 嵌入 PON 的 GEM

2. GEM 帧结构

GEM 帧结构如图 3.6.16 所示,由 GEM 帧头和净负荷域两部分组成。

GEM 帧头由 PLI(净负荷长度指示)、Port-ID(端口 ID)、PTI(净负荷类型指示)和 HEC(头差错校验)组成。PLI 指示的是头部后面的净负荷域的长度为 L 字节,长度为 12 bit,最多指示到 4 095 B,所以大于这个值的用户数据帧必须要采用分片机制传送。12 bit 的 Port-ID 可以提供 4 096 个不同的端口,用于支持多端口复用,相当于 APON 中的 VPI。

PTI 用于指示净负荷段的内容类型和相应的处理方式,类似于在 ATM 中的应用,编码含义参见表 3.0.3。3 bit 中的最高位指示是数据帧还是 GEM OAM 帧,数据帧的最低位比特指示在分片机制中是否是帧的末端,次低位指示是否发生拥塞。PTI 预留了一些编码。HEC 为 13 bit,提供头部的检错和纠错功能。它是 BCH(39,12,2)码和一个奇偶校验比特的组合,生成多项式为 $x^{12}+x^{10}+x^8+x^5+x^4+x^3+1$。

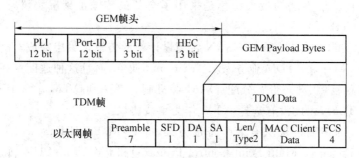

图 3.6.16 GEM 帧结构

GEM 帧头确定后,发送机将该头部和固定的 0xB6AB31E055 进行异或运算,将结果发送出去,接收机使用同样的异或计算恢复头部。

净负荷域可以用来传输各种类型的用户数据,图 3.6.16 所示的就是 GEM 净负荷域承载 TDM 帧和以太网帧的情况。

表 3.6.3 PTI 编码含义

PTI 编码	含　义
000	用户数据段,没有拥塞,不是帧的末端
001	用户数据段,没有拥塞,是帧的末端
010	用户数据段,发生拥塞,不是帧的末端
011	用户数据段,发生拥塞,是帧的末端
100	GEM OAM
101	保留
110	保留
111	保留

3. GEM 定界

GPON 的定界过程是通过 GEM 帧头实现的。

（1）GEM 数据帧

在搜索状态,接收机查找 GEM 头的 HEC,找到一个正确的 HEC 则转移到预同步状态,并在前一帧头所指示的位置处查找下一个 HEC。若该 HEC 正确匹配则转移到同步状态,若不匹配则转移到搜索状态。状态机如图 3.6.17 所示。

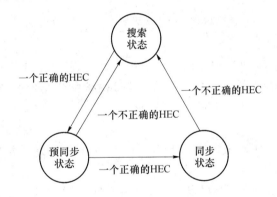

图 3.6.17 GEM 定界状态机

（2）GEM 空闲帧

为了速率适配,定义了 GEM 空闲帧,如果没有用户帧要发送,将产生 GEM 空闲帧填充空白时间,接收者通过这些空闲帧来保持同步。GEM 空闲帧的帧头全部为零。由于传输之前的异或运算,保证了空闲帧也有内容进行正确的定界。空闲帧实际传送的就是 0xB6AB31E055。

4. GEM 分片

由于用户数据帧长随机变化,GEM 协议必须支持用户数据帧的分片,并在每片净负荷前面插入 GEM 帧头。分片在上下行方向都可能发生。GEM 帧头中的 PTI 的最后一个比特就是用来指示该分片是否是用户帧的末端。图 3.6.18 列举了一些使用 PTI 分片传输的例子。分片必须连续传输,不能跨帧界。分片过程必须注意当前 TC 帧净荷中剩余的时间,以便合理地分片。当高优先级的用户传输结束后剩余 4 B 或更少(小于 GEM 帧的最小值,

GEM 帧头为 5 B)时,就需要发送空闲帧进行填充,接收端识别其为空闲帧并丢弃。

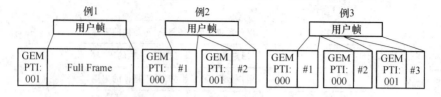

图 3.6.18　GEM 分片

GEM 固有的分片机制提供了时延敏感业务(如语音)抢先于非时延敏感业务传输的可能。一种简单的实现方法就是紧急业务的 GEM 分片总是在净荷区的前部传送,GTC 帧 125 μs 的周期使得时延很小,如图 3.6.19 所示。因此,GEM 分片机制是 GPON 保障用户时延敏感业务 QoS 的一种有效手段。

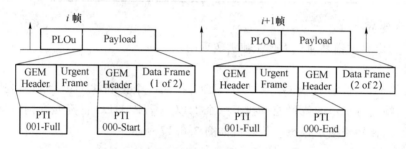

图 3.6.19　时延敏感业务的 GEM 分片

5. GEM 与 GFP 对比

GFP 是 ITU-T G.7041 所规定的一种通用成帧规程。GEM 的提出源于 GFP 的通用成帧思想,它的概念和帧格式也与 GFP 类似。GEM 和 GFP 既有相通之处,又各有特点,下面分别从应用场合、帧结构方面对两者进行分析比较。

(1) 应用场合

GFP 顾名思义是一种通用的映射技术。传输网络可以是任何类型的,可以是 SDH、OTN 等。GFP 在 SDH 和 OTN 网络中的使用分别在 ITU-T G.709/Y.1322 和 G.709/Y.1321 中做了规定。用户层信号可以是基于分组(例如 IP/PPP 或 Ethernet)、恒定比特率(CBR)或其他任何类型。目前,GFP 在 MSTP(基于 SDH 的多业务传送平台)中的应用被业界普遍看好,代表着未来封装协议的发展方向。

GEM 是 GPON 传输汇聚层专有的适配协议,是为 GPON 量身定做的。GEM 功能在 GPON 内部终结,GPON 外的系统无法理解,仅在 GPON 内部实现了各种用户业务的适配封装,而非 GFP 那种广泛使用的"通用"成帧规程。

(2) 帧结构

以两种协议对以太网业务的封装为例,图 3.6.20 分别给出了以太网 MAC 帧到 GFP 帧和 GEM 帧的映射封装。

以太网 MAC 帧除了前导码和 SFD 外的部分封装到 GFP 和 GEM 的净荷域。GFP 帧头包括由净负荷长度标识(PLI)和核心头差错校验(cHEC)组成核心头,以及由类型域、HEC 检验字节和可选的扩展头组成的净负荷头。GEM 头中的大多数字节含义同 GFP,增加的 Port-ID 为端口 ID。下面分析了帧结构所反映出来的 GEM 和 GFP 的异同之处。

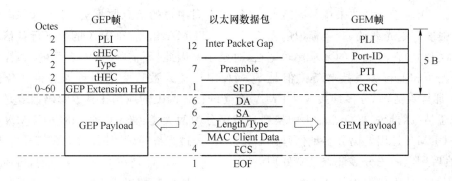

图 3.6.20　MAC 帧到 GFP 帧和 GEM 帧的映射封装

GEM 和 GFP 的相同之处包括如下几方面。

- 实现多种业务的封装,GFP 和 GEM 的可变帧长适配各种速率的业务。
- GFP 和 GEM 都通过 PLI/HEC 采用自描述方式确定帧边界,同步机制相同。
- 开销小,协议封装效率高:GEM 帧头只有 5 B,GFP 帧头最少为 8 B,以以太网的平均帧长 590 B 为例,除去 8 B 的前导码和 SFD,GFP 协议和 GEM 协议的单帧净荷封装效率分别为 $572/(590+5)=96.13\%$ 和 $572/(590+8)=95.65\%$。
- GFP 和 GEM 的分片机制不会导致由于当前剩余带宽不足而造成的带宽浪费问题,增加有效带宽,提高带宽利用率。

GEM 和 GFP 的不同之处包括如下几方面。

- GEM 考虑到 PON 网络一个 OLT 对多个 ONU、多端口复用的情况,引入了 Port-ID。在 ONU 的一个业务端口看来,它存在着与 OLT 的一个点到点的连接,由 Port ID 标识。GPON 中同时具有 ATM 和 GEM 两种封装方式,和 ATM 的 VPI 功能对等的 Port ID 使得 GPON 可以对 GEM 和 ATM 用户业务实现统一的管理。
- GEM 的传输模式是帧映射 GFP(GFP-F),不支持 GFP 透明传输模式 GFP(GFP-T)。
- GEM 帧头的 CRC 差错控制相对于 GFP 的分别对核心头和 Type 域差错控制的 cHEC 和 tHEC 做了简化。
- GEM 不支持 GFP 中用于客户信号复用的扩展帧头。

总而言之,GEM 借鉴了 GFP 的许多优点,并且充分考虑了 GPON 的应用场合的特点。考虑到点对多点的 PON 系统传输中多路复用的需要,GEM 中引入了 Port-ID,这是有别于 GFP 的主要特点。同时,非“通用”的 GEM 相对于“通用”的 GFP 做了一定简化。

3.6.7　GPON 的关键技术

GPON 上行链路在采用 TDMA 方式时,涉及到的相关技术有上行信道复用技术、光器件及突发信号的快速同步技术、测距与延时补偿技术、媒体接入控制、动态带宽分配以及安全性和可靠性技术,等等。

1. 上行信道复用技术

GPON 可选用的上行复用方式有:WDMA、SCMA、CDMA、TDMA。WDMA PON 网络的关键技术是密集波分复用技术。尽管密集波分复用技术已经成熟并在骨干网和城域网上应用,但 WDMA PON 的成本对于接入网环境仍太高;副载波多址接入是利用不同频率的电载波(相对于光载波来说是副载波)来复用不同用户的信息数据流,然后这些电的副载波再取强度调制光载波,产生模拟的光信号。与 TDMA 相比,SCMA 的上下行各信道在频域上彼此独立,在时域上的要求比较宽松,时延小。因此,不需像 TDMA PON 那样要求高精确的测距和上行突发接收等。但是 SCMA 用户接入数目受限制且动态带宽分配不如 TDMA 那样灵活;码分多址接入(CDMA)在光纤接入网上的应用按其编解码信号是先以光的形式还是电的形式进行然后再转换到光域而分为两大类:光 CDMA 和电 CDMA 的光传输。电 CDMA 是用电码分多址信号调制光载波,经过光纤传输,接收端对光信号进行电/光转换,然后用电的码分多址方法来处理信号。由于码分多址是在电域上进行的,可应用成熟的电 CDMA 技术。但为了使多址接入数目足够多,地址码的码长就相当长。这样一来用地址码对信号数字进行扩频调制,使传输信号占用的频带极大地展宽,也就是说地址码调制后的传输信号速率远大于信息数字信号速率。这样在光传输上由于速率的提高,成本就要提高,而且电 CDMA 编解码也要求高速的 IC。光 CDMA 根据光传输是强度调制直接检测(Intensity Modulation-Direct Detection,IM-DD)还是相干调制解调分为非相干 CDMA 和相干 CDMA。由于光相干调制解调系统的技术难度大、应用面很窄,因而成本很高,一般只考虑非相干系统。光 CDMA 的关键:光编解码技术目前尚在研究当中,技术很不成熟,成本高昂。综合考虑各方式的技术、成本,现有技术一般选用 TDMA 方式。时分多址复用方式又可以采用静态时分多址复用、统计时分多址复用、随机接入等方式。静态时分多址复用方式不足之处有:当其中有的时隙未用时,还是占用一样的带宽;对高突发率业务适应力不强;ONU 需要同步;随机接入没有确定的接入时间;由于采用 CSMA/CD,故有传输距离的限制。而统计时分多址复用可以克服前两者的不足。所以一般都选择采用统计时分多址复用,上行信号传输在 ONU 被分配到的时隙里发送帧信号。统计复用通过提供的数据量的大小来改变时隙大小的方法来实现。

上行复用技术的重点是如何使用 TDMA 的方法使上行信道的带宽利用率、时延和时延抖动等指标达到要求。其中,上行带宽的分配方法、ONU 发送窗口固定还是可变、最大的 ONU 发送窗口应为多大、ONU 发送窗口的间隔、以太网帧是否切割等问题都有待于研究和确定。由于数据/视频业务流是自相似的,不存在最佳大小的固定时隙,故流量聚合也不能起多大作用。突发包大小分布为长相关性(大的拖尾),即大多数突发包都比较小,但绝大多数都是有大量的突发包同时出现,实现统计时分复用要考虑的问题有:突发时间与业务流大小都难以预料,所以要有反馈。

2. 突发同步技术

PON 中的数据流传输方式都是一致的:下行广播发送,上行采用基于统计复用的时分多址接入技术。因此,在 GPON 中上行信道传输的是突发信号,在 ONU 中使用突发发射、连续接收器件,在 OLT 中使用连续发射、突发接收器件。现有的大部分光器件还不能满足这一要求,少数突发模式的光器件也只能工作在 155 Mbit/s 的速率上,而且价格昂贵。为了实现突发模式,在收发端也要采用特别的技术。光突发发送电路要求能够非常快速地开启和关断,迅速建立信号,并且需要使用响应速度很快的激光器。而在接收端由于来自各个用户的信号光功率是不同的而且是变化的,所以突发接收电路必须在每次收到新的信号时调整接收电平(门限)。突发模式前置放大器的阈值调整电路可以在几个比特内迅速建立起阈值,接收电路根据这个门限正确恢复数据。

目前,已经提出了几种比较数字和模拟的突发同步技术,其中比较可行的有门控振荡法和相关同步法。前者简单易行,同步速度快,接收信号的速度可以提高,但对器件的工艺水平及开发条件要求较高,费用也较高;后者是一种新数字技术,开发成本低,易于集成。

3. 测距和时延补偿技术

测距的作用在于补偿由于 ONU 与 OLT 之间的距离不同而引起的传输时延差异,从而使 ONU 感觉到与 OLT 的逻辑距离相同。由于光纤信道时延较大的特点,ONU 与 OLT 之间的距离将会影响到上行信道的复用,如果准确测量各个 ONU 到 OLT 的距离并能精确地调整 ONU 的发送时延,则可以减小 ONU 发送窗口间的间隔,从而提高上行信道的利用率并减小时延。产生传输时延差异的原因有两个,一个是物理距离的不同,另一个是由环境温度的变化和光电器件的老化等因素造成。测距的程序也相应地分为两步:第一步是在新 ONU 的安装调测阶段进行静态粗测,这是对物理距离差异进行时延补偿;第二步是在通信过程中实时进行的动态精测,以校正由于环境温度变化和器件老化等因素引起的时延漂移。测距方法有扩频法、带外法和带内开窗法等几种。由于接入网最敏感的是成本,所以 GPON 一般采用带内开窗测距技术,为了克服前面提到的不足,需要采取措施减小开窗尺寸。因为开窗测距是对新加入的 ONU 进行的,所以该 ONU 与 OLT 之间的距离可以有个大概的估计值,可以根据估计值先分配给 ONU 一个预时延,这样可以大大减小开窗尺寸。为了不中断其他 ONU 的正常通信,可以规定测距的优先级较信元传输的优先级低,这样只有在空闲带宽充足的情况下才允许静态开窗测距,使得测距仅对信元时延和信元时延变化有一定的影响而不中断业务。

4. 媒体接入控制的应用

PON 系统的上、下行数据链路的通信方式是不同的。下行链路采用广播方式发送,从 OLT 发出的下行信息被所有 ONU 接收到,各个 ONU 遵循一定的机制只能提取属于自己的下行信息。上行链路采用复用技术,多个 ONU 共享上行带宽。这样就必须在上行流中采取一定的媒体接入控制机制。GPON 中采用的是 TDMA 机制,如上一小节所述,OLT 在下行帧中指示了各 ONU 具体在什么时候向 OLT 发送自己的上行数据。图 3.6.21 为该机制的原理图。

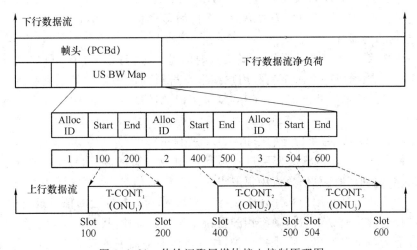

图 3.6.21　传输汇聚层媒体接入控制原理图

由图 3.6.21 可知,在 OLT 发出的下行帧的帧头中,安排了称为上行流带宽映射(US BW Map)的字节部分用以指示各 ONU 在何时向 OLT 发送数据。图中说明了 3 个 ONU (假设每个 ONU 只有一个 T-CONT)被指示的发送及结束时隙:ONU_1 在时隙 100 开始发送数据,在时隙 200 结束发送;ONU_2 在时隙 400 开始发送,500 结束;ONU_3 在时隙 504 开始发送,600 结束。这样,既可以保证各 ONU 对带宽的需求,又可以保证各 ONU 在发送数据时不发生冲突。由于下行帧中指针的值是以字节为单位,所以 OLT 可以以 64 kbit/s 的静态带宽粒度对媒质进行控制。在具体实现中,也可以根据需要重新设计指针的单位值和调整时隙的大小以获得更大的带宽粒度,满足不同的通信对传输数据速率的要求。一些 OLT 的应用可选择以更大的粒度设置指针和时隙大小,通过动态的带宽粒度设置和带宽分配达到更好的带宽控制。

5. 动态带宽分配

动态带宽分配算法(DBA)就是实时地($125\ \mu s$)改变 GPON 的各 ONU 上行带宽的机制。GPON 中如果用静态带宽分配,对数据通信这样的变速率业务很不适合,如按峰值速率静态分配带宽,则整个系统带宽很快就被耗尽,带宽利用率很低。而动态带宽分配使系统带宽利用率大幅度提高。通过 DBA 可以根据 ONU 突发业务的要求,在 ONU 之间动态调节带宽来提高 GPON 上行带宽效率,从而能更有效地利用带宽。网络管理员可以在一个已有的 GPON 上增加更多用户,终端用户也可以享有更好的服务,如用户可以用到的带宽峰值能超过传统的固定分配方式的带宽。对动态带宽分配设计的具体要求有:业务透明、高带宽利用率、低时延和低时延抖动、公平分配带宽、健壮性好、实时性强。GPON 动态带宽分配采用集中控制方式:所有的 ONU 的上行信息发送都要向 OLT 申请带宽,OLT 根据 ONU 请求按照一定的算法给予带宽(时隙)占用授权。ONU 根据分配的时隙发送信息,其分配算法的基本思想是:各 ONU 利用上行可分割时隙反映信元到达的时间分布并请求带宽,OLT 根据各 ONU 的请求公平合理地分配带宽,并同时考虑超载、信道有误码、有信元丢失等情况的处理。ONU 可能经常要断开(特别是在 FTTH 情况下),已经断开的 ONU 不应再占用网络带宽。解决这个问题的方法有:使新的请求在许可信号后的 RTT 时间内到达;如果请求(k 个)丢失了就意味着 ONU 已经经断开;下次询问此 ONU 前先等待一定时间,这样可使断开 ONU 只占用尽量少的 GPON 带宽。GPON 支持多传输速率的优点能够让运营商根据不同服务客户的需要灵活配置网络,避免了带宽浪费。

6. 安全性和可靠性

由于 GPON 系统下行传输采用共享媒质的广播方式,每个 ONU 可以接收 OLT 发送给所有 ONU 的信息,所以为防止某些用户窃取发送给其他用户的信息则必须对发送给每个 ONU 的下行信号单独进行加密。GPON 采用跟 APON 相同的搅动技术实现对用户信息的加密处理。这是一种介于传输系统扰码和高层编码之间的保护措施。OLT 可以定时地发出命令,要求 ONU 更新自己的密钥,OLT 就利用每个 ONU 发送来的搅动密钥对发送给该 ONU 的下行数据在传输汇聚层进行搅动(即扰乱)加密,从而保证每个 ONU 只能按照自己的密钥从接收到的总信息流中提取出属于自己的信息,从而保证用户信息的安全性与隐私性。为了防止某些用户采用逐个试探的方法对不属于自己的信息进行解密,必须对搅动密钥进行连续快速更新。搅动密钥的更新速度至少每秒(甚至 0.1 s)一个 ONU。这种搅动技术只能为信息保护提供低水平保护,如果具体业务需要的安全性较高,采用普通搅动技术难以满足要求时,可以在 TC 层以上的高层使用功能更强的加密机制。

3.7　波分复用无源光网络

3.7.1　WDM PON 简介

波分复用（WDM）是光纤传输中的特有技术，利用它可以实现在发送端将若干不同波长的信号合在一起，送入单根光纤进行传输，在接收端再将各个波长的信号分离出来。波分复用技术充分利用了不同波长（频率）的光在传输过程中互不干扰的特性。根据传输中光的波长间隔的不同，可以分为密集波分复用（DWDM）和粗波分复用（CWDM）。DWDM 的信道间隔为 0.2～1.2 nm，而 CWDM 的信道间隔为 20 nm。

波分复用无源光网络的技术思路最早来自贝尔实验室。由于波分复用无源光网络利用 CWDM 或 DWDM 技术给每个 ONU 提供了单独波长，形成虚拟的点到点逻辑链路，和传统的时分无源光网络技术不一样，不需要将一路信号分路成 16 路或者 32 路，因此波分无源光网络本质上更简单。和传统的时分无源光网络相比，采用 CWDM/DWDM 技术的波分无源光网络的主要优点有如下几个方面。

（1）用户容量巨大。由于每个 ONU 均采用单独的波长进行上/下行数据传输，每个用户独享单个波长，而单波长带宽可达 100 M 甚至 1 000 M，因此可以为用户提供超宽的传输带宽。

（2）业务无关性好。由于采用的是光层透明通道传输，不涉及各种业务协议，不需要关心传输的是何种数据形式，因此波分无源光网络（WDM PON）具有良好的业务无关性。同时 WDM PON 技术可以让不同的波长支持不同的业务，例如一路波长支持千兆以太网，另一路则可以支持 ATM 业务。并且用户在未来升级到 10G 以太网时，只要在局端更换设备即可，大大降低网络升级风险，提高了网络升级的灵活性。

（3）安全保密性高。由于不同用户采用不同的波长传输数据，用户彼此间信息完全隔离，可以实现不同业务选用相互独立的通道进行传输，因此具有传统时分无源光网络无法比拟的安全保密性。

WDM PON 的上述优点，使得业界公认其具有良好的发展前景。但就目前而言，其成本比传统的时分无源光网络要高，因为在 WDM PON 网络中要大量使用高精度的激光器以及波分复用/解复用器件，这些都大大提升了设备制造成本。除此之外，WDM PON 还没有相关的国际标准，因此 WDM PON 还无法动摇 TDM PON 的领先地位。

影响 WDM PON 技术实用化的还有一个重要问题，就是在 WDM PON 中每个 ONU 使用的波长都不一样，即每个 ONU 都要使用不同波长的激光器，并要和相应的波分复用器分支对应，这在规模商用和后期管理维护中会面临巨大的问题。不过这个问题目前已有解决方案，有厂商和研究机构通过在 ONU 端使用 RSOA（反射型半导体激光器）作为光源，可以制造出"无色"ONU（即对波长不敏感），可以使 WDM PON 中的 ONU 生产制造及实际应用大大简化，为规模商用打下良好基础。

在传统的 TDM PON 中，已经用到了一些波分复用技术。TDM PON 的下行数据和上行数据就是分别承载在 1 490 nm 波长和 1 310 nm 波长的光信号上，通过波分复用的方式在单根光纤中实现数据的双向传送。另外,在某些应用中还引入 1 550 nm 波长用来承载传统的 CATV 光信号,实现三重业务播放(Triple-Play)能力。但是,TDM PON 存在着一些技术问题和先天性的缺陷,而通过进一步的引入波分复用技术,对传统的无源光网络进行扩展和优化,能够有效提升无源光网络的系统性能和业务能力,使其拥有更加长远的生命力。

典型的 WDM PON,是在 PON 网络中为每个 ONU 分配一对波长,分别用于上行和下行的传输,这样就提供了 OLT 到各 ONU 的虚拟点对点双向连接。根据使用波长间隔的不同,波分无源光网络可分为粗波分无源光网络(CWDM PON)和密集波分无源光网络(DWDM PON)。CWDM PON 的波长信道间隔为 20 nm,可以在一根光纤(C+L 波段)上最大传输 18 个波长,即可构成 1 个 OLT 支持 18 个 ONU 的无源光网络系统,是一种低成本的 WDM 系统。DWDM PON 的波长信道间隔则根据 ITU-T 标准为 0.2~1.2 nm,若采用 0.8 nm 标准间隔,则可构成 1 个 OLT 支持 100 个 ONU 的无源光网络系统。

由于 CWDM PON 的工作波长范围大,信道间隔大,少一些中心频率偏差及串扰的影响,但系统用户数少;而 DWDM PON 用户数多,但信道间隔小,容易受中心频率偏差及串扰的影响。CWDM PON 与 DWDM PON 的比较见表 3.7.1。在接入网应用中,可以把 CWDM 与 DWDM 系统地结合起来。

表 3.7.1 CWDM PON 与 DWDM PON 对比

	CWDM PON	DWDM PON
波长范围	1 260~1 620 nm	1 460~1 625 nm
信道间隔	20 nm	0.2~1.2 nm
最大用户数	18	上千
实际应用用户数	8/16	16(大分路实验中)
成本	低	高
系统升级	需与 DWDM 结合	需更换设备
功率放大器	不需要	需要
波长监控	不需要	需要
带宽	一般在 2.5 Gbit/s 以下	1~10 Gbit/s

CWDM 和 DWDM 结合起来使用,可以提供更加灵活的 PON 解决方案。在需要时,CWDM 中的一路通道可以被一组 DWDM 复用通道所占用,这样可以很经济地在一根光纤中增加通道数量。这种综合使用方式可以在 1 530~1 610 nm 范围内的多路 CWDM 通道中使用,但必须预先对光传输功率阈值进行计算和设计。

使用两根光纤传输上下行信号时,如全部采用 CWDM 技术,则只有 18 个波长可供分配,即基于 CWDM 的 WDM PON(不采用时分复用技术)最多可支持 18 个用户;若采用 CWDM/DWDM 混合系统,可用信道间隔较小的 DWDM 插入 CWDM 通道中,信道间隔不同,组合方案也不同,可根据实际情况灵活使用多种方案。

3.7.2 WDM PON 的系统结构及工作原理

WDM PON 是基于 WDM(波分复用)方式实现的点到多点无源光网络,即采用波长作为用户端 ONU 的标识,利用波分复用技术实现多址接入,能够充分利用光纤的巨大传输带宽。WDM PON 大致可以分为 3 个部分:光线路终端(OLT)、光网络单元(ONU)和光分配网(ODN)。OLT 连接业务侧,ONU 连接用户侧,其具体结构如图 3.7.1 所示。

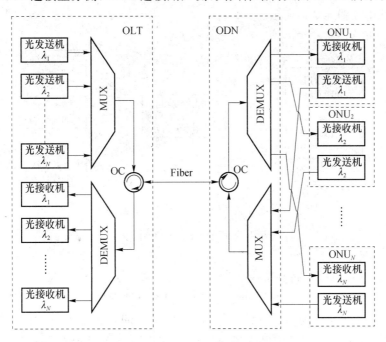

图 3.7.1 WDM PON 系统结构示意图

OLT 承载各种业务的信号在局端汇聚,按照一定的信号格式送入接入网络以便向终端用户传输,并把来自终端用户的信号按照业务类型分别送入各种业务网的功能。OLT 主要由光源、接收机和波分复用/解复用器组成。ODN 为 OLT 和 ONU 的物理连接提供光传输媒介,复用/解复用器是波分复用光传输系统的关键器件。ODN 的作用是对相应用户的不同业务进行复用和解复用,以便在上行方向将各种不同的家庭终端的不同业务信号复用起来在同一传输媒体中传输;而在下行方向将不同的业务解复用,通过不同的接口送到相应的终端。ONU 主要由支持 WDM 的光收发机组成。

ODN 承担接入网与城域网之间的连接功能,将 OLT 中的下行信号发送到不同 ONU 中,同时接收不同 ONU 发来的上行信号,并进行业务汇聚,然后送到不同的业务网络中。OLT 中的下行电信号通过光发送机被调制在不同的光载波 $\lambda_1,\lambda_2,\cdots,\lambda_N$ 上,然后由波分复用器(MUX)复用后,传输至光环路器(OC)中,利用 OC 隔离 OLT 中的上、下行光信号,并将下行复用后的光信号送至光纤中。在图 3.7.1 中所示的是单纤双向传输,这种方案只需要铺设一根光纤,因此成本较低;在实际使用时,还可以采用双纤单向传输方案,这样可以有效降低光纤中的各种反射噪声。系统中 ODN 的作用主要是复用/解复用上、下行光信号,将光纤送来的下行光信号进行解复用后送给每个 ONU 接收,同时复用 ONU 传来的不同波长的光信号,并通过光环路器与下行光信号隔离后,送入光纤中传输至 OLT。根据 PON 体系结构的要求,ODN 中器件必须是无源式的,阵列波导光栅(AWG)是目前最常用的复用/解复用器。

ONU 的作用是接收下行光信号,并进行解调恢复,同时还要设置一个特定波长的光发送机,用来发送用户的上行信号。

　　WDM PON 的设计目标,是为了拓展 TDM PON 的系统性能,而作为最早提出的一种 WDM PON 方案复合 PON(Composite PON,CPON),还保留着 TDMA 的复用方式,这种方案的体系结构如图 3.7.2 所示。

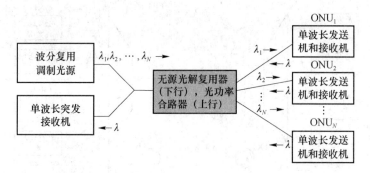

图 3.7.2　CPON 的体系结构

　　CPON 在上行方向上,仍然保留了 TDM-PON 工作在 1 310 nm 波段的时分复用结构,其中 OLT 中部署了一个光突发接收机,用来接收多个 ONU 加载在相同波长 λ 上的光突发信号。在下行方向,通过不同波长信号 $\lambda_1,\lambda_2,\cdots,\lambda_N$ 来区分各个 ONU。ODN 中的光解复用器用来分离下行不同波长的复用光信号,而光功率合路器则用来收集 ONU 发出的突发光信号。这种方案的缺点是:由于每个 ONU 到 OLT 之间距离的差异,OLT 中的光突发接收机需要与 ONU 进行复杂的时钟同步,同时系统的上行传输带宽受到限制。

　　除了利用 TDMA 技术可以降低系统成本外,有研究报告提出了一种远端询问式终端网络(Remote Interrogation of Terminal Network,RITENET),这种 WDM-PON 的体系结构是要去除 ONU 中的光源,达到降低系统实现成本与 ONU 复杂度的目的,具体的原理是:ONU 将上行信息调制在接收到的下行光信号上,再将调制后的光信号传输回 OLT,在 ONU 中需要一个光功率分路器,将下行光信号分为 ONU 的调制光源和 ONU 的接收信号。RITENET 的体系结构如图 3.7.3 所示。

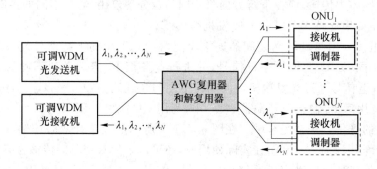

图 3.7.3　RITENET 的体系结构

　　图 3.7.3 所示的 RITENET 体系结构是一种 OLT 中采用可调激光器和可调光接收机的共享结构,上、下行的带宽分配需要进行时分复用。如果将激光器发送阵列和光信号接收阵列部署到 OLT 中,则每个光波长信道将做到单独接收/发送,不需要在所有 ONU 中进行共享。这种改进方案虽然成本较高,但是 OLT 和 ONU 之间可以进行全速率发送/接收,成

倍的提高了系统带宽,而且系统的整体功率预算要好于采用 TDMA 技术的功率分配方式。

现在还有一些 WDM PON 的设计方案,在这些方案中,为了达到特定的网络性能,对 WDM PON 的体系结构进行了改进。例如,为了实现接入 ONU 数量最大化,形成的基于多重 AWG 的 WDM-PON(Multi stage AWG-Based WDM-PON)和为了进一步降低系统成本,设计的本地接入路由网络(Local Access Router Network,LARNET),此外,还有 Stanford 大学设计的从 TDM-PON 到 WDM-PON 进行无缝升级的动态接入波长分配 PON(Stanford University access dynamic wavelength assignment PON,SUCCESS-DWAPON)等。

3.7.3　WDM PON 的关键技术

在 WDM PON 中需要解决的关键技术主要有发射机光源、波分复用器、WDM 接收机、波长监控和业务分离等,分别介绍如下。

1. 发射机光源

根据图 3.7.1 所示的 WDM PON 系统结构,在 OLT 中需要部署 N 个不同波长的光发射机,下行信号则调制在这 N 个不同的光波长上。目前有多种不同的光源产生方案可供选择。一种方案是部署一组波长接近的 DFB 激光器,利用温度调谐产生下行的多波长信号,由于这种方案的不同波长独立进行温度调谐,需要对每个波长进行监控,系统较为复杂。此外 DFB 激光器输出的光波长会随波导的有效折射率变化,因此将输出光谱和波长路由器信道进行精确匹配较为困难,而且 DFB 激光器多用于速率较高的主干网和城域网,应用在接入网中成本较高。

为了降低成本,接入网除了选择 DFB 激光器外,还可以使用 VCSEL 激光器,这种激光器的光垂直于芯片谐振,从垂直腔表面发出。VCSEL 激光器的价格要比 DFB 激光器便宜很多,目前工作在 850 nm 和 1 310 nm 波段的 VCSEL 已经得到了广泛应用,同时也对工作在 1 550 nm 波段的 VCSEL 做了研究。

另一种方案是采用多频激光器(MFL),这种激光器由半导体光放大器和阵列波导光栅组成,工作原理是:在光放大器和阵列波导光栅之间形成一个光学腔,若光放大器的增益大于光学腔的损耗,则有激光输出,输出光波长的具体性能由阵列波导光栅来决定。每路激光器还可以单独进行调制,但 MFL 的调制速率受到光学腔的长度限制。

为了进一步降低接入网的成本,有研究者提出可以利用宽光谱光源分割的办法获得多波长光源,原理主要采用 LED、EDFA 或者 FP-LD 等可以发出非相干宽带光谱的光源,将这些光源产生的光谱输入到具有窄带滤波功能的器件中,进行频谱切割,最后得到不同波段的子光源。这类方案结构简单、成本较低,非常适合应用在对光源需求量大的光接入网中,但是将整个光谱进行分割后的子光源功率较小,需要进一步的放大,而且系统的调制带宽受到限制。

2. 波分复用/解复用器

光波分复用/解复用器是利用波分复用技术扩容光纤通信系统容量的关键器件。在 WDM PON 中光波分复用器主要复用不同波长的光信号,复用后的信号可以通过光纤进行传输,而接收时则由光波分解复用器进行解复用,并送到相应的 ONU 中。按照工作原理的不同,光波分复用/解复用器可以分为 3 种类型:耦合型、角色散型和滤波器型。在 CWDM

系统中,由于光信道数较少,信道的间隔较宽,通常采用光纤耦合器型、多层介质膜干涉滤波器型波分复用/解复用器;而阵列波导光栅型波分复用器(AWG)有易于集成、体积较小、通道间隔窄、性能稳定等优点,非常适合应用在信道数较多、信道间隔较窄的 DWDM 系统中。在 WDM PON 系统中,鉴于使用环境较为恶劣,要考虑温度、湿度等外界环境因素对器件的性能影响。当采用 DWDM 系统时,若器件的波长漂移和光信道间隔相接近,则相邻光信道会发生非常严重的串扰,影响系统性能,这时必须对光源发出的光波长进行一定的调整。目前,WDM PON 的发展还受到成本因素的制约,而 AWG 作为一种波导集成型光器件,成本较低,易于进行批量生产,因此被大规模地应用到实验系统中。

3. 光纤的选择

光纤可以分为两种:多模光纤和单模光纤,其中单模光纤由于其衰减小、频带宽、容量大、成本低等优点,被广泛地用在光通信领域中。单模光纤按照零色散波长和截止波长能否位移被分为:G. 652、G. 653、G. 654、G. 655 和 G. 656,这些光纤可以适用于不同的光通信系统。

在选择具体的光纤型号时,需要考虑光通信系统的实际应用环境,从成本角度看,对于速率较低的 EPON、GPON 系统,可以采用 G. 652 光纤;当对系统进行多波长升级时,可以部署 G. 655 光纤,以减小四波混频现象。在 WDM PON 的实际部署中,可以一开始就部署 G. 655 光纤,虽然成本较高,但是进行长距离传输时,色散补偿成本较 G. 652 光纤低。

4. 半导体光放大器

半导体光放大器在光通信领域中应用广泛,不仅可以被用作标准的光放大器,还可以进一步改进变成光调制器、光探测器、信号擦除器等新型光器件,将这些新型光器件应用到WDM PON 中,可以有效地提升网络性能,降低系统的实现成本。

从分类标准来看,光放大器可以被分为两类:一类是光纤放大器(FOA);另一类是半导体光放大器(SOA)。FOA 是一段与传输光纤结合的并和泵浦激光器连接的特殊光纤,通常在光纤通信系统中被用作前置放大器、在线放大器和后置放大器,可以有效地补偿光纤产生的传输损耗。FOA 中的 EDFA 被广泛用于 WDM 网络中。而 SOA 是一种最早被发明的光放大器,这种放大器利用半导体的活性介质可以为通过的光提供增益的原理,使得光信号得到放大。SOA 可以被分为两类:一类是 Fabry-Perot SOA(FP-SOA),光信号在这类 SOA 中被来回反射多次(相当于多次通过放大器的放大);另一类是 Travelling-Wave SOA(TW-SOA),这类 SOA 的端面反射可以忽略不计(相当于只经历一次放大器的放大)。虽然 SOA 的性能不如 EDFA,但是随着不断发展的半导体集成与制造技术,SOA 体现出了改进现有光纤通信网络的巨大潜力,除了通常的功率放大功能外,这种器件还可以被用作光开关、光调制器和波长变换器等。反射式半导体光放大器是一种特殊的 SOA,这种器件后端面的反射率接近 100%,而前端面的反射率几乎为零。入射光由前端面透射后进入腔内,再由后端面反射回输入端。除了端面反射率的设置不同外,RSOA 和 SOA 的性能相同。

5. 波长监控

由于 WDM PON 中采用多个波长,而且波长路由器一般放在露天,并且没有温度控制,因此,温度对于波长路由器通带变化的影响非常重要。一般来说,波长路由器的温差范围为 -40~85 ℃,通带偏移率为 0.011 nm/℃。因此,在这样的温差下,波长将有 1.4 nm 的偏移。这样的偏移将与 WDM 的波长间隔同数量级(100 GHz/2 000 Hz),将严重影响 WDM

PON 的工作。因此,需要在 OLT 中进行波长的检测与调谐工作。或者可以采用 Set-and-forget 的方法,让各复用波长之间的间隔足够大(400 GHz/5 000 Hz),这样可以不对波长进行调整而使温度变化导致的通带偏移在允许范围内而不对系统性能产生不良影响。但是占用的宽光谱不仅仅使资源浪费,而且会使光谱大于正常 EDFA 的放大范围。另一种方法是采用对温度不敏感的波长路由器,可以不需要或简化波长监控。

波长监控采用差分算法,比较一个信道的发送功率与通过波长路由器的功率,得到差值信号,如果小于上一时刻的差值信号,温度按当前的方向改变 ΔT,反之说明信道失配增加,温度以反方向改变 ΔT。该方法要适当选取温度调节的速率和步距 ΔT。

波长监控可采用监测下行信道功率和监测上行信道功率实现。对于只在下行采用 WDM 的复合 PON,只能监测下行信道功率,这种方法需要附加的环回光纤,或一个监控信道和光纤光栅。对于上行采用频谱分割的 WDM PON,可以通过在 OLT 比较解复用前后的上行信号功率,进行波长监控只需增加耦合器,不需要附加的信道。

6. 业务分离

WDM PON 可以通过给一组相似 QoS 需求和信号特征的业务分配一个(或一组)波长,使业务依靠波长分离开来。例如,双向多媒体业务在时延和带宽方面有特殊需求,把这些业务集合在一个或多个专用路由的特定波长信道内则可有助于支持这些需求。在点对多点的结构中,对高带宽需求的业务可用波长路由实现低分路因子,其他业务则为高分路因子。

这种把业务按照需求不同(如吞吐量、时延、时延偏差、误比特率等)来分配波长信道的方法,可以比较方便地传输各种业务,不需要再为 QoS 保证烦恼。但在接入网中,用户数远多于波长数,因而波长资源非常宝贵,带宽与用户需求的矛盾仍未解决,成本也是系统重要的参考依据。所以把电域的多通道技术与光域的 WDM 技术结合将非常有意义。

3.7.4 "无色"化 ONU

在 WDM PON 网络中,每个 ONU 都需要接收来自不同波长信道的光信号,同时,发送到 OLT 端的光信号也需要具备和其他信道不同的波长,这样才能保证各个 ONU 之间不会出现相互干扰。目前使用的基于固定光源的 ONU 技术就是按照这种构想进行的,在 ONU 端配备独立的、固定的光发射机和光接收机,产生的固定波长在多个不同 ONU 共同工作时,由于互相之间光源波长不同,在基站端的发送和接收是互不干涉的,保证了光信号的准确接收。但是为了产生固定波长的光源,系统需要有波长监控电路和控制单元来进行配合,以保证产生的波长独立固定,因此当系统所需要的 ONU 数目增多时,则波长数越多,需要配置的光源种类和相应的设备也会越来越多,使得系统的建设和运营成本比较高,而且系统的灵活性越差,升级会变得困难。为了降低系统运维的成本,人们希望 ONU 侧的光源是易于安装、经济可行、不具有特殊性的,即 ONU 侧实现光源的"无色化"。

"无色化"的 ONU 是指在 ONU 结构中只需要在整个波长范围内选择一个合适的波长进行工作,而不需要设置特定波长的光源,使得各个 ONU 的光源都是一模一样的,同一个无色 ONU 结构可以应用在多个不同工作波长的信道中,从而保证了 ONU 的统一化。目前基于无色 ONU 的技术方案是 WDM PON 系统的主流研究技术。基于无色 ONU 的 WDM PON 实现技术可以分为可调谐激光器、宽谱光源激光器和无光源 3 种。可调谐激光器是使用波长可调谐的激光器,保证了每个 ONU 工作在不同的光源上,但由于该种激光器的调谐机制非常复杂,通常与调制机制相互作用,这就为设备的安装、网络的维护带来了诸多困难,因此在目前的 WDM PON 系统中一般不采用,本节只介绍宽谱光源的无色 ONU 和无光源 ONU 这两种技术。

1. 基于宽谱光源的无色 ONU

在这种系统中,采用宽谱光源作为 ONU 的光源,在 ONU 内置一个宽谱光源激光器(如超发光二极管),同时在上行方向接入一个多波长复用设备,一般使用的多波长复用器件为薄膜滤波器或 AWG,该器件将 ONU 的宽谱光信号分割成多个窄带信号,窄带信号的中心频率取决于和宽带信号相连接的输入端口的设定,将产生的窄带信号复用到同一根光纤上沿着上行方向传输到位于中心局的 OLT 设备中,从而完成上行接收,该系统的结构如图 3.7.4 所示。这种系统可以保证所有的 ONU 均配置相同的宽谱光源,宽谱光源发出的光经过 AWG 的频谱分割后,分割为不同的窄带光源,窄带光源的波长特性由所连接的复用器的输出端口所决定,不同的输出端口的波长特性是不一样的,这样的配置保证了 ONU 光源的"无色化"。

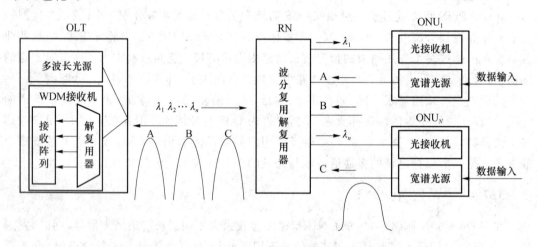

图 3.7.4　ONU 宽谱光源光谱分割的 WDM PON 系统

目前使用较多的宽谱光源可以分为自发辐射掺铒光纤放大器(ASE-EDFA)和自发辐射反射半导体光放大器(ASE-RSOA)。但是在产生光源时,由于宽谱光源发出的宽谱光,只有很窄的一部分通过薄膜滤波器或者 AWG 器件过滤后,用于承载传输上行信号,而其他大部分的光信号被过滤掉,这就要求内嵌在 ONU 中的宽谱光源要么使用大功率的 LED,要么使用光放大来提供足够的光功率。此外,由于宽谱光源的宽度覆盖了整个系统频谱范围,则频谱分割会造成信号的线性串扰以及光纤色散,同时也使得系统的传输距离和传输速率受到一定的限制。

2. 无光源的 ONU

对于宽谱光源技术而言,需要在用户终端 ONU 配备对传输波长具有管理功能的设备,这就为系统的网络维护带来了一定的成本和难度。一旦 ONU 所发出的传输波长与原先所分配的波长出现较大的偏差时,不仅会影响 ONU 自身的工作性能,还会对相邻波道的业务信号产生影响。所以该技术并没有在 WDM PON 系统中得到广泛的推广,目前 ONU 侧光源的解决办法是广泛采用再调制技术。再调制技术又叫无光源 ONU 技术,简单说就是将

ONU 侧的上行数据直接调制到下行中未调制的光载波部分或者直接调制到从下行中恢复出来的光载波中,再传送回 OLT 被接收阵列完成接收。采用这种方法时在 ONU 中不存在光源器件,只有反射调制器用来实现对下行光载波的反射。目前常用的反射调制器包括基于注入-锁定的法布里-珀罗半导体激光器(FP-LD)、RSOA、电吸收波导调制器(EAM)以及马赫曾德尔调制器(MZM)等类型,这些反射调制器均可以工作在较宽的频谱范围内,其器件性能与输入光信号的波长无关,保证了不同波长的下行载波均使用相同的器件,降低了网络初期建设成本,真正实现了 ONU 的无色特点。

(1) 注入-锁定和"种子"波长式 ONU

图 3.7.5 所示的是一种基于注入-锁定式 FP-LD 的"无色"化 ONU 方案,ONU 中的信号发送机由 FP-LD 来实现。宽带光源被放置在 CO 中,光源由 SLED 和光带通滤波器(OB-PF)组成,利用 OBPF 可以将 SLED 发出的宽带光源限制在系统所希望的波段,ODN 中的 AWG 对宽带光源进行波长分割。系统中每个 FP-LD 所发出的光波长,由 AWG 分割出的注入光信号来决定。采用注入-锁定式"无色"化 ONU 的 WDM PON 具有成本低、可靠性高、响应快等优点,但是同时也受 FP-LD 器件本身性能限制,系统传输速率较低,对大带宽业务的支持较差。现在韩国电信已经在光州商业化部署了基于注入-锁定式 FP-LD 的 WDM-PON。

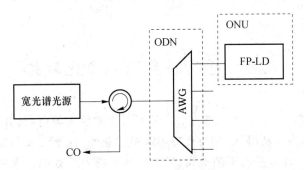

图 3.7.5 基于注入-锁定式 FP-LD 的"无色"化 ONU

除了注入-锁定式 FP-LD 外,还有将"种子"波长和 RSOA 结合,实现"无色"化 ONU 的方案。这种方案利用 ONU 中的光滤波器将下行光信号分割后,注入到 RSOA,RSOA 发出的子波长等于"种子"波长,上行电信号可以同时通过 RSOA 调制到相应的子波长上。由于 RSOA 发出的光波长频率稳定、相位噪声较小、功率较高,采用"种子"波长和 RSOA 结合的方案与注入-锁定式 ONU 相比,具有更远的传输距离和更大的传输带宽。

(2) 波长重用式 ONU

利用波长重用原理实现"无色"化 ONU 的方案,最早出现在 RITENET 结构的 WDM PON 中,而 RITENET 作为较早出现的 WDM PON 结构,部署了可调激光器进行下行光信号传输,所以系统中不同波长的光信号持续时间需要进行时隙分配,这种结构不仅限制了 OLT 的传输速率,同时也限制了波长重用式 ONU 的传输速率。若将 OLT 中的可调激光器换成激光器阵列,则 ONU 可以不间断地接收 OLT 发来的光信号,并对其进行波长重用,这样就同时拓展了系统的上、下行传输速率。波长重用式 ONU 的结构如图 3.7.6 所示。

在图 3.7.6 所示的波长重用式 ONU 中,下行光源被光分路器分为两路,一路送给接收机进行信号接收;另一路送入调制器中进行上行信号调制,上行电信号被调制到下行光波长上。位于 ODN 的波导光栅路由器进行上、下行信号的复用/解复用。ONU 中的调制器可以是马赫曾德尔调制器(MZM),直接进行外调制,但是此时的下行光信号需要使用特定的格式;调制器也可以是 RSOA 和 REAM,RSOA 通过增益饱和效应将下行光信号的格式"擦除",对下行信号格式的限制较少,而 REAM 方案则消除了 RSOA 调制速率受限的问题。

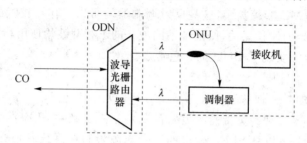

图 3.7.6   波长重用式 ONU

以上两种无光源 ONU 结构中由于 ONU 端不需要提供光源,所以每个用户都减少了一个发射机,从根本上降低了系统的安装和维护成本,简化了网络复杂度。但是这种技术也存在一定的缺点,OLT 发射的光源要有足够大的功率,因为它要保证上、下行光信号往返传输距离的需要,另外如果上、下行采用相同的光源,则线路中不可避免地会存在相干瑞利反向散射。

3.8   光码分多址无源光网络

光码分多址(OCDMA)技术能够充分利用光纤中的巨大带宽,具有支持用户随机接入、网络容量有弹性、网络控制协议简单、支持多速率的业务、保密性强和安全性高的特点。随着光学器件和光纤制作水平的不断提高,光码分多址在光纤宽带接入网中受到越来越多的研究和重视。

光码分多址无源光网络(OCDMA PON)基于光码分多址技术,每个用户分配一个码字,允许多用户共享同一信道,大大提高信道的利用率。OCDMA PON 因具有异步接入、用户分配的灵活性、支持不同的业务、系统的安全性以及系统的健壮性等优点而成为下一代 PON 的最佳候选方案之一。

3.8.1   OCDMA 技术

OCDMA 技术是将 CDMA 技术与大容量的光纤通信技术相结合的一种通信方式,是电 CDMA 技术应用于光通信而产生的一种新技术,它结合了这两种通信方式的技术特点,既保持了 CDMA 技术在移动通信中的抗干扰、保密、软容量及网络协议简单等特性,又可以利用光纤的巨大带宽资源,能够提供良好的网络公平性和带宽共享。OCDMA 将不同用户的信号用相互正交的码序列来进行光学编码,编码后的用户信号可以在同一波长信道中传输,接收端用相应的码序列解码接收,恢复原用户发送的信息。它最大的优点就在于可以使多用户共享同一信道,其特点决定了它很适合光接入网中的上行传输。OCDMA 技术的突出特点如下。

① 允许多个用户随机地接入同一信道。

② 可采用全光处理以实现光信号的直接复用与交换,避免了"电子瓶颈"的限制,可构成真正"透明"的全光通信网络。

③ 具有良好的安全保密性。在 OCDMA 技术中,每个用户对应一个地址码,接收端只有用相应的码字进行解码,才能准确地恢复用户发送的信息。

④ 具有容量优势。OCDMA 网络具有软容量,采用合适的编解码技术即可实现不受限制的海量用户数。

⑤ 光域信号处理简单。OCDMA 不像 WDM 那样需要对波长进行严格控制,也不像 TDM 那样需要严格的时钟同步。对光源性能的稳定性、谱线宽度等要求比 WDM 大大降低,现有的成熟的光源(如 LED)即可用于 OCDMA 系统,大大降低了系统成本。

⑥ 允许可变速率或多速率传输,并可同时提供多种业务支持。

⑦ 具有良好的抗干扰能力。

3.8.2　OCDMA 系统结构

从 OCDMA 的概念出现以来,就提出了多种系统方案。因为系统具体的实现可以是多种多样的,所以其分类没有统一的标准,主要有以下几种分类方式。根据采用的是单极性还是双极性正交码分为单极性和双极性 OCDMA 系统;根据接收机是直接检测还是相干检测分为相干和非相干 OCDMA 系统;从同步角度分为同步和异步 OCDMA 系统;根据编/解码器是扩时、扩频还是扩空编码分为时域编码、频域编码和空间编码 OCDMA 系统。不论是在时域编码还是在频域编码,OCDMA 系统的基本结构是一样的。

OCDMA 系统主要由用户数据源、超短脉冲激光器、光开关、光 CDMA 编码器、光星型耦合器、光 CDMA 解码器、光电探测器、电阈值检测器组成,系统原理框图如图 3.8.1 所示。OCDMA 技术是在电 CDMA 技术基础上演变出来的,OCDMA 技术原理与电 CDMA 技术有很大的相似,但也有很大的不同,都是首先给每个用户分配一个地址码,标识这个用户的身份,不同的用户有不同的地址码,且它们相互正交或准正交。

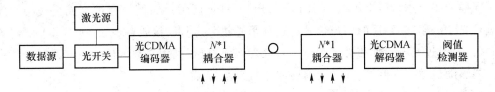

图 3.8.1　OCDMA 系统原理框图

OCDMA 技术是将码分多址技术应用于光纤信道,对用户信号采用全光处理手段,克服传统网络中的"电瓶颈"效应。它以扩频通信为基础,将低速率的基带用户信号变换成高速率的光脉冲序列,在宽带光纤信道中传输。系统发送端,用户信息比特流(电信号)通过控制光开关的状态(交叉态和直通态),从而进一步控制超短脉冲激光源。当用户信息比特为"1"时光开关置于直通态,激光源发射的光脉冲通过光开关进入光 CDMA 编码器,信息比特为"0"时,光开关置于交叉态,激光源发射的光脉冲不能通过光开关进入光 CDMA 编码器,不进行编码。经光 CDMA 编码器后,产生载有用户信息特征的扩频序列,即信息比特为"1"

时,光编码器输出一个光脉冲序列,信息比特为"0"时,光编码器输出一个全零序列(传输信号在编解码器中进行光域处理是 OCDMA 技术中的核心技术之一)。携带用户信息特征的光脉冲序列进入星型光耦合器,并经光纤信道传输到达接收端,然后均匀地分配给每一个接收机,通过接收端的光解码器,完成接收到的信号与接收端扩频序列间的相关运算,输出一个自相关峰,经光电探测器转换为电信号,最后通过电阈值检测器,恢复出发送端用户的信息比特流,从而实现 OCDMA 通信。

3.8.3 OCDMA PON 系统结构及工作原理

OCDMA PON 是基于 OCDMA 方式实现的点到多点无源光网络,即采用不同的码字作为用户端 ONU 的标识,利用码分多址技术实现多址接入,能够充分利用光纤的巨大传输带宽。OCDMA PON 大致可以分为 3 个部分,光线路终端(OLT)、光网络单元(ONU)和光分配网(ODN)。OLT 连接业务侧,ONU 连接用户侧,其具体结构如图 3.8.2 所示。

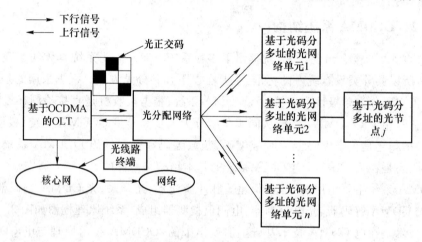

图 3.8.2 OCDMA PON 结构

ONU 对上行用户数据通过该指定的码字进行调制,然后通过 ODN 发送到 OLT,OLT采用同样的码字进行数据解调。OCDMA PON 将不同用户的信号通过互成正交的码序列来进行光学编码,编码后的用户信号通过环形器进入 OLT;接收端经过 OCDMA 解码器进行解码,再经过光电转换和必要的电信号处理,就可以得到用户数据信号。该系统的优点是用户能够随机地接入网络,并且网络能够进行异步传输。

在典型的 OCDMA PON 系统中,下行信号在 OLT 端在 1 550 nm 波长上传输,每一个用户均被分配一个地址码,该地址码将在用户端 ONU 上通过 FBG 解码器等方式解码出来,上行数据被调制在 1 310 nm,并在局端 OLT 上被不同解码器解码,以便接收不同用户传来的信息,该 OLT 结构如图 3.8.3 所示。

从 OLT 出来的下行信号经过环形器到达 ONU 中的解码器,根据相关地址码对特定用户信息进行解码,下行信号中所包含的控制信号被恢复出来之后送往 PON 网络控制中心。ONU 的光源信息包含在下行信号中,经过滤波后,ONU 可以获得上行所需的波长,如图 3.8.4 所示。

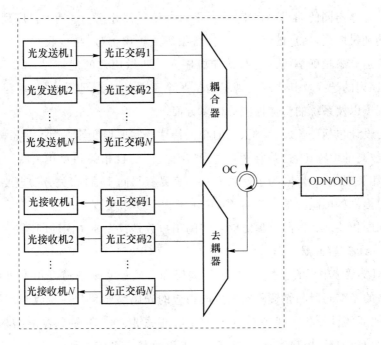

图 3.8.3 OCDMA PON 中的 OLT 结构

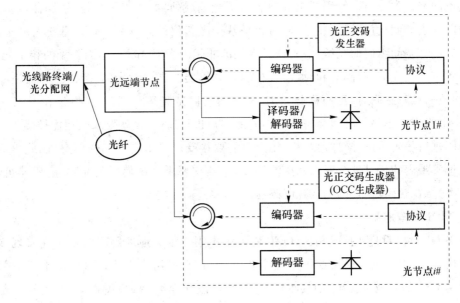

图 3.8.4 OCDMA PON 中的 ONU 结构

3.8.4 OCDMA PON 的关键技术

在 OCDMA 系统中,系统的性能主要取决于光地址码的选取、光编/解码器的设计和系统噪声抑制(如 MUI 抑制方法)等关键技术。下面逐一对这些关键技术进行研究分析。

1. OCDMA 地址码

在码分复用通信系统中,所有用户共同占用同一信道的相同频段和时间,不同用户传输信息所用的信号靠不同的编码序列来区分,即每个用户都分配一个伪随机序列。在发送端,根据对应的伪随机序列,用户的每个信息比特编码成一串信号;在接收端,用相同的伪随机序列进行相关运算来正确解码。这些伪随机序列就叫做用户的地址码。在 OCDMA 技术中,光地址码序列的选择及其物理实现仍然是一个重要的核心问题,它关系到系统的容量、系统的复杂程度以及系统的整体性能等许多方面。

地址码的设计包括码长、码容量、码的相关特性及实现难度等。为了尽量减少其他用户的干扰,获得较高的信噪比,这些码序列之间应有良好的自相关和互相关特性,即自相关的峰值要大,互相关要小。另外,为了使收发双方容易获得同步,自相关旁瓣也要小。此外,还要求能为用户提供尽可能大的码字容量,并在工程上易于实现。对于 OCDMA 系统而言,光地址码序列的相关性和该码字集能够容纳的用户数是首先要考虑的问题。

2. OCDMA 编/解码器

在 OCDMA 系统中,如何对光信号进行编码和解码是实现信道复用不可或缺的条件,因此需要合适的光编码器和光解码器来生成相应的光码字序列并在接收端对其进行解码,所以光编/解码器的设计和实现是 OCDMA 通信的关键。光编/解码器的结构和特性直接影响着系统的功率损耗、用户容量、误码率、成本以及整个系统的灵活性。从信号调制和解调方式不同来分类,光编/解码器粗分为非相干光编/解码器和相干光编/解码器,前者是基于简单的强度调制/直接探测技术,而后者是基于光相位的调制和解调。基于时域编码、频谱幅度编码和空间编码的光编/解码器是常见的非相干光编/解码器,而常见的相干光编/解码器有频谱相位光编/解码器和时域相位光编/解码器。当一对光编/解码器只能对一位用户的信号进行编/解码时,我们称此光编/解码器为固定光编/解码器。但是在 OCDMA 系统中,一个终端在不同的时间会需要和不同的用户进行通信,这就要求数据能被赋予不同的光地址码进行编码传送,同样地,一个用户也需要接受来自不同终端的信息,因此也需要对不同地址码编码的信息进行解码和探测接收,这些均要求系统使用的光编/解码器可调,我们称这类光编/解码器为可调光编/解码器。

3. MUI 噪声抑制

与 WDM 和 OTDM 技术相比,OCDM 系统中用户依靠地址码间的正交性实现多用户的同时接入,但由于地址码可能不是完全正交的,存在多用户干扰。多用户干扰一般大于OCDM 系统中的其他干扰源,如接收机的热噪声、散弹噪声、APD 噪声等,它的存在是限制OCDM 系统广泛应用的一个重要因素,MUI 的存在会带来如下两个问题。

① 限制系统的容量。随着同时接入系统的用户数的增加,多址干扰的功率也在增加,从而导致系统误码性能的下降。

② 远近效应严重影响系统性能。由于远近效应的存在,到达接收机的信号强度各不相同,强信号对弱信号有明显的抑制作用,会使弱信号的接收性能很差甚至无法通信。

MUI 的存在意味着解码输出的光脉冲通常都伴随有互相关旁瓣,将导致一定的误码率,这对于高速光纤通信是很不利的。

3.9　混合 PON 无源光网络技术

3.9.1　混合 PON 技术研究现状

光接入网建设的目标有 3 个:更多的用户、更大的传输带宽和更远的传输距离。接入网向大容量发展的主要措施之一是进一步扩展光纤中的频谱利用率。但无论 TDM 还是WDM,由于可用时隙数或波长数的限制,都不可能将信道数目做到无限大,总容量和总速率受到一定的限制,因此,只利用单纯的 TDM-PON 或 WDM-PON 网络将不能满足日益增长的用户容量和网络性能的要求。

随着视频大带宽业务的发展,现有 PON 网络势必将出现新的带宽瓶颈,为此,人们提出了将 TDM 技术、WDM 技术和 OCDM 技术复合应用到接入网中,即混合无源光网络(Hybrid Passive Optical Network,HPON),它结合了 TDM-PON、WDM-PON、OCDM-PON 的优点,在网络容量和实现成本两方面进行了折中,在维持较高的用户使用带宽的前提下,实现了相对较低的用户成本,增加了网络容量扩展的弹性。

近年来,对于混合 PON 的系统方案的研究越来越多,并正在成为国内外光通信领域新的研发热点。现已开展研究的混合 PON 的系统方案,按其系统结构的不同主要可分为SUCCESS-HPON(Stanford University Access Hybrid WDM/TDM Passive Optical Net-work)、WE-PON(WDM-Ethernet hybrid Passive Optical Network)、Hybrid DWDM-TDMPON、OCDM-TDM PON 和 WDM/CDM/TDM PON 等几种方式。

3.9.2　SUCCESS-HPON 系统结构

SUCCESS-HPON 是下一代混合 WDM/TDM 光接入网体系结构,着眼于从当今 TDMPON 平滑过渡到未来的 WDM PON。网络的整体体系结构如图 3.9.1 所示。

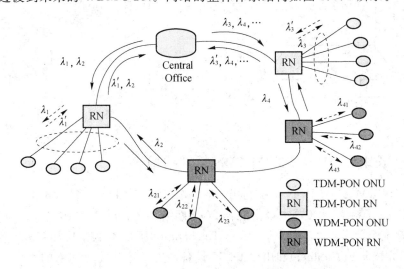

图 3.9.1　SUCCESS-HPON 体系结构

SUCCESS-HPON 的体系结构中包含 TDM PON 和 WDM PON 两种子系统,并由单根环形馈线光纤串连起各远端节点(RN)。此 RN 既包含原有 TDM PON 的 RN,又包含新的 WDM PON 子系统的 RN。在图 3.9.1 中,TDM PON 子系统的远端节点为浅色 RN,此 RN 连接的 ONU 用户为相同波长的时分多址接入用户;WDM PON 子系统的远端节点为深色 RN,此 RN 连接的 ONU 为波分多址接入用户,每个用户占用不同的波长,用户带宽较 TDM PON 子系统的带宽大;各个 RN 之间是点到点的 WDM 连接。TDM PON 子系统的远程节点 RN 配置一对粗波分复用(Coarse Wavelength Division Multiplexing,CWDM)分光器,分别用来耦合上行信号和分离下行信号。WDM PON 子系统的远程节点 RN 有一个 CWDM 分光器和一个 DWDM 分光器,分别用来耦合/分离一组 DWDM 波长和复用/解复用 PON 内 ONU 的特定波长。

3.9.3　WDM/Ethernet-PON 系统结构

WDM/Ethernet-PON 系统体系结构如图 3.9.2 所示。在 OLT 处,下行信号通过 AWG 将 32 路不同波长的信号复用到一根单模光纤中,经过 EDFA 功率放大后,进入馈线光纤传输。在接收端,经过远端节点 RN 的 AWG 解复用成 32 路信号,并由 OPS 扩展单波长的用户数到 16,支持总共 32×16=512 个 ONU,大大扩展了用户数目。未来随着带宽需求的增大和光器件成本的降低,可以通过降低分光比来灵活扩展用户带宽。并且通过一种新的 MAC 协议,采用时分双工技术,在下行信号中携带连续波,直接用于上行调制,在很大程度上提高了队列延迟、队列长短和链路利用率等网络性能。

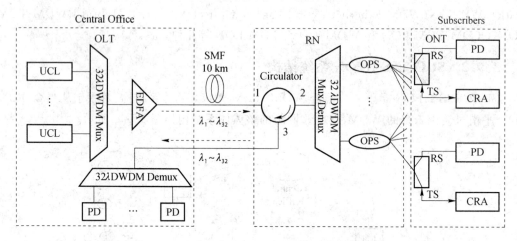

图 3.9.2　WDM/Ethernet-PON 系统结构

3.9.4　长距离 DWDM-TDM PON 系统结构

长距离 DWDM-TDM PON 系统利用 DWDM 技术,采用长距离、大分光比的方式容纳大量 TDM PON 子系统,实现超大规模混合 PON 网络。该混合 PON 的体系结构如图 3.9.3 所示,可分为 4 个部分:中心交换局(Core Exchange,CE)、本地交换局(Local Exchange,LE)、街区部分(Street Cabinet)和用户 ONU 设备。为了达到简化网络的目的,CE 可看成核心网或城域网内的一个节点,本地交换局相当于目前 PON 系统或铜线接入网系统的

Head End(头端设备),这两者可认为处于有源可控的环境中。另外,街区部分代表一种无源封闭环境,包含许多分布在各个地方的无源分光器。在 LE 处集中产生上行光载波,通过完全不同的另一根光纤,发送到各 TDM PON 子系统,各子系统内 ONU 实现上行数据的调制,并在传输下行数据的同一根光纤中上传给 OLT。

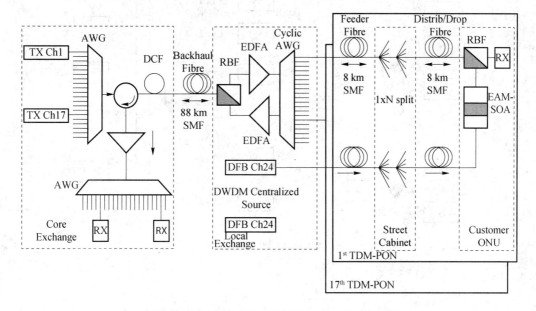

图 3.9.3　长距离 DWDM-TDM PON 系统结构

3.9.5　OCDM-TDM 混合 PON

OCDM-TDM 混合 PON 系统如图 3.9.4 所示。图中左侧所示为传统的 10 Gbit/s TDM PON,在该 PON 中,每个 OLT 局端覆盖 m 个 ONU,上行时,每个 ONU 占用不同的时隙发送信号,以时分多址方式接入;右侧为 OCDM-TDM 混合 PON,在该混合 PON 中,每个 ONU 的信号又经过了 OCDM 光编码,因此每个 ONU 的身份是由它所分配的时隙和光地址码二维资源来进行身份确认的。如果系统使用了 n 个光地址码,那么,一根光纤上即可以实现 $n \times m$ 个 ONU 信号的传输,系统容量大大增加。

3.9.6　WDM/CDM/TDM PON 结构

WDM/CDM/TDM PON 结构结合了 WDM、OCDM 和 TDM 3 种复用技术,结构如图 3.9.5 所示。在该混合 PON 结构中,一个 TDM PON 子系统可以看成一个最小的单元,每个 TDM PON 经过一个 TDM/CDM 转换器被分配一个 OCDM 地址码,从而实现在同一个二级 OCDM 环形网中接入多个 TDM PON 子系统,因此二级单元即是 OCDM/TDM-PON 子系统,而每个 OCDM/TDM-PON 占用的是单一的一个波长,不同的 OCDM/TDM-PON 子系统被分配的波长是不同的,它们之间的关系又是 CWDM 的关系,从而最终构成 WDM/CDM/TDM PON。

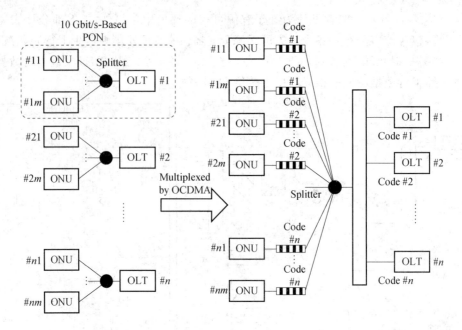

图 3.9.4   OCDM-TDM 混合 PON 系统结构

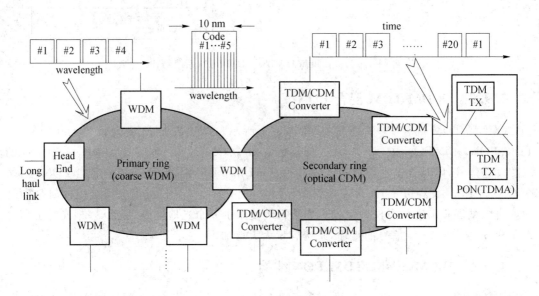

图 3.9.5   WDM/CDM/TDM PON 系统结构

3.9.7 混合 PON 的小结

现已开展研究的混合 PON 的系统方案各有优缺点,其关键问题是在满足用户不断增长的宽带需求前提下,尽量保持 PON 网络的低成本。而降低高带宽接入 PON 网络成本主要从如下两个方面入手。

① 尽可能容纳更多的 ONU 用户,共同分担 PON 基础设施和资源的成本,这也是采用 WDM 技术或者 OCDM 技术融合多个 TDM PON 的原因。

② 尽可能共享和充分利用 PON 的网络设施资源,提高网络资源使用率,在不增加网络

成本的基础上满足用户的高带宽需求。

　　然而这些系统方案存在一个共同问题：在采用 WDM 技术或者 OCDM 技术时，将波长资源或者地址码资源引入到 ONU 端，使得 ONU 不仅由时隙标记，同时还由波长、地址码标记，因此 ONU 同时占据了二维或三维资源，这将使得原有 PON 中的 ONU 设备要重新设计、部署，更重要的是增加了调度的复杂度，也使得组播和广播技术实现困难。而如何保护现有设备投资、尽量减少对现有光缆网络的管线与拓扑的改造、低成本实现平滑升级，是无源光网络向下一代光接入网过渡时不能回避的问题。

小　结

　　1. 本章介绍了光纤接入网技术，主要包括光纤接入网基本概念、参考配置、应用类型、拓扑结构，以及无源光网络（PON）和 3 种 PON 的实际应用技术 APON、EPON、GPON 等内容。

　　2. 本章内容较多，在接入网趋向宽带化的过程中，光纤接入网都被认为是接入网领域最终的解决方案，但与光纤接入网有关的光纤接入技术种类相当多，尤其是无源光网络（PON）技术，在设备和维运成本方面，都相对较低，因而在宽带接入领域被普遍看好。通过本章学习，读者需要掌握光纤接入网的配置和功能结构，重点是理解 PON 的接入技术，并掌握 APON、EPON、GPON 的传输原理、帧结构和关键技术。

思考与练习

　　3-1　试述光纤接入网的基本概念及引入光纤接入网的基本目标。

　　3-2　试述光纤接入网的参考配置及主要功能结构的作用。

　　3-3　简述光纤接入网应用类型的优缺点以及适用场合。

　　3-4　光纤接入网的拓扑结构有哪几种？简述其特点及应用场合。

　　3-5　简述 PON 的定义、光纤类型及波长分配。

　　3-6　PON 多址接入和双向传输技术主要有哪些种类？试述其原理。

　　3-7　ONU 可以分成哪几部分？各部分的功能要求是什么？

　　3-8　OLT 可以分成哪几部分？各部分的功能要求是什么？

　　3-9　ODN 由什么组成？简要说明 ODN 的物理结构。

　　3-10　PON 系统的保护方式有几种？分别简要说明。

　　3-11　什么是 APON？试述其系统结构和工作原理。

　　3-12　试解释 APON 的帧结构。在 APON 中 622.08 Mbit/s 下行帧共有多少时隙？其中包含几个 PLOAM 信元？

　　3-13　在 APON 中，有哪些关键技术？

　　3-14　APON 测距的目的是什么？测距的程序和方法如何？

　　3-15　试述 EPON 的网络结构和工作原理。EPON 的技术难点有哪些？

　　3-16　试述 GPON 的系统结构和工作原理。

　　3-17　在 GPON 中有哪些关键技术？

无源光网络规划 与工程设计 第4章

接入网是电信网的最末端,直接连接最终用户,接入网领域设备数量众多,占用网络资源庞大,不仅造成了巨大的资金投入浪费,更给网络维护造成极大的麻烦。目前各种接入业务是经过长期发展而形成的,缺乏明确的规划和设计,一种设备可能仅能提供一种或很少几种业务。因此无源光网络(PON)作为新的接入网络平台,在部署前要经过正确的规划和设计,才能体现出其高带宽、多业务支持等优点。

4.1 无源光网络的建设模式规划策略

4.1.1 无源光网络的建设模式及应用原则

1. 无源光网络的典型建设模式

无源光网络主要有7种建设模式,如图4.1.1所示。各模式详细定义如下。

① 模式1——FTTH(PON):通过部署在用户家庭的内置IAD(软交换综合接入设备)功能的PON ONU为单个用户同时提供语音、视频和数据业务,局端OLT实现对多个ONU业务的汇聚。

② 模式2——FTTB(PON)+LAN(ONU集成LAN交换机):通过在楼道部署支持多个LAN和IAD端口的PON ONU为多个用户提供语音、视频和数据业务,局端OLT实现对多个远端ONU业务的汇聚。典型应用情况下,ONU到用户铜缆接入距离一般在100 m以内。

③ 模式3——FTTB(PON)+DSL(ONU集成DSLAM):通过在楼道部署支持DSL和多个IAD端口的PON ONU为多个用户提供语音和宽带数据业务,局端OLT实现对多个远端ONU业务的汇聚。典型应用情况下,ONU到用户铜缆接入距离一般在100~300 m以内。

④ 模式4　FTTB(P2P)+LAN:通过部署在楼道的LAN交换机为用户提供话音和宽带数据业务,园区交换机对多个LAN交换机业务汇聚后,通过点到点(P2P)光纤直连方式与汇聚交换机连接。典型应用情况下,ONU到用户铜缆接入距离一般在100 m以内。

⑤ 模式5——FTTN(光纤到节点)(P2P)+DSL:通过在交接箱附近部署支持DSL和AG功能的接入设备,为用户提供语音、视频和数据业务,FTTN用户接入设备部署在小区机房(或室外机柜),接入设备通过点对点(P2P)光纤直连方式与汇聚交换机连接。FTTN(P2P)+DSL建设模式中,接入点到用户的铜缆接入距离一般在500 m以内。

⑥ 模式 6——FTTN(P2P)＋DSL：通过在集中机房部署支持 DSL 和 AG 功能的接入设备，为用户提供话音和宽带数据业务，接入设备通过点到点光纤直连方式与汇聚交换机连接。FTTN(P2P)＋DSL 建设模式中，POP 点到用户家的平均铜缆接入距离一般在 1 km 以内。

⑦ 模式 7——FTTN(PON)＋DSL：通过部署支持 DSL 和多个 IAD 端口的 PON ONU 为多个用户提供语音、视频和数据业务，局端 OLT 实现对多个远端 ONU 业务的汇聚。典型应用情况下，ONU 到用户的铜缆接入距离一般在 1 km 以内。

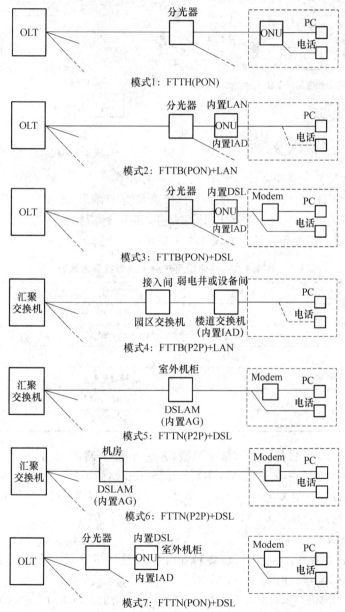

IAD：软交换接入层设备，用于将用户的话音业务分组化并接入到分组交换网络中，其用户端口数一般为几个到几十个。

AG：软交换接入层设备，完成电路交换网的承载通道和分组网的媒体流之间的转换，为用户提供多种类型（如模拟用户、V5 等）的接入，支持的用户数量通常多于 IAD（如几百、几千）。

图 4.1.1　PON 典型建设模式

2. FTTB 方式下单 PON 口接入用户数计算

图 4.1.2 描述了 PON 与 DSL 或 LAN 结合应用情况下的接入网组网框图,EPON 接入情况下,单个 PON 口提供 1 Gbit/s 带宽,分光器可采用 1∶32、1∶16、1∶8 等多种分光方式,PON ONU 通过内置多个 DSL 或 LAN 端口实现多个用户的宽带业务接入。

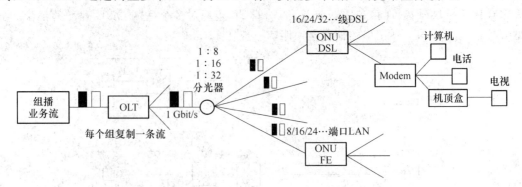

图 4.1.2　FTTB(PON)+ONU 内置 DSL 或 LAN 接入框图

(1) 高速率用户场景下单 PON 口接入用户数计算

假设高速率用户有 20 Mbit/s 以上下行接入带宽的需求,提供的主要业务为 1 路高清+2 路标清 IPTV、高速上网和 2 路 IP 话音业务,其中,标清频道数为 100 套,高清频道数为 10 套。各业务所占带宽和并发比如表 4.1.1 所示。

表 4.1.1　高速率用户业务及带宽需求预测

业务类型	提供节目	所需带宽	并发比
标清电视	100 套	100×3 M=300 M	100%组播
高清电视	10 套	10×8 M=80 M	100%组播
标清点播	多个节目源	3 M/路	30%
高清点播	多个节目源	8 M/路	30%
高速上网	—	4 M	33%
IP 话音	2 路	200 k	100%

设 n 为单个 PON 口接入的宽带用户数,各业务所需要的带宽如下。

- 直播(用户数大于频道数情况下):300 M(100 路标清)+80 M(10 路高清)。
- 点播(高清、标清各占 50%):$n \times 30\% \times (8\text{ M} \times 50\% + 3\text{ M} \times 50\%)$。
- 高速上网:$n \times 33\% \times 4\text{ M}$。
- IP 话音:$n \times 200\text{ k}$。

为了保证各业务所需服务质量,各种业务所需总计带宽必须小于一个 PON 所能提供的带宽能力,EPON 接入时为 1 000 M,有:

$$380\text{ M} + n \times 30\% \times (8\text{ M} \times 50\% + 3\text{ M} \times 50\%) + n \times 33\% \times 4\text{ M} + n \times 200\text{ k} \leqslant 1\ 000\text{ M}$$

得到:$n \leqslant 195$,考虑分光比为 8 的整数倍,取 $n = 128$。

说明:

① 为保证高速率用户各业务的服务质量,单个 EPON 口的宽带用户数最好为 128 户;

② 由于计算过程中将宽带渗透率和 IPTV 渗透率均考虑为 100%,留有一定余量。

（2）中低速率用户场景下单 PON 口接入用户数计算

假设为中低速率用户提供 8 Mbit/s 下行带宽，提供的主要业务为 2 路标清 IPTV、高速上网和 2 路 IP 话音业务，其中，标清频道数为 100 套。各业务所占带宽和并发比如表4.1.2所示。

表 4.1.2　中低速率用户业务及带宽需求

业务类型	提供节目	所需带宽	并发比
标清电视	100 套	100×3 M＝300 M	100％组播
标清点播	多个节目源	3 M/路	30％
高速上网	—	2 M	33％
IP 话音	2 路	200 k	100％

设 n 为单个 PON 口接入的宽带用户数，各业务所需要的带宽如下。

- 直播（用户数大于频道数）：300 M（100 路标清）。
- 点播：$n×10％×3$ M。
- 高速上网：$n×33％×2$ M。
- IP 话音：$n×200$ k。

为了保证各业务所需服务质量，各种业务所需总计带宽必须小于一个 PON 所能提供的带宽能力，EPON 接入时为 1 000 M，有：

$$300 M＋n×10％×3 M＋n×33％×2 M＋n×200 k≤1 000 M$$

得到：$n≤603$，考虑分光比为 8 的整数倍，取 $n＝512$。

说明：

① 为保证各业务的服务质量，单个 EPON 口的宽带用户数最好为 512 户；

② 由于计算过程中将宽带渗透率和 IPTV 渗透率均考虑为 100％，留有一定余量。

3. PON 建设模式的规划应用原则

（1）新建区域的建设模式

城市新建区域，可以优先考虑将光缆直接延伸到住宅楼，采用 FTTB 方式建设接入网，各地可以根据实际情况选择 FTTB（基于 PON）＋LAN 或 FTTB（基于 PON）＋DSL 方式。为了便于设备的维护管理，楼内设备应采用集成了 LAN 交换机或 DSLAM 的 ONU 设备，原则上应集中设置。ONU 设备的安放应充分利用楼内的交接间，如条件不具备或成本较高，也可以考虑采用壁挂式设备。同时应加强网管系统的建设，提高设备的可维护、可管理能力。

如能比较经济地获取小区机房，也可以采用 FTTN 方式进行建设。小区机房至用户的距离应尽量控制在 500 m 以内，近期可采用 ADSL2⁺ 技术向用户提供业务，中远期可以根据需要采用 VDSL2 技术，以便向用户提供 50 Mbit/s 以上的下行带宽。

FTTH 具有带宽提供能力强、传输距离长、业务透明性好、维护成本低等优点，是宽带接入网的发展方向，在市场有需求的新建区域（如新建商务区、高档住宅区或竞争需要的场合），应积极推进 FTTH 应用。但由于目前建设投资较高，FTTH 尚未达到大规模应用的阶段。

（2）铜缆网改造区域的建设模式

近期，铜缆网改造主要采用 FTTN＋ADSL2⁺ 方式。利用铜缆网改造、接入点下移（如 DSLAM）的方式进行带宽提速时，原则上采用仅宽带下移的方式，确因新增大量窄带用户、原有主干铜缆老化或迁改等原因需要新建主干线路时,可以考虑新建宽窄带综合接入节点,并尽量利用原有窄带设备资源。

中远期,随着 PON 和 VDSL2 设备成本的下降,可以主要采用 FTTB(基于 PON)＋VDSL2 方式提供接入。

(3)农村地区的建设模式

农村有条件采用有线方式提供宽带业务的地区,光缆网应尽量敷设到行政村,主要通过 FTTN＋ADSL2$^+$ 方式提供宽带接入。对于有线方式难以覆盖或覆盖成本高的地区,光缆应尽可能覆盖镇区和集镇,可以考虑通过无线方式为用户提供宽带接入。

(4)语音业务提供方案

新建区域应停止建设传统电路交换设备,语音业务通过软交换方式提供。

根据接入网建设模式和客户性质,语音业务可采用 ONU 内置 IAD、AG 或家庭网关内置 IAD 等多种方式提供。对于 FTTB/FTTH,主要采用 ONU 内置 IAD 方式;对于 FTTN,可采用 AG 方式;对于高端客户可通过家庭网关内置 IAD 提供。

(5)PON 网络规划部署原则

应结合 PON 网络的建设做好光缆接入网的总体规划,OLT 设备应集中放置在机楼。原则上 FTTB 方式一个 PON 口覆盖 128～512 个用户(高速率用户 128 个,中低速率用户 512 个),根据需要选择分光比和 ONU 用户端口数。ODN(光分配网)组网尽量采用一级分光方式、集中设置并尽量靠近用户。

4.1.2　无源光网络建设投资模型及应用

本节从理论分析出发,结合实际工程应用的需要,提出 PON 的成本模型。

1. 基本假设

假设存在任意有限大区域 R(R 为该区域的接入半径,即其几何中心至区域边界的最远距离),区域中用户数为 N,且该区域内用户呈均匀分布,密度为 ρ。欲在该区域内新建接入网,覆盖区域内全部用户,建设方案为:将该区域划分为多个接入区,每个接入区的接入半径为 r。则接入网成本模型可按以下方式建立。

2. 覆盖方式的选择

如图 4.1.3 所示,主要考虑 3 种覆盖方式:圆形覆盖、正六边形覆盖和正方形覆盖。而在现实的接入网中,可以认为绝大多数接入区呈近似正方形。因此,本节取模型三为主要研究对象。

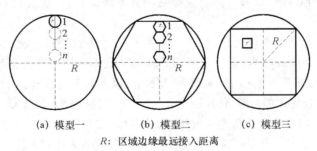

(a) 模型一　　　　　(b) 模型二　　　　(c) 模型三

R:区域边缘最远接入距离

图 4.1.3　接入网典型方式

3. 接入区内平均用户接入线缆长度

现实接入网中,两点间的用户线缆很少以直线相连,绝大多数情况下,用户管道将沿街道采取折线方式到达用户端。因此,引入直折比系数 k_0 ,有:

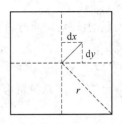

图 4.1.4　平均接入距离计算示意图

$$用户接入线缆长度＝用户接入距离/k_0$$

如图 4.1.4 所示,有:

$$\bar{r} = \frac{所有用户接入距离}{用户数} = \frac{\iint \sqrt{x^2 + y^2} \times \rho \times \mathrm{d}x\mathrm{d}y}{2r^2 \times \rho} = k_1 r$$

接入区内用户平均线缆长度: $\bar{L} = \dfrac{\bar{r}}{k_0} = \dfrac{k_1}{k_0} r$ 。

说明:经计算,当覆盖区域为正方形时,现实网络中,覆盖系数 k_1 取值一般为 0.54 ;现实网络中 k_0 取值一般为 $0.7 \sim 0.9$; ρ 为用户密度(用户数/平方千米)。

4. 接入网投资结构

总体上讲,接入网投资结构主要包括四大部分。

(1) 接入铜缆(光缆)投资——C_1。

该部分投资与用户总数 N 、用户平均线缆长度 $\bar{L}$ 、用户线缆平均单价 k_2/W (k_2 中已包含管道投资分摊, W 为收敛比)成正比:

$$C_1 = N \cdot \bar{L} \cdot \frac{k_2}{W} = \frac{N \cdot r \cdot k_2}{k_0} \cdot \frac{k_2}{W}$$

关于 k_2/W 的计算说明:收敛比 W 的引入是考虑接入网中引入了光分配网络后的情况,如图 4.1.5 所示。

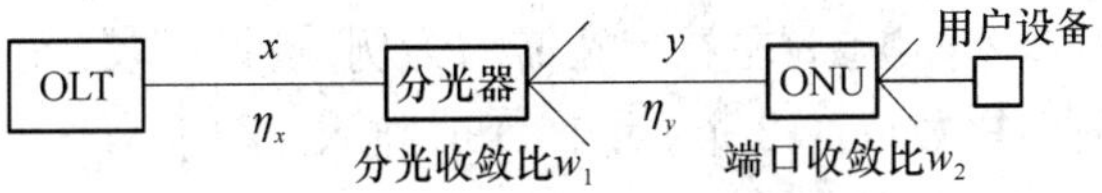

图 4.1.5　线路单位造价 k_2/W 计算图示说明

$$\frac{k_2}{W} = \frac{x \cdot c_x \cdot \eta_y + w_1 \cdot y \cdot c_y \cdot \eta_x}{w_1 \cdot w_2 \cdot (x+y) \cdot \eta_x \cdot \eta_y}$$

其中, x 、y 分别表示 OLT 至分光器以及分光器至 ONU 的光缆长度; c_x 、c_y 分别表示 x 段与 y 段光缆的单位长度造价; η_x 、η_y 分别表示 x 段与 y 段线缆的实占率。

(2) 接入机房投资——C_2。

接入机房投资与机房数量和机房单价 k_3 相关: $C_2 = \dfrac{R^2}{r^2} k_3$ 。

(3) 局端接入设备投资——$C_3 = k_4 \times N$。其中, k_4 为单位用户接入设备成本。

(4) 用户侧投资——$C_4 = c \times N$。其中, c 为用户侧单位成本。C_2 和 C_4 与接入半径无关。

综上所述,接入网端到端综合造价为

$$C = C_1 + C_2 + C_3 + C_4 = \frac{N \cdot r \cdot k_2}{k_0} \cdot \frac{k_2}{W} + \frac{R^2}{r^2}k_3 + k_4 N + cN$$

上式对 r 求导并考虑到 $N = 2R^2\rho$，可求得接入区半径满足下式时：

$$r_{\text{best}} = \sqrt[3]{\frac{k_0 k_3}{k_1 \rho} \cdot \frac{W}{k_2}}$$

接入网总投资有最小值：

$$C_{\text{min}} = \frac{n \cdot r \cdot k_1}{k_0} \cdot \frac{k_2}{W} + k_3 + k_4 n + cn$$

注意到 n 表示接入半径为 r_{best} 的覆盖区域内的用户数量，且有 $n = 2r^2\rho$，则可求得接入网每用户最小投资公式。

① 包括机房投资在内的每用户最小投资：

$$I_{\text{min}} = \frac{C_{\text{min}}}{n} = \frac{3}{2}\sqrt[3]{\frac{k_1^2\left(\frac{k_2}{W}\right)^2 k_3}{k_0^2 \rho}} + k_4 + c$$

② 无机房投资的每用户最小投资：

$$I_{\text{min}} = \frac{C_{\text{min}}}{n} = \sqrt[3]{\frac{k_1^2\left(\frac{k_2}{W}\right)^2 k_3}{k_0^2 \rho}} + k_4 + c$$

4.1.3　新建场景建设模式分析与比较

1. 新建场景建设模式建设投资分析比较

(1) 建设投资分析说明

① 所有非 FTTH 建设模式，分高速率、中低速率两种用户场景，在相同业务能力情况下比较。

* 中低速率用户(以 8 Mbit/s 左右带宽需求为例)场景比较：各建设模式中单 GE 上行能力下，支持的用户数取 512 个；对于 DSL 接入，采用 ADSL2⁺ 接入方式。

* 高速率用户(20 Mbit/s 以上带宽需求)场景比较：为了提供 20 Mbit/s 以上的带宽，各建设模式中单 GE 上行能力下，支持的用户数取 128 个；对于 DSL 接入，采用 VDSL2 接入方式。

② 针对新建场景，所有建设模式均考虑解决用户话音业务问题。话音业务主要考虑在局端通过 AG 或远端通过 IAD 方式解决。

③ 近期投资，PON 设备成本以相关统计数据为准；VDSL2 局端、终端每线成本分别按 ADSL2⁺ 的 1.8 倍、2.1 倍计算。

④ 远期投资，PON 设备成本按照设备下降趋势预测计算；VDSL2 局端、终端每线成本分别按 ADSL2⁺ 的 1.1 倍、1.2 倍计算。

⑤ 终端投资按照 80% 实装率计算。

(2) 中低速率用户场景建设投资分析比较

① 典型建设模式如图 4.1.6 所示。

② 建设投资分析比较如表 4.1.3 所示。

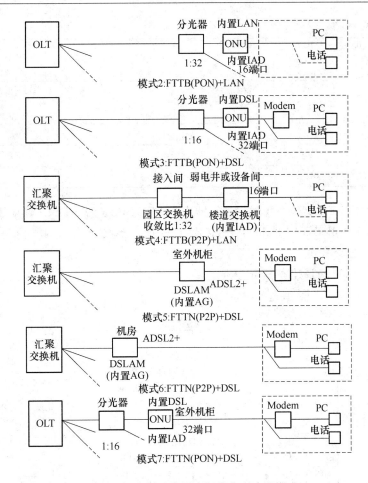

图 4.1.6　中低速率用户场景典型建设模式

表 4.1.3　中低速率用户场景典型建设模式投资比较

每线投资成本/元 建设模式 / 场景		模式 2 FTTB(PON) +LAN	模式 3 FTTB(PON) +DSL	模式 4 FTTB(P2P) +LAN	模式 5 FTTN(P2P) +DSL(500 m)	模式 6 FTTN(P2P) +DSL(1 km)	模式 7 FTTN(PON) +DSL
局端	ONU+IAD	414.0	443.0				443.0
	OLT	17.9	17.9				17.9
	交换机+IAD			420.5			
	汇聚端口			3.1	3.1	3.1	
	DSLAM+AG				384.0	384.0	
	总计	431.9	460.9	423.7	387.1	387.1	460.9
终端		0.0	100.0	0.0	100.0	100.0	100.0
机房机柜	集中机房					62.1	
	园区接入间			80.0			
	室外机柜				132.8		71.9
	楼道机柜	35.9	35.9	35.9			
	总计	35.9	35.9	115.9	132.8	62.1	71.9

续　表

每线投资成本/元　建设模式　场景	模式2 FTTB(PON) +LAN	模式3 FTTB(PON) +DSL	模式4 FTTB(P2P) +LAN	模式5 FTTN(P2P) +DSL(500 m)	模式6 FTTN(P2P) +DSL(1 km)	模式7 FTTN(PON) +DSL
铜缆	0.0	16.0	0.0	115.0	140.3	159.0
五类线	52.0	0.0	52.0	0.0	0.0	0.0
光缆与器材	8.2	5.3	12.0	4.4	0.0	5.3
施工	161.2	131.2	158.9	112.8	112.8	131.2
总计	689	749	762	852	802	928

分析:模式2〔FTTB(PON)+LAN〕、模式3〔FTTB(PON)+DSL〕最具成本优势;模式5〔FTTN(P2P)＋DSL〕室外机柜投资比重较大,导致投资成本比模式6高;模式6〔FTTN(P2P)＋DSL〕铜缆投资比重较大,致使其综合造价较高。

(3)高速率用户场景建设投资分析比较

① 典型建设模式如图4.1.7所示。

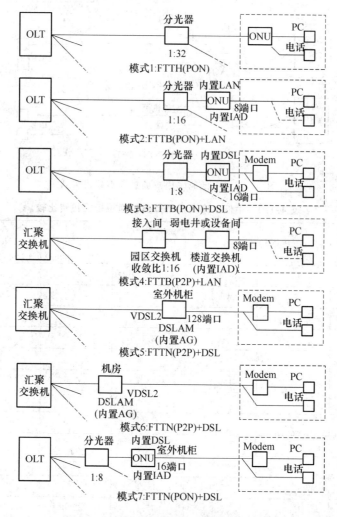

图4.1.7　高速率用户场景典型建设模式

② 建设投资分析比较如表 4.1.4 所示。

表 4.1.4　高速率用户场景典型建设模式投资比较

每线投资成本/元　场景	建设模式	模式 1 FTTH (PON)	模式 2 FTTB(PON) +LAN	模式 3 FTTB(PON) +DSL	模式 4 FTTB(P2P) +LAN	模式 5 FTTN(P2P) +DSL (500 m)	模式 6 FTTN(P2P) +DSL (1 km)	模式 7 FTTN(PON) +DSL
局端	ONU+IAD		588.4	878.0				878.0
	OLT	286.0	71.6	71.6				71.6
	交换机+IAD				498.4			
	汇聚端口				12.5	12.5	12.5	
	DSLAM+AG					524.8	524.8	
	总计	286.0	660.0	949.6	510.9	537.3	537.3	949.6
终端		1 120.0	0.0	210.0	0.0	210.0	210.0	210.0
机房机柜	集中机房						62.1	
	园区接入间				80.0			
	室外机柜					132.8		71.9
	楼道机柜		35.9	35.9	35.9			
	总计		35.9	35.9	115.9	132.8	62.1	71.9
铜缆			16.0	0.0		115.0	140.3	159.0
五类线			52.0	0.0	52.0	0.0	0.0	0.0
光缆与器材		354.9	17.2	11.3	22.4	9.1	0.0	20.5
施工		382.5	220.7	253.4	180.7	150.3	150.3	253.4
总计		2 143	986	1 476	882	1 155	1 100	1 664

分析：模式 2〔FTTB(PON)+LAN〕最具成本优势；模式 1(FTTH)综合造价是其他建设模式的 2～3 倍；模式 1〔FTTH(PON)〕ONU 终端成本所占比重超过 50%，存在很大的下降空间；模式 6〔FTTN(P2P)+DSL〕铜缆投资比重较大，致使其综合造价较高。

（4）建设投资分析结果说明

本次计算的投资结果是根据 4.1.2 节"无源光网络建设投资模型及应用"描述的计算方法得出的，由于 4.1.2 节描述的是理论模型，计算结果与实际工程案例有一定的偏差。经过对实际工程案例的初步分析，本节计算的投资成本比实际工程案例低 10%～15%。

（5）设备成本下降对建设成本的影响

随着 EPON 和 VDSL2 设备不断规模化商用，其设备成本存在很大下降空间，根据主流厂商反馈的设备价格情况，中低速率和高速率用户场景各建设模式的远期投资有较大变化，如表 4.1.5、表 4.1.6 所示。

表 4.1.5 中低速率用户场景近期/远期投资比较

每线 成本/元 时期	模式 2 FTTB(PON) +LAN	模式 3 FTTB(PON) +DSL	模式 4 FTTB(P2P) +LAN	模式 5 FTTN(P2P) +DSL(500 m)	模式 6 FTTN(P2P) +DSL(1 km)	模式 7 FTTN(PON) +DSL
近期	689	749	762	852	802	928
远期	465.4	581.1	748.5	914.5	860.3	764.4

表 4.1.6 高速率用户场景近期/远期投资比较

每线 成本/元 时期	模式 1 FTTH(PON)	模式 2 FTTB(PON) +LAN	模式 3 FTTB(PON) +DSL	模式 4 FTTB(P2P) +LAN	模式 5 FTTN(P2P) +DSL(500 m)	模式 6 FTTN(P2P) +DSL(1 km)	模式 7 FTTN(PON) +DSL
近期	2 143	986	1 476	882	1 155	1 100	1 664
远期	1 072.9	513.9	662.6	868.0	973.0	914.1	855.2

分析:

① PON 方案建设成本有很大下降空间,远期 FTTH 综合造价将下降至 1 000 元/线左右;

② 远期,FTTB(PON)+LAN 仍最具成本优势。

2. 新建场景建设模式相对运维成本分析比较

以下运维成本分析,是为了对各种建设模式进行比较,只考虑了各种模式中有差异的部分,计算的是相对运维成本。

(1) 相对运维成本分析说明

① 接入网相对运维成本分析模型

运维成本=线路维护成本+设备维护成本+维护人力成本支出+易耗品支出

线路维护成本=铜缆网维护成本+光缆网维护成本+管孔维护成本

- 线路维护成本:包含偷盗、线路老化、迁改以及管孔维护的成本,其中偷盗造成的成本支出占绝大部分。模型中可假定线路维护成本基本与线缆长度线性相关。
- 设备维护成本:主要是设备备品、备件支出。模型中可假定设备维护成本与局端设备投资额线性相关。
- 维护人力成本支出:主要是接入点(包括室内型接入点和室外型接入点)的维护费用。随着接入点的下移,接入局点的数量大大增加,对于新增的接入局点,目前以外包代维为主,费用约为每月 70 元/接入点。模型中可假定维护人力成本支出与接入点数量线性相关。
- 易耗品支出:发电机油耗支出+电费+蓄电池更换+其他易耗品支出。模型中可假定易耗品支出与接入点数量线性相关。

② 接入网相对运维成本计算方法

a. 线路维护成本

铜缆维护支出高于光缆维护支出,假设每年铜缆维护支出为铜缆投资的 15%,光缆维护支出为光缆投资的 10%。

b. 局端设备维护成本

局端设备维护成本与局端设备投资成线性关系,假设各模式 5 年内的设备维护成本为设备固定资产投资的 10%。

c. 人力成本支出

- 对于新增室内型接入局点,每接入局点的代维支出为 70 元/月。
- 对于新增室外型有源点,假设代维支出为 5 元/月。
- 线路维护的人力成本支出,按每年 2 元/用户计算。

d. 易耗品支出

- 油机与耗油:假设室内型接入局点配置移动柴油发电机组,5 kW 油机购置费用为 7 000 元/台,接入局点与油机数量比例为 6∶1～8∶1;假设每年的油耗支出为 500 元/节点。
- 耗电:对于室外型有源点,假设 32 端口 ONU 功率按 40 W 计算,16 端口 ONU 功率按 25 W 计算;对于接入局房,假设年均电费支出为 4 000 元/节点。
- 蓄电池更换:假设以相关统计数据为准,目前蓄电池更换平均费用为 250 元/接入局点。

(2) 相对运维成本比较

① 中低速率用户场景相对运维成本比较如表 4.1.7 所示。

表 4.1.7　中低速率用户场景相对运维成本比较

每户相对运维成本/元　场景 \ 建设模式			模式 2 FTTB(PON) +LAN	模式 3 FTTB(PON) +DSL	模式 4 FTTB(P2P) +LAN	模式 5 FTTN(P2P) +DSL(500 m)	模式 6 FTTN(P2P) +DSL(1 km)	模式 7 FTTN(PON) +DSL
每用户投资			689	749	762	852	802	928
5 年运维支出	线路运维支出		35.5	35.1	36.5	73.6	80.4	90.4
	局端设备维护支出		43.2	46.1	42.4	38.7	38.7	46.1
	维护人力资源支出	室内型局点			4.2		4.2	
		室外型有源点	4.5	4.5	4.5	4.5		4.5
		线路维护支出	10	10	10	10	10	10
	易耗品支出	油机+耗油			3.5		3.5	
		耗电	27.4	27.4	47.4	27.4	20.0	27.4
		蓄电池更换	19.5	19.5	20.8	19.5	1.3	19.5
	运维支出总计		140.1	142.6	169.3	173.7	158.0	197.9
5 年总支出			829	892	931	1 026	960	1 126

说明:在表 4.1.7 中,用户成本按照较为理想的实装率计算,运维成本分析仅用于各模式的横向比较。各模式所使用的数据设备及其运维支出完全相同,因此在表中未列出。

分析:在中低速率用户场景下,从维护成本分析,模式 2 与传统建设模式(模式 6)相比,维护支出同样处于同一量级,不会增加网络运维压力。

② 高速率用户场景相对运维成本比较如表 4.1.8 所示。

表 4.1.8　高速率用户场景相对运维成本比较

每户相对运维成本/元　场景	建设模式		模式 1 FTTB(PON)	模式 2 FTTB(PON)+LAN	模式 3 FTTB(PON)+DSL	模式 4 FTTB(P2P)+LAN	模式 5 FTTN(P2P)+DSL(500 m)	模式 6 FTTN(P2P)+DSL(1 km)	模式 7 FTTN(PON)+DSL
每用户投资			2 143	986	1 476	882	1 155	1 100	1 664
5 年运维支出	线路运维支出		48.5	37.1	36.6	39.1	74.8	80.4	84.1
	局端设备维护支出		28.6	66.0	95.0	49.3	53.7	53.7	95.0
	维护人力资源支出	室内型局点				4.2		4.2	
		室外型有源点		9.0	9.0	9.0	9.0		9.0
		线路维护支出	10	10	10	10	10	10	10
	易耗品支出	油机+耗油				3.5		3.5	
		耗电		32.9	32.9	52.9	32.9	20.0	32.9
		蓄电池更换		39.1	39.1	40.3	39.1	1.3	39.1
	运维支出总计		87.1	194.0	222.4	208.3	219.4	173.0	280.0
5 年总支出			2 230.5	1 179.4	1 698	1 090	1 374	1 273	1 944

分析:在高速率用户场景下,从维护成本分析,模式 2 与传统建设模式(模式 6)相比,维护支出处于同一量级,不会增加网络运维压力。

FTTH(模式 1)是接入网演进的最终目标,与其他模式相比,FTTH 运维压力较小。

3. 新建场景建设模式分析

① 新建场景,FTTH 带宽能力最强、维护成本最低,是宽带接入网最终发展目标,但目前其建设成本较高,为 FTTN、FTTB 的 2~3 倍。

② FTTB 方式的建设投资略低于 FTTN,带宽提供能力和提升潜力优于 FTTN,在新建区域可以优先考虑。

③ 与 P2P(点到点)方式相比,PON 方式光纤资源利用率高、带宽配置灵活。

④ PON 系统 ONU 内置 LAN 与 DSL 两种方式各有特点,各地可结合实际进行选择:LAN 方式带宽高(特别是上行带宽)、设备成本低;DSL 方式的线缆(含施工)成本低,但 ADSL2[+] 上行带宽有限,VDSL2 近期设备成本较高,互通性未完全解决。

4.1.4　铜缆网改造方案分析与比较

铜缆网改造应充分利用现有线路资源,基于 DSL 技术提供宽带解决方案,主要改造模式以模式 3、5、6、7 为主。

1. 铜缆网改造场景各模式的投资比较分析

(1) 改造场景投资分析说明

① 所有改造模式均分为高速率用户场景与中低速率用户场景分别进行分析。

- 中低速率用户(以 8 Mbit/s 左右带宽需求为例)场景比较:各改造模式中单 GE 上行能力下,支持的用户数取 512 个,均采用 ADSL2[+] 接入方式。
- 高速率用户(20 Mbit/s 以上带宽需求)场景比较:为了提供 20 Mbit/s 以上的带宽,各建设模式中单 GE 上行能力下,支持的用户数取 128 个,均采用 VDSL2 接入方式。

② 在改造场景中,所有模式均仅考虑解决用户宽带接入问题。话音业务仍通过原有方式解决。

③ 近期投资,PON 设备成本以相关统计数据为准;VDSL2 局端、终端每线成本分别按 ADSL2$^+$ 的 1.8 倍、2.1 倍计算。

④ 远期投资,PON 设备成本按照设备下降趋势预测计算;VDSL2 局端、终端每线成本分别按 ADSL2$^+$ 的 1.1 倍、1.2 倍计算。

⑤ 终端按照 80% 实装率计算。

（2）改造场景投资分析比较

① 中低速率用户区改造场景投资分析比较。

改造场景下,中低速率用户区各种模式近期投资与远期改造投资如表 4.1.9 所示。

表 4.1.9　改造场景下中低速率用户各种模式近期/远期改造投资比较

每户投资成本/元　建设模式　场景	近期				远期			
	模式 3 FTTB(PON) +DSL	模式 5 FTTN(P2P) +DSL	模式 6 FTTN(P2P) +DSL	模式 7 FTTN(PON) +DSL	模式 3 FTTB(PON) +DSL	模式 5 FTTN(P2P) +DSL	模式 6 FTTN(P2P) +DSL	模式 7 FTTN(PON) +DSL
局端	284.9	179.1	179.1	284.9	159.8	179.1	179.1	159.8
终端	100	100	100	100	100	100	100	100
机房机柜	35.9	132.8	21.3	71.9	35.9	132.8	21.3	71.9
铜缆			21.3				21.3	
光缆	2.7	2.2		3.9	2.7	2.2		2.7
施工	73.9	47	66	75.1	42.6	47	66	42.6
总计	497.4	461.1	387.7	535.7	341.1	461.1	387.7	377

分析:在中低速率用户场景下,由于近期 PON 设备较高,模式 6〔FTTN(P2P)＋DSL〕的改造投资最低;远期,随着 PON 设备价格的大幅下降,模式 3〔FTTB(PON)＋DSL〕将成为最经济的改造模式。

② 高速率用户区改造场景投资分析比较。

改造场景下,高速率用户区各种模式近期投资与远期改造投资如表 4.1.10 所示。

表 4.1.10　改造场景下高速率用户各种模式近期/远期改造投资比较

每户投资成本/元　建设模式　场景	近期				远期			
	模式 3 FTTB(PON) +DSL	模式 5 FTTN(P2P) +DSL	模式 6 FTTN(P2P) +DSL	模式 7 FTTN(PON) +DSL	模式 3 FTTB(PON) +DSL	模式 5 FTTN(P2P) +DSL	模式 6 FTTN(P2P) +DSL	模式 7 FTTN(PON) +DSL
局端	773.6	329.3	329.3	773.6	204.3	206.1	206.1	204.3
终端	210	210	210	210	120	120	120	120
机房机柜	35.9	132.8	21.3	71.9	35.9	132.8	21.3	71.9
铜缆			21.3				21.3	
光缆	5.6	4.6		10.2	5.6	16.6		10.2
施工	199	86.9	103.6	203.6	56.7	68.1	72.8	61.3
总计	1 224.2	763.6	685.4	1 269.4	422.6	543.6	441.4	467.8

分析:在高速率用户场景下,近期由于 PON 设备与 VDSL2 价格较高,且 FTTN(P2P)＋DSL 可充分利用现有铜缆资源,因此 FTTN(P2P)＋DSL 改造成本低于 FTTB/N(PON)＋DSL,其中,模式 6〔FTTN(P2P)＋DSL〕的改造投资最低;远期,随着 PON 设备、VDSL2 设备价格的大幅下降,模式 3〔FTTB(PON)＋VDSL2〕将成为最经济的改造模式。

2. 铜缆网改造场景相对运维成本比较分析

在运维成本方面,改造场景下各模式对应的相对运维成本与新建场景相同,模式 3、5、6、7 相对运维成本处于同一量级。

3. 铜缆网改造方案分析

① 近期,FTTN 方式在建设投资方面具有优势。

② 从长远看,随着 PON 和 VDSL2 设备成本的下降,FTTB(基于 PON)＋VDSL2 方式在建设投资、带宽提升潜力方面更具优势。

4.2　EPON 的 FTTH 工程设计规范

FTTH 是电信界视为最终要实现的、最理想的一种宽带的综合接入手段。虽然 FTTH 的推进经历了几起几落,但随着技术标准的不断完善,光电设备的价格不断下降,网上业务推动用户对带宽需求的不断增加,近几年来,FTTH 在日本、美国、意大利、瑞典、荷兰、澳大利亚等国家发展迅速,我国的一些业务经营者也在积极地进行 FTTH 试验网的建设,以积累经验,便于全面推进。

由于 EPON 技术是目前宽带接入及 FTTH 网络建设的主要技术,因此下面主要介绍基于 EPON 技术的 FTTH 工程设计规范。

4.2.1　EPON 设备配置要求

1. 业务承载能力

EPON 系统应支持的业务类型包括 IP 数据业务,可选支持 VoIP 业务、TDM 业务和 CATV 业务。其中 TDM 业务包括 E1 数据专线业务和 $n \times 64$ kbit/s 数据专线业务。

2. 设备接口要求

(1) SNI 接口和 UNI 接口要求

OLT 设备的 SNI 接口必须支持 GE 接口,可选支持 10/100 BASE-T 接口。当 EPON 提供 TDM 数据专线业务时,SNI 应支持 E1 接口。EPON 系统如果提供语音业务,必须支持 VoIP 方式。

ONU 设备的 UNI 接口必须支持 10/100 BASE-T 接口,可选支持 GE 接口。当 EPON 设备提供 TDM 数据专线业务时,ONU 设备的 UNI 接口应支持 E1 接口。当 EPON 设备提供语音业务时,VoIP 业务由 ONU 实现语音的分组化,应采用 SIP 协议或者 H.248 协议。ONU 设备的 UNI 接口必须支持 Z 接口。

(2) SNI 接口和 UNI 接口类型

- GE 接口,GE 接口包括 1000 BASE-LX、1000 BASE-SX、1000 BASE-T 接口;
- 10/100 BASE-T 接口;

- E1 接口;
- Z 接口;
- Za 接口;
- H.248 协议;
- SIP 协议。

(3) PON 接口基本要求

PON 接口应符合 IEEE 802.3ah。其物理接口应采用 1000 BASE-PX20,其特点为:

- 1000 BASE-PX20 为点到多点的光纤传输;
- 1000 BASE-PX20 上下行方向使用同一根光纤,1000 BASE-PX20-U 为上行方向,由 ONU 至 OLT,使用 1 310 nm 标称波长;1000 BASE-PX20-D 为下行方向,由 OLT 至 ONU,使用 1 490 nm 标称波长;
- 在单模光纤上,1000 BASE-PX20 以 1 000 Mbit/s 速率,分路比为 1:32,最大传输距离不小于 20 km;
- 信号编码方式为 8B/10B;
- 在物理层业务接口上,误码率小于等于 10^{-12}。

3. 业务承载方式和性能指标要求

(1) TDM 业务承载方式

EPON 系统承载数据专线业务(2 048 kbit/s 或 $n×64$ kbit/s)时,推荐采用 IETF 的 PWE3 方式。

(2) TDM 业务性能指标要求

电路方式的 $n×64$ kbit/s 数字连接及 2 048 kbit/s 通道的性能指标。

① 误比特率

在正常工作条件下,测试时间为 24 小时,设备的 $n×64$ kbit/s 数字连接及 2 048 kbit/s 通道的误差码率为 0。

② 传输时延

在正常工作条件下,从用户侧设备接口到网络侧接口的 $n×64$ kbit/s 数字连接及 2048 kbit/s 通道的传输时延<1.5 ms。

③ 抖动传递特性

E1 接口的抖动传递特性应满足图 4.2.1 和表 4.2.1 的规范。

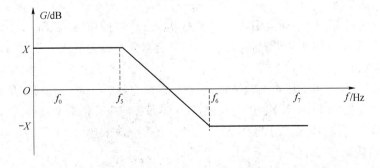

图 4.2.1　E1 接口抖动传递特性

表 4.2.1　E1 接口抖动传递参数

接口速率 /kbit·s⁻¹	频率				增益	
	f_0/Hz	f_5/Hz	f_6/Hz	f_7/Hz	X/dB	$-X$/dB
2048	*	40	400	/	0.5	-19.5

注:"*"值由设备供应商提供,但 f_0 频率应不大于 20 Hz。

(3) VoIP 的性能指标

当 EPON 系统采用 VoIP 方式承载语音业务时,应满足以下性能指标要求。

- 语音编码动态切换时间<60 ms。
- IAS 应具有 80 ms 缓冲存储能力,以保证不发生语音断续和抖动。
- 语音的客观评定,网络条件很好时,PSQM 的平均值<1.5;网络条件较差时(丢包率=1%,抖动=20 ms,时延 100 ms),PSQM 的平均值<1.8;网络条件恶劣时(丢包率=5%,抖动=60 ms,时延 400 ms),PSQM 的平均值<2.0。
- 语音的主观评定,网络条件很好时,MOS 的平均值>4.0;网络条件较差时(丢包率=1%,抖动=20 ms,时延 100 ms),MOS 的平均值>3.5;网络条件恶劣时(丢包率=5%,抖动=60 ms,时延 400 ms),MOS 的平均值>3.0。
- 编码率,对于 G.729a,要求编码率<18 kbit/s;对于 G.723.1,要求 G.723.1(5.3 节)编码率<18 kbit/s,G.723.1(7.3 节)编码率<15 kbit/s。
- 时延指标(环回延时),VoIP 的延时包括编解码时延、收端输入缓冲时延和内部队列时延等;采用 G.729a 编码时,环回延时<150 ms;采用 G.723.1 编码时,环回延时<150 ms。

(4) 吞吐量性能指标

网络在传送 512 B 数据包时,下行吞吐量应不小于 960 Mbit/s,上行吞吐量应不小于 900 Mbit/s。

(5) 长期丢包率性能指标

24 小时内下行无丢包,上行丢包率不大于 10^{-8}。

4. 功能要求

(1) 动态带宽分配

为了提高系统带宽利用率,OLT 应采用动态带宽分配(DBA)机制,根据 LLID 分配带宽授权,最小带宽分配颗粒不应大于 256 kbit/s。

(2) 业务 QoS 保证

EPON 系统应能区分不同类型业务的优先级,上行方向应能根据 SLA 协议保证高优先级业务的 QoS,下行方向支持带宽控制功能,最小带宽分配粒度不应大于 1 Mbit/s。

(3) 加密功能

EPON 系统采用标准的以太网帧结构,恶意用户很容易截获系统开销信息和其他用户的信息,存在安全隐患,应对用户信息进行加密,其中下行方向应支持加密功能,上行方向可选支持。加密协议应符合《中国电信 EPON 设备技术要求 V1.3》规定的三重搅动功能要求。

(4) ONU 认证

EPON 系统应具有基于 ONU 的 MAC 地址对 ONU 进行认证的能力,拒绝非法 ONU 的接入。

（5）VLAN 功能

EPON 系统应支持 IEEE 802.1Q 协议,应支持按照端口划分 VLAN,支持按照 MAC 地址划分 VLAN,可选支持 VLAN 嵌套功能。

（6）三层路由功能

OLT 应具有三层路由功能,应支持 RIP、OSPF、BGP 等网络路由协议。

（7）帧过滤功能

EPON 系统应支持基于端口或 MAC 地址的 Ethernet 数据帧过滤。

（8）广播/组播帧抑制功能

EPON 系统应支持对广播帧和组播帧的抑制功能。

（9）二层隔离功能

EPON 系统应实现各 ONU 之间的二层隔离。

（10）生成树

当 OLT 支持多个 GE 或 10/100 Base-T SNI 接口时,应支持符合 IEEE 802.1D 规定的生成树协议。

（11）组播功能

在 FTTH 网络结构中,EPON 系统的组播功能应符合《中国电信 EPON 设备技术要求 V1.3》的规定,包括两种组播控制方式:IGMP Snooping 方式和动态可控组播方式。IGMP 功能版本不低于 IGMP Version2。

（12）用户认证功能(可选)

在 FTTH 网络结构中,EPON 系统可选支持 PPPoE 或 802.1x 认证方式。

（13）ONU 掉电通知功能(可选)

ONU 应具有将自身掉电事件通知 OLT 的能力。

（14）光纤保护倒换功能(可选)

为了提高网络可靠性和生存性,可在 EPON 系统中采用光纤保护倒换机制。倒换时延应不大于 50 ms。光纤保护倒换可分为以下两种方式进行。

① 自动倒换:由故障发现触发,如信号丢失或信号劣化等。

② 强制倒换:由管理事件触发。

5. 网管要求

（1）网管基本要求

① OLT 应能通过其所带的 CONSOLE 口对其进行带外方式的操作维护,应支持经 TELNET 方式远程对其进行操作管理维护,应支持通过网管系统远程进行操作管理维护,可选支持远程 WEB 方式的网管。

② OLT 应支持带外管理和带内管理方式,带外访问方式应当提供所有带内访问方式的功能,带外访问方式应当实现访问控制,防止非授权访问。

③ 管理系统应具备对设备进行配置管理、故障管理、性能管理和安全管理方面的功能。

④ 管理系统建议采用中文界面。

⑤ 当 ONU 设备内置 IAD 时,网管能直接管理 IAD。

（2）网管配置管理要求

① 应能对网络侧、用户侧端口的接口参数进行配置,如接口类型、帧格式、管理状态和

操作状态、用户端口能够同时支持的 MAC 地址数量、用户端口的接入速率等,请厂家提供 PON 口配置速率的步长和上下限。

② 应能对业务流参数进行配置,如带宽、业务优先级等。

③ 应能配置以太网功能,如 VLAN 等。

④ 网络拓扑结构发生变化时应能自动更新。

⑤ 应能通过网管对系统软件进行升级,包括网管软件自身的升级。

⑥ 所有配置操作应记录到日志文件,并支持检索。

⑦ 应能对环境监控参数进行配置。

(3) 性能管理要求

① 网管应能启动性能测量功能,采集和处理测量数据,分析测量结果。

② 性能管理应具备对系统性能管理事件的当天和前一天的每 15 分钟计数以及 24 小时计数功能,统计参数应包括 PON 接口性能参数、网络侧和用户侧接口性能参数等。

③ 应能对 PON 系统带宽的使用情况、各 ONU 使用带宽情况进行统计。

④ 应能查询历史系统性能记录,并能将查询结果和统计结果保存到外部文件并输出。

⑤ OLT 应对 ONU 掉电事件进行记录,当 ONU 恢复上电后,掉电记录应更新。

⑥ 建议 OLT 和 ONU 能支持测量发射光功率和接收光功率。

(4) 故障管理要求

① 网管应能对系统的各个部分进行持续地或间断地测试、观察和监测,以发现故障或性能的降低。

② 当 PON 接口物理层性能(如光通道误码率)严重下降时,系统应能产生告警。

③ 应能通过指示灯和告警信号指示设备的故障,不同的故障原因对应不同的告警信息。

④ 应能判定故障发生的时间和故障的位置,故障定位应能定位到电路板。

⑤ 故障事件恢复后,系统网管的相应告警信息应能自动清除。

⑥ 系统告警日志统计列表应可对故障类型基于故障严重程度、故障原因、时间段进行分级处理。

⑦ 应能按照不同等级、不同时间段和产生告警的原因等方式对告警统计进行过滤。

⑧ 局端设备应支持系统硬件、软件的故障自动倒换和备份,自动倒换后,系统应能正常工作。

(5) 安全管理要求

① 网管系统应通过定义个人访问权限的方式,提供对于管理员/操作系统访问的安全措施,不同级别的管理员有不同的权限,确保访问请求的发起者只能在自己的权限范围内执行管理操作。敏感信息、固定用户终端鉴权属性、数据库和配置数据只能由有授权的个人和管理系统进行操作。

② 网管系统应记录所有用户的操作,包括用户名、登录时间、操作类型。未经授权的访问尝试由系统记录并作为安全性告警。

③ 支持管理区域的划分,将不同的资源分配到不同的管理区域,在不同管理区域内对相应资源进行管理操作。

4.2.2　无源光器件基本要求

1. 无源光器件的选择原则

无源光器件的选择应满足以下要求：

- 选用技术先进、质量好、性价比高的产品；
- 满足国家、行业、中国电信相关标准要求；
- 器件宜为标准化、模块化设计，具有良好的替代性；
- 施工安装、维护简便。

2. 光纤光缆

① 室内、外光缆的光纤均符合 ITU-T G.652D 标准，衰减系数应符合表 4.2.2 要求。

② 入户光缆选用皮线光缆时，推荐采用小弯曲半径光纤，室内宜选用非金属加强构件、扁平形阻燃聚乙烯护套光缆。当采用架空或挂墙方式引入用户时，宜选用自承式扁平形阻燃聚乙烯护套光缆。

③ 皮线光缆的接续宜选用光纤冷接子接续。皮线光缆终端宜采用适用于 A86 型终端盒的机械接续光纤插座。

④ 用户光缆终端盒至 ONU 设备的连接，当 ONU 设备与光缆终端盒分别安装时，宜选用金属铠装室内软光缆，当 ONU 设备与光缆终端安装在同一个综合信息箱内时，可以选用普通的光纤跳线。

除皮线光缆外，光纤的衰减系数应符合表 4.2.2 要求，其余各项光学指标应符合 ITU G.652D 要求，光缆的各项指标应符合 YD/T1258 和 GB/T13993 要求。

表 4.2.2　单模光纤衰减系数

波长/nm	1 310	1 380	1 490	1 550
衰减系数/dB·km^{-1}	≤0.36	≤0.40	≤0.22	≤0.22

3. 光分路器选择

（1）光分路器类型选择

光分路器（OBD）根据制作工艺可分熔融拉锥型（FBT）和平面波导型（PLC）两大类，平面波导型的带宽较宽，在 1 260~1 610 nm，能满足基于 PON 技术的 FTTH 网络中对 3 个波长的应用；当采用熔融拉锥型时，应选用单模光纤双窗口树型宽带分路器，在 1 310 nm 和 1 550 nm 时的带宽应不小于 ±40 nm，其缺点是均匀性比波导型略差，但价格低，选用时应作价格比较。

功率分割型光分路器根据制作工艺可分为等光分配的光分路器和不等光分配的光分路器。电信用户的分布通常是面形分布，一般宜选用等光分配的光分路器，可简化系统设计，减少设备种类，方便施工和维护。当不同传输距离对光功率分配有特殊需求时，如用户以线形分布（如高速公路沿线用户），可采用不等光分配的光分路器。

（2）光分路器分路比的选择

如何选择光分路器的分光比，需要考虑多种因素：PON 系统可用下行带宽；PON 系统所连接用户需要业务的种类和各种业务的所需带宽；PON 系统的 OLT 发送功率和 ONU 接收灵敏度（传输距离的制约）等。

光分路器最大分光比应与 PON 系统 PON 口支持的最大用户数相匹配,光分路器最大分光比不宜超过单个 PON 系统 PON 口支持的最大用户数,否则将影响服务质量。

首先,就无源光网络结构而言,通常认为采用大分光比光分路器(如 1/32、1/64)可能更经济,因为可以节省光纤和器件。但光分路器分光比越大,插入损耗就越大,降低了传输距离;其次,光分路器分光比增大,相应的光模块速度按分比提高,可能需要采用价格高 5~10 倍的 DFB 激光器,反而不经济;最后,用户过多共享带宽,在忙时用户的 QoS 得不到保证。采用小分光比光分路器可以克服以上缺点,当然,需要光传输模块的数量要比大分光比的略多一点。

4.2.3　ODN 拓扑结构及组网原则

1. ODN 基本结构

光分配网络(ODN)是一种点到多点的无源网络,按照光分路器的连接方式可以组成多种结构,其中,单星形、双星形和树形为最常用结构。

(1) 单星形结构

当 ONU 与 OLT 之间按点到点配置,即一个 ONU 直接与 OLT 的一个 PON 口相连,中间没有光分路器(OBD)时就构成星形结构,如图 3.2.1 所示。OLT 和 ONU 间的光链路可以是一根光纤,也可以是两根光纤。

(2) 双星形结构

当 OLT 与 ONU 之间按一点到多点配置,即每一个 OLT 与多个 ONU 相连,中间设有一个光分路器(OBD)时就构成双星形结构,如图 3.2.2 所示,其优点是跳接少,减少了光缆线路全程的衰减和故障率,便于数据库管理,缺点是光分路器后面的光缆数量大,对管道的需求量大,特别是在光分路器集中安装时。

(3) 树形结构

当采用两个或两个以上光分路器(OBD)按照级联的方式连接时就构成树形结构,如图 3.2.5 所示,优点是由于光分路器分散安装减少了对管道的需求,适用于用户比较分散的小区,缺点是增加了跳接点,即增加了线路衰减,出现故障概率增加,同时数据库的管理难度增加。

2. ODN 的组网原则

(1) ODN 结构的选择

在选择 ODN 结构时,应根据用户性质、用户密度的分布情况、地理环境、管道资源、原有光缆的容量,以及 OLT 与 ONU 之间的距离、网络安全可靠性、经济性、操作管理和可维护性等多种因素综合考虑。

- ODN 以树形结构为主,分光方式可采用一级分光或二级分光,但不宜超过二级,设计时应充分考虑光分路器的端口利用率,根据用户分布情况选择合适的分光方式;
- 单星形结构(不含光分路器时)适用于有大数据量和高速率要求的用户;
- 双星形结构适用于商务楼、高层住宅等用户比较集中的地区或高档别墅区;
- 树形结构适用于住宅小区,特别是多层住宅、高档的公寓、管道比较缺乏的地区。

当用户分散、光缆线路距离相差悬殊时,特别是郊区,可采用非均分光分路器,满足不同传输距离对光功率分配的需求,但设计时必须将光分路器每个输出端口的序号、插入损耗一一对应地在图上标注清楚。

（2）ODN 与用户光缆网的对应关系

逻辑上，ODN 由馈线光纤、光分路器和支线组成，而用户光缆在物理结构上通常可分为 3 部分：馈线光缆、配线光缆和驻地网光缆。

① 馈线光缆部分：通常由用户馈线光缆和一级光交接箱组成。

② 配线光缆部分：通常由一级、二级配线光缆、二级光交接箱和光分纤盒组成。

③ 驻地网光缆部分：通常由大楼内部或小区内部的配线光缆、光分配箱、光分纤盒和光缆终端盒组成。

根据光分路器设置地点的不同，ODN 各部分与用户光缆设施的对应关系如表 4.2.3 所示。

表 4.2.3　ODN 各部分与用户光缆设施的对应关系

光分路器设置位置	光交接箱	光分纤盒	小区或楼内
ODN 馈线部分	馈线光缆	馈线光缆、光交接箱、部分配线光缆	馈线光缆、光交接箱、配线光缆、用户驻地光缆
支线部分	配线光缆、用户驻地光缆	部分配线光缆、用户驻地光缆	

在设计带保护系统时，应注意系统保护部分和用户光缆网的对应关系，要考虑相应光缆和设施的保护。

（3）光分路器设置位置

光分路器在用户光缆网中的位置有如下 4 种情况。

① 当采用一级分光方式，光分路器设在驻地网时，光分路器可安装在室内或室外，室内安装位置包括电信交接间、小区中心机房、楼内弱电井、楼层壁龛箱等位置。光分路器上连接的光缆可分别来自一级光交接箱、二级光交接箱或光分纤盒 3 种形式，如图 4.2.2 所示。此种方式主要适用于小区规模较大且用户密度较高而集中、已建成的用户光缆网，如高层住宅或商务楼等，也适用于用户驻地有条件设置光分路器，并有足够的管道资源的小区，例如高档别墅区等。

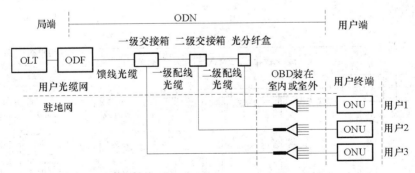

图 4.2.2　一级分光无源光网络结构图（一）

② 当采用一级分光方式时，光分路器可分别设在主干层或用户配线光缆层。设在主干层时，光分路器可安装在一级光交接箱、二级光交接箱或光分纤箱内，如图 4.2.3 所示。这种方式适合于用户非常分散的情况及新建的用户光缆网。

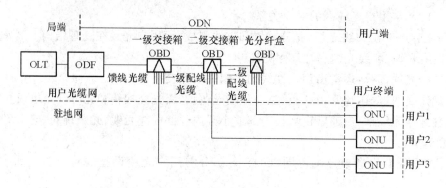

图 4.2.3 一级分光无源光网络结构图(二)

③ 当采用二级分光方式且一、二级光分路器均设在驻地网时,第一级光分路器可安装在小区中心机房、电信交接间或室外,第二级光分路器可安装在楼内弱电井、楼层壁龛箱等位置,光分路器上连接的光缆可分别来自一级光交接箱、二级光交接箱或光分纤 3 种形式,如图4.2.4所示。此种方式比较适合于多层或小高层公寓楼等。

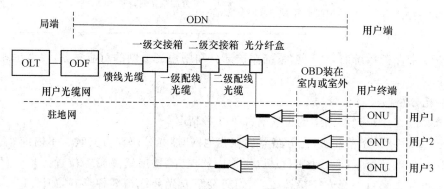

图 4.2.4 二级分光无源光网络结构图(一)

④ 当采用二级分光方式时,第一级光分路器分别安装在光交接箱或光分纤箱内,第二级光分路器设在驻地网,连接方式如图 4.2.5 所示。此种方式主要适用于接入分散的、组合成小群的用户。

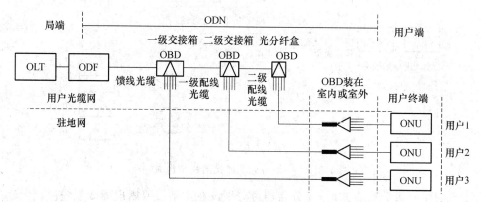

图 4.2.5 二级分光无源光网络结构图(二)

4.2.4　设备安装设计

1. 设备组网原则

（1）在 FTTH 系统承载以太网/IP 类业务时，应定位于二层接入网络，OLT 宜直接上联 IP 城域网的业务接入控制层（SR/BRAS）；在 SR/BRAS 端口资源不足时，OLT 可以通过以太网级联方式或增加汇聚交换机上联至 SR/BRAS，级联级数应符合 IP 城域网相关建设指导意见。

（2）对于重要的 OLT 节点，应对其上联中继链路实现双归上联，并尽量对上联链路实行物理层保护。

（3）OLT 设备的 PON 口数量，可根据需求除以 65% 冗余考虑，具体需求按照用户规模和 ODN 规划来确定。

（4）OLT 设备网络侧接口应根据提供业务的需求配置，具体要求如下。

① OLT 提供 GE/FE 接口与 SR/BRAS 连接。GE 口采用光接口，一般宜用于除 VoIP 业务之外的以太网/IP 类业务上联，业务量较大时配置多个端口并可通过端口区分业务；FE 口视 SR/BRAS 侧端口类型及传输方式来选择配置光口或电口，一般宜用于 VoIP 业务上联，VoIP 业务上联也可以通过 SR 以后再分离。

② OLT 可提供 $n \times 64$ kbit/s、E1/T1、E3/T3、STM-1 等接口与 SDH/DDN/FR/ATM 网络互联。

如需提供 CATV 业务，OLT 应配置 WDM 模块及 CATV 接口。

2. 容量测算

在估算 OLT 设备个数和容量时，可采用等效用户数指标。根据 OLT 所覆盖的地理区域、用户分布特点等，预测规划期内分年度 OLT 需要覆盖的大致用户规模。再根据 OLT 的等效用户容量，并结合 ODN 组网规划，就可以估算出规划期内每年需要的 OLT 数量和用户容量。

FTTH 网络带宽的测算包括两个方面的内容：一是单个的 PON 系统内的带宽测算，它决定每个 PON 系统可以连接用户的数量；二是 OLT 上联的带宽测算，它确定 OLT 与相关业务网络连接通道的带宽要求。FTTH 网络带宽的测算建立在对 PON 系统可用带宽、典型业务带宽需求和业务分布的基础上。EPON、GPON 系统可用带宽如表 4.2.4 所示。

表 4.2.4　EPON、GPON 系统内可用带宽

FTTH 技术		EPON	GPON
技术标准		IEEE 802.3ah	ITU-T G984
线路速率 /Mbit·s^{-1}	下行	1 250	1 244/2 488
	上行	1 250	155/622/1 244/2 488
线路编码		8B/10B	NRZ
线路编码效率		80%	100%
PON TC 层效率		98%	99%
可用带宽 /Mbit·s^{-1}	下行	1 000	1 200/2 400
	上行	800~900	140/560/1 100/2 200

业务带宽与运营中采取的经营策略和消费群的用户行为密切相关。对于新型的增值业务,其带宽需求在大规模应用后,通过大量的统计分析得到。现阶段只是试验阶段,表 4.2.5 提出了典型业务带宽需求参考模型的建议。

表 4.2.5　典型业务带宽需求参考模型

业务类型	下行带宽	上行带宽
上网业务/Mbit·s⁻¹	2	1
网络游戏/kbit·s⁻¹	300	300
IPTV 视频(标清)/Mbit·s⁻¹	2	
IPTV 视频(高清)/Mbit·s⁻¹	6	
VOD/Mbit·s⁻¹	3	
语音电话/kbit·s⁻¹	100	100
可视电话/Mbit·s⁻¹	1	1
P2P/Mbit·s⁻¹	4	4
TDM 专线	$n\times 64$ kbit/s 或 2 Mbit/s	$n\times 64$ kbit/s 或 2 Mbit/s

注:上网业务带宽需求可根据不同地区、不同用户群实际情况设定,P2P 带宽可根据运营情况设定。

用户分布和开通的业务分布情况,是通过估算各种业务的用户所占总用户的比率获得的。实际网络应用中,单个用户以使用单一业务为主,因而可按照单个用户使用某一特定业务的模型来进行业务分布测算,但不可忽略单个用户使用多个业务的需求。

对单个 PON 系统内的带宽测算:需要考虑该 PON 系统内所有 ONU 所产生的流量是否满足系统要求,对 OLT 上联的带宽测算,需要考虑该 OLT 所有 PON 口所带的全部 ONU 产生的流量(一般 OLT 包含多个 PON 口)。带宽的计算公式如下:

$$B = \sum_{i=1}^{n} \frac{(b_i \times \rho \times \alpha \times \beta) \times N}{\eta}$$

式中,B 为总的带宽,b_i 为单一业务所需带宽/户,各种业务带宽需求参照表 4.2.5 取定。ρ 为每一种业务用户比率,不同区域、不同人群使用的比例有所不同,例如,某一系统可提供上网业务、网络游戏、IPTV 视频(标清)、VOD 业务和可视电话 5 种业务,各种业务应用情况如下:根据该区居住大多是年轻人,经问卷调查确定各种业务的用户比例分别为上网业务 45%、网络游戏 20%、IPTV 视频(标清)10%、VOD 业务 10%、可视电话业务 15%。α 为集中比,可根据不同地区、不同客户群实际情况进行设定,可取 50%。β 为流量占空比,一般可取 50%。N 为总的宽带用户数。测算 OLT 上联带宽时,N 为 OLT 所有 PON 口连接的所有用户数;测算 PON 系统内带宽时,N 为 PON 系统内所连接的所有用户数。η 为带宽冗余系数,建议 PON 系统内取 90%、OLT 上联取 65%。

而对于 PON 系统内带宽规划,考虑到 EPON 对 TDM 业务承载效率约为 50%,因而对 PON 系统内 TDM 专线业务分配带宽要相应地按照"专线带宽×2"来考虑。对 OLT 网络侧以太网上联带宽测算时,不计 TDM 专线业务带宽。

对于 IPTV 组播业务,其占用带宽依据 IPTV 内容分发所需带宽测算。

3. OLT 设备安装设计

为便于运行维护,降低维护成本,光线路终端(OLT)设备宜集中安装在端局,也可以分散安装,利用已有的接入网机房、住宅小区中心机房等,由于 OLT 设备用户容量集成度较高,一般不宜单独安装,设计时应根据覆盖范围内的用户数、通信管道、光缆引入等因素综合考虑,将 OLT 设备安装在最经济、最合适的位置。

机房机架采用双面安装列间距离不宜小于 1.2 m;单面安装列间距离不宜小于 1.0 m;机架正面距墙不宜小于 0.8 m;机架背面距墙不宜小于 0.8 m;机房主要走道宽度不宜小于 1.3 m,次要走道宽度不宜小于 0.8 m。当接入网机房有效面积不能满足以上要求时,可以参照中国电信集团公司企业标准《用户驻地网通信设施设计规范》中的规定作调整。

机房宜采用上走线铁架安装方式,通信线缆应与电源电缆分开布放,如无条件分开时,电源线应穿金属软管或采用铠装电缆,并在两端应有良好的接地。

机架的安装应按七度抗震设防烈度要求进行加固,其加固方式应符合《电信设备安装抗震设计规范》YD 5059—2005 有关要求。

机房设备安装和线缆敷设完毕后,应将所有预留的孔洞用防火材料封堵。

4. 机房位置选择原则

原则上不单独新建 OLT 机房,当受到各种条件限制,OLT 设备必须安装在远端时,其机房位置选择应满足如下原则。

① 机房应远离易燃、易爆、强电磁干扰(大型雷达站、发射电台、变电站)等场所;机房不应与水泵房及水池相毗邻,机房的正上方不应有卫生间、厨房等易积水建筑。

② 机房宜设置在用户线路中心位置,并且应满足通信管线进出方便的要求。

③ 机房通常宜设置在建筑物的底层。如能满足相关温湿度、通风条件,并且该建筑物有地下二层时,机房也可设在地下一层。

④ 机房应选择在条件良好、环境安全、便于维护的位置,尽量避免设在地势低洼地区及化学腐蚀严重地区。

5. ONU 设备的安装设计

按照光纤到户(FTTH)原则,光网络单元(ONU)通常安装在用户家中,安装方式大致有 3 种:安装在预埋的综合信息箱中、挂墙明装方式、安装在桌面或用户指定的位置。

光网络单元(ONU)应根据建筑物提供的安装条件和用户要求,选择合适的安装位置。但应避免安装在潮湿、高温、强磁场干扰的地方。对于住宅用户,ONU 宜安装在用户家庭布线系统汇聚点处。对于有内部局域网的企事业用户,ONU 应安装在用户网络设备处。

当光缆无条件直接到达用户家庭时,在安装环境许可的情况下,ONU 可以安装在楼层的弱电竖井或其他合适的位置。

ONU 设备安装位置附近应能提供 220 V/30 W 交流电源,并带接地保护的三眼插座。

4.2.5　ODN 设计原则

1. 馈线光缆以及配线光缆设计原则

馈线光缆以及配线光缆线路网的设计,应在全面规划的基础上,考虑局间中继、接入网用户的需求数量、采用的 xPON 技术、商业用户的需求、综合业务的需求和今后网络的发展的需求,确定本期工程的建设规模、光缆路由和光缆的容量等。馈线光缆以及配线光缆线路网应具有一定的灵活性和安全性,适应近期和今后网络的发展。

光缆宜采用 G.652 光纤。馈线光缆芯数的取定应按中远期发展的需要配置,配线光缆则应按规划期末的需求配置。

馈线光缆以及配线光缆线路路由的选择,应符合通信网发展规划的要求和城市建设主管部门的规定,考虑管道路由和道路状况等因素,并应满足下述要求:

- 光缆路由短捷安全,施工维护方便;
- 接入分布集中的区域;
- 扩建光缆时,应优先考虑在不同道路上扩增新路由;
- 城区内的光缆路由,应采用管道路由敷设方式,在郊区宜采用管道,在没有管道的地段可采用埋式加塑料管保护的方式。

光缆线路网在住宅区、光缆线路汇集点和主干光缆与配线光缆交接处宜设置光缆交接箱(间),配线光缆从交接箱中引出。

光缆交接箱应符合 YD/T988—1998《通信光缆交接箱》的有关规定,其容量应按规划期末的最大需求进行配置。

光缆交接箱(间)的设置应根据主干光缆的路由和服务区域大小综合考虑,光缆交接箱安装地点的选择应符合以下要求:

① 交接箱的最佳位置宜设在交接区内线路网中心略偏通信局的一侧;

② 符合城市规划,不妨碍交通且不影响市容观瞻的地方;

③ 靠近人(手)孔便于出入线的地方或原有光缆的汇集点上;

④ 安全、通风、隐蔽、便于施工维护、不易受到外界损伤及自然灾害的地方;

⑤ 不得设置在高压走廊和电磁干扰严重的地方;

⑥ 不得设置在高温、腐蚀严重和易燃易爆工厂、仓库附近及其他严重影响交接箱安全的地方;

⑦ 不得设置在易于淹没的洼地及其他不适宜安装交接箱的地方。

光缆交接箱位置设置在公共用地的范围内时,应有主管部门的批准文件,交接箱设置在用户院内或建筑物内时应得到该单位的同意。

光缆交接箱内的主干光缆与配线光缆应先使用相同的线序,配线光缆的编号应按光缆交接箱的列号沿配线方向统一编排。

光缆交接箱编号应与出局主干光缆编号相对应或与本地线路资源管理系统统一。

2. 入户光缆线路设计原则

住宅用户和一般企业用户一户配一芯光纤。对于重要用户或有特殊要求的用户,应考虑提供保护,并根据不同情况选择不同的保护方式。

入户光缆可以采用皮线光缆或其他光缆,设计时根据现场环境条件选择合适的光缆,为了方便施工和节约投资,建议采用单芯皮线光缆。

在楼内垂直方向,光缆宜在弱电竖井内采用电缆桥架或电缆走线槽方式敷设,电缆桥架或电缆走线槽宜采用金属材质制作,线槽的截面利用率不应超过 50%。在没有竖井的建筑物内可采用预埋暗管方式敷设,暗管宜采用钢管或阻燃硬质 PVC 管,管径不宜小于 50 mm。直线管的管径利用率不超过 60%,弯管的管径利用率不超过 50%。

楼内水平方向光缆敷设可预埋钢管和阻燃硬质 PVC 管或线槽,管径宜采用 15～25 mm,楼内暗管直线预埋管长度应控制在 30 m 内,长度超过 30 m 时应增设过路箱,每一段预埋管的水平弯曲不得超过两次,不得形成 S 弯,暗管的弯曲半径应大于管径 10 倍,当外径小于

25 mm 时,其弯曲半径应大于管径 6 倍,弯曲角度不得小于 90°。

光缆桥架和线槽安装设计原则如下。

① 光缆线槽、桥架安装的最低高度应高出地坪 2.2 m 以上。顶部距楼板不宜小于 0.3 m,在过梁或其他障碍物处不宜小于 0.1 m。

② 水平敷设桥架、线槽时,在下列情况应设置支架或吊架:一是桥架、线槽接头处;二是每隔 2 m 处;三是距桥架终端 0.5 m 处;四是转弯处。

③ 桥架、线槽在垂直安装时,固定点间距不应大于 2 m,距终端及进出箱(盒)不应大于 0.3 m,安装时应注意保持垂直、排列整齐、紧贴墙体。

④ 线槽不应在穿越楼板或墙体处进行连接。

入户光缆进入用户桌面或家庭做终结有两种方式:采用 A-86 型接线盒或家庭综合信息箱。设计可根据用户的需求选择合适的终结方式,应尽量在土建施工时预埋在墙体内。

楼层光分纤箱及用户光缆终端盒安装设计应符合下列要求:

① 楼层光分纤箱、过路箱等必须安装在建筑物的公共部位,应安全可靠、便于维护;

② 楼层光分纤箱安装高度、箱体底边距地坪 1.2 m 为宜;

③ 用户端光终端盒宜安装固定在墙壁上,盒底边距地坪 0.3 m 为宜;

④ 在用户家庭采用综合信息箱作为终端时,其安装位置应选择在家庭布线系统的汇聚点,即线路进出和维护方便的位置,箱内的 220 V 电源线布放应尽量靠边,电源线中间不得做接头,电源的金属部分不得外露,通电前必须检查线路是否安装完毕,以防发生触电等事故;

⑤ 采用 A-86 作为光终端盒时,设置位置应选择在隐蔽、便于跳接的位置,并有明显的说明标志,避免用户在二次装修时损坏,同时应考虑为 ONU 提供 220 V 电源。

引入壁龛箱、过路箱的竖向暗管应安排在箱内一侧,水平暗管可安排在箱体的中间部位,暗管引入箱内的长度不应大于 10~15 mm,管子的端部与箱体应固定牢固。

对于没有预埋穿线管的楼宇,入户光缆可以采用钉固方式沿墙明敷。但应选择不易受外力碰撞、安全的地方。采用钉固式时应每隔 30 cm 用塑料卡钉固定,必须注意不得损伤光缆,穿越墙体时应套保护管。皮线光缆也可以在地毯下布放。

在暗管中敷设入户光缆时,可采用石蜡油、滑石粉等无机润滑材料。竖向管中允许穿放多根入户光缆,水平管宜穿放一根皮线光缆。从光分纤箱到用户家庭光终端盒宜单独敷设,避免与其他线缆共穿一根预埋管。

明敷上升光缆时应选择在较隐蔽的位置,在人接触的部位应加装 1.5 m 引上保护管。

线槽内敷设光缆应顺直不交叉,光缆在线槽的进出部位、转弯处应绑扎固定;垂直线槽内光缆应每隔 1.5 m 固定一次。

桥架内光缆垂直敷设时,自光缆的上端向下,每隔 1.5 m 绑扎固定,水平敷设时,在光缆的首、尾、转弯处和每隔 5~10 m 处应绑扎固定。

在敷设皮线光缆时,牵引力不应超过光缆最大允许张力的 80%。瞬间最大牵引力不得超过光缆最大允许张力 100 N。光缆敷设完毕后应释放张力保持自然弯曲状态。

皮线光缆敷设的最小弯曲半径应符合下列要求:

• 敷设过程中皮线光缆弯曲半径不应小于 40 mm;

• 固定后皮线光缆弯曲半径不应小于 15 mm。

当光缆终端盒与光网络终端(ONU)设备分别安装在不同位置时,其连接光纤跳线宜采用金属铠装光纤跳线。

当 ONU 安装在家庭综合信息箱内时,可采用普通光纤跳线连接。

布放皮线光缆两端预留长度应满足下列要求:

- 楼层光分路箱一端预留 1 m;
- 用户光缆终端盒一端预留 0.5 m。

皮线光缆在户外采用挂墙或架空敷设时,可采用自承皮线光缆,应将皮线光缆的钢丝适当收紧,并要求固定牢固。皮线光缆不能长期浸泡在水中,一般不适宜直接在地下管道中敷设。

入户光缆接续要求如下。

① 光纤的接续方法按照使用的光缆类型确定,使用常规光缆时宜采用热熔接方式,在使用皮线光缆,特别对于单个用户安装时,建议采用冷接子机械接续方式。

② 光纤接续衰减:单芯光纤双向熔接衰减(OTDR 测量)平均值应不大于 0.08 dB/芯;采用机械接续时,单芯光纤双向平均衰减值应不大于 0.15 dB/芯。

③ 皮线光缆进入光分纤箱,采用冷接子机械接续时,在接续完毕后,尾纤和皮线光缆应严格按照光分配箱规定的走向布放,要求排列整齐,将冷接子和多余的尾纤和皮线光缆有序地盘绕和固定在熔接盘中。

④ 用户光缆终端盒一侧采用快接式光插座时,多余的皮线光缆顺势盘留在 A-86 接线盒内,在盖面板前应检查光缆的外护层是否有破损、扭曲受压等,确认无误方可盖上面板。

3. 光分路器(OBD)配置原则

OBD 常用的光分路比为 1:2、1:4、1:8、1:16、1:32 五种,需要时也可以选用 2:N 光分路器或非均分光分路器。

ODN 总分路比应根据用户带宽要求、光链路衰减等因素确定。OBD 的级联不应超过二级。当采用 EPON 时,第一级和第二级 OBD 的分路比乘积不宜大于总分路比,表 4.2.6 为 OBD 常用组合(非均分光分路器除外)。

表 4.2.6　OBD 的常用分路器组合表

组合方式	第一级分路比	第二级分路比	总分路比
一级分光	1:32	/	32
二级分光	1:2	1:16	32
二级分光	1:16	1:2	32
二级分光	1:4	1:8	32
二级分光	1:8	1:4	32

工程设计时必须考虑设备(OLT)每个 PON 口和 OBD 的最大利用率,应根据用户分布密度及分布形式,选择最优化的光分路器组合方式和合适的安装位置。

为了控制工程初期建设的投资,在用户对光纤到户的需求不明确时,特别对于采用一级分光结构、集中安装光分路器的光分配网络,光分路器可按照覆盖范围内户数的 20%～30%配置,设计时必须预留光分路器的安装位置,便于今后扩容,但配线光缆应参照一户一芯配置原则,按最终用户数一次敷设到位(不包括皮线光缆)。

对于有明确需求的住宅小区、高层建筑、高档别墅区等,如对光纤到户的需求达到系统容量的 60% 以上时,光分路器可以一次性配足。

对于商务楼、办公楼、企业、政府机关、学校等具有自备自维局域网的用户,可提供光分路器端口,光缆宜布放到用户局域网机房。

对于高档宾馆、学生公寓等,应根据用户需要,采用光纤到客房、光纤到桌面的方式,光分路器应一次配足。

4. 活动连接器配置原则

由于受系统光功率预算的限制,设计中应尽量减少活动连接器的使用数量。

在光纤链路中插入光分路器后,故障点的查找比较困难。为了便于光缆线路的维护和测试,OBD 引出纤与光缆的连接宜采用光活动连接器。

活动连接器的型号应一致。采用单纤两波方式时,可采用 PC 型。当采用第三波方式提供 CATV 时,无源光网络全程应采用 APC 型的活动连接器。

在用户光缆终端盒中,光适配器宜采用 SC 型,光适配器应向下倾斜 45°,并带保护盖。面板应有警示标志提醒操作人员或用户保护眼睛。

5. OBD 安装设计

无论采用何种 OBD,OBD 本身必须封装在密封盒内,光分路器引出软光纤一般宜采用 2.0 mm 外护套软光纤,由于 1:32 光分路器引出软光纤数量较多,建议采用 0.9 mm 外护套软光纤。

安装在 19 英寸标准机架内置式光分路箱的 OBD,其引出软光纤长度宜控制在 600 mm;安装在墙式光分路箱的 OBD,其引出软光纤长度宜控制在 900 mm;安装在户外型落地式光分路箱的 OBD,其引出软光纤长度宜控制在 1 500 mm。

光分路箱的设置位置必须安全可靠,便于施工及维护。设计时应考虑光缆网结构的整体性,具有一定的通融性、灵活性,并注意环境美化和隐蔽性。

OBD 安装位置可选在小区的电信机房、电信交接间、弱电竖井、楼层电信壁龛箱等室内,也可以安装在光交接箱、光分纤箱、光接头盒或采用户外型光分路箱单独安装,安装位置必须安全可靠。

OBD 必须安装在具有防尘、防潮功能的箱(框)内,箱(框)可以有多种结构形式,例如,户外落地式光分路箱、户外挂墙式光分路箱、室内明装挂墙式光分路箱、室内暗装埋墙式光分路箱、19 英寸标准机架内置式光分路箱。

室外安装的光分路箱体处于锁闭状态时,其防护性能应与室外光缆交接箱相同。

光分路箱(框)的容量由 OBD 数与分路比的乘积表示,每个光分路箱(框)内宜安装同一种分路比的 OBD。

6. 传输距离的预算

在 ODN 网络设计中,应根据所选用的 PON 传送设备对 ODN 覆盖范围内最远用户的传输距离进行核算,验证是否符合传输要求。一般是根据 ODN 网络的结构,采用最坏值法进行 ODN 光通道损耗核算。它与采用的 PON 设备的 R-S 点允许衰耗、无源光分路器总分路比、分路级数所造成的插入损耗、ODN 网中活接头的数量(与配线级数有关)等有关。局端设备(OLT)至ONU之间的传输距离(L),可按下式考虑：

$$L=\frac{P-\text{IL}-A_c\times n-M_c}{A_f}$$

式中,P为OLT和ONU的PON口R-S点之间允许衰耗。

以EPON设备为例,EPON系统目前有两种类型的PON口,其发射功率、接收灵敏度见表4.2.7。

表4.2.7　EPON的发射功率和接收灵敏度

描述	1000 BASE-PX10-D	1000 BASE-PX10-U	1000 BASE-PX20-D	1000 BASE-PX20-D
平均发射功率(最大)/dBm	+2	+4	+7	+4
平均发射功率(最小)/dBm	−3	−1	+2	−1
损伤门限(最大)/dBm	+4	+2	+4	+7
接收机灵敏度(最大)/dBm	−24	−24	−27	−24

如果考虑1 dB的光通道代价,这两种类型的PON口R-S点之间允许衰耗范围(P)如下。

① 1000 BASE-PX10

上行(ONU-OLT,1 310 nm):22 dB。

下行(ONU-OLT,1 490 nm):20 dB。

② 1000 BASE-PX20

上行(ONU-OLT,1 310 nm):25 dB。

下行(ONU-OLT,1 490 nm):25 dB。

IL光分路器插入衰减参数,取值见表4.2.8。

表4.2.8　分光器典型插入衰减参考值

分光器类型	1∶2	1∶4	1∶8或2∶8	1∶16或2∶16	1∶32或2∶32
FBT或PLC	≤3.6 dB	≤7.3 dB	≤10.7 dB	≤14.0 dB	≤17.7 dB

M_c为单个活接头的损耗,取0.5 dB/个。

A_f为光纤线路衰减系数(含固定接头损耗),取理论值0.4 dB/km(上行1 310 nm)和0.3 dB/km(下行1 490 nm)。

活动连接头个数(含光分路器连接器)与配线级数有关,配线级数越多,活接头的数量可能越多,配线级数最多可达4级。不同配线级数的ODN可能含有的活接头数量如表4.2.9和图4.2.6所示。

表4.2.9　不同配线级数的ODN可能含有的活接头数量

配线级数	1级配线	2级配线	3级配线	4级配线
活接头个数/个	5	7	9	11

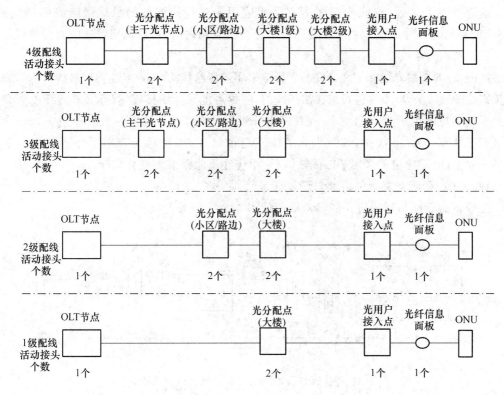

图 4.2.6　ODN 配线结构与活接头数量示意图

7. 光缆纤芯数的规划设计

ODN 网络光缆纤芯的规划设计应通过对用户和业务进行预测,由下至上进行考虑。对于 FTTH 来说,光分路器应尽量靠近用户来进行纤芯规划。

对于现有的光缆要充分利用,在 FTTH 网络发展到一定规模,超出光缆纤芯预警线时才考虑对光缆进行扩容,扩建的光缆芯数根据规划确定。

8. 配线、馈线光缆

对于 EPON 系统,按 ODN 采用一级分光(分路比 1∶32)进行光缆纤芯规划设计。

针对光分路器的两种设置方式的特点(动态设置可以提高 PON 口使用效率,静态设置则会使 PON 口使用效率降低,但便于工程实施、维护),在 ODN 网的不同层次分别考虑不同的光分路器设置方式来进行纤芯规划:

① 对 ODN 网在接入网引入层光缆段的纤芯规划按照光分路器动态设置来考虑,以提高 PON 口使用效率,虽然对接入网引入层的光缆占用总体上会增加,但可以减少对接入网主干层、配线层光缆的占用;

② 对 ODN 网在接入主干层、配线层光缆段的纤芯规划按照光分路器静态设置来考虑,同样可以减少对接入网主干层、配线层光缆的占用;

③ 馈线、配线电缆纤芯要考虑 10%～15% 的冗余。

9. 光缆终端与光纤光缆的接续

(1) 室外光缆的引入

光缆进入室内时应将金属防护层做防雷接地处理;如果直接用室外光缆进入室内时,应对光缆进行防火处理；皮线光缆终端宜采用适用于光缆终端盒的机械接续光纤插座；当 ONU 设备与光缆终端盒分别安装在同一个综合信息箱内时，可以选用普通的光纤跳线。

（2）光纤的接续

室内、外的馈线光缆和配线光缆的光纤应采用熔接法接头，入户光缆光纤接续可适当采用机械式的冷接接头，有条件进行熔接法接续的，应尽可能采用熔接接续；分立式光纤接头衰减双向平均值应不大于 0.08 dB/个，光纤带光纤接头衰减双向平均值一般应小于 0.1 dB/个，允许有不大于 10% 的接头，其最大衰减值不超过 0.2 dB；冷接子双向平均衰减值暂定为 0.15 dB/个，由于冷接子采用了匹配液，应用中应注重跟踪衰老变化情况。

10. ODN 网传输指标的设计与测量

光纤链路衰减指标的设计的参考模型如图 4.2.7 所示。

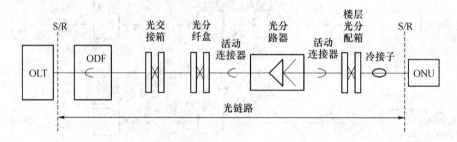

图 4.2.7　ODN 衰减指标设计的光通道参考模型

（1）光纤链路衰减指标的设计

光纤用户接入线路的光衰减指标的设计是针对已设定的 ODN 网络的实际情况，根据光纤链路的实际配置，结合设计中选定的工作无源器件的技术性能指标，计算出工程实施后预期满足的指标。

ODN 的光功率衰减与 OBD 的分路比、活动连接数量、光缆线路长度等有关，设计时必须控制 ODN 中最大的衰减值，使其符合系统设备 OLT 和 ONU PON 口的光功率预算要求。

ODN 光通道衰减所允许的衰减定义为 S/R 和 R/S 参考点之间的光衰减，以 dB 表示。包括光纤、光分路器、光活动连接器、光纤熔接接头所引入的衰减总和。

在设计过程中应对无源光分配网络中最远用户终端的光通道衰减核算，采用最坏值法进行 ODN 光通道衰减核算。

$$光纤通道衰减 = \sum_{i=1}^{n} L_i \times A_f + X \times A_{熔} + Y \times A_C + \sum_{i=1}^{m} l_分 + Z \times A_冷$$

式中，$\sum_{i=1}^{n} L_i$ 为光通道中各段光纤长度的总和（km）；A_f 为设计所选择的光纤的实际衰减系数，一般 1 310 nm 波长时取 0.36 dB/km，1 490 nm 波长时取 0.22 dB/km；X 为光通道中光纤熔接接头数（应将尾纤熔接接头统计在一起）；$A_{熔}$ 为设计中规定的光纤熔接接头平均衰耗指标（dB/个），一般分立式光缆光纤接头衰减取双向平均值为 0.08 dB/每个接头，带状光缆光纤接头衰减取双向平均值为 0.2 dB/每个接头；Y 为光通道中光活动连接器数量；A_C 为光活动连接器衰耗指标(dB/个),一般取 0.5 dB/个;$\sum_{i=1}^{m} l_{分}$ 为光通道 m 个光分路器插入衰减的总和(dB),参考值如表 4.2.8 所示;Z 为光通道中设计采用的光纤冷接子数量;$A_{冷}$ 为光通道中规定的光纤冷接子衰减指标(dB/个),一般取 0.15 dB/个。

(2) 光回波损耗的要求

ODN 的反射取决于构成 ODN 的各种元件的回损以及光通道上的任意反射点。

对于不含有 CATV 业务的 ODN 网络,要求在参考点 S/R 和 R/S 之间线路总回损应大于 32 dB。

对于含有 CATV 业务的 ODN 网络,要求在参考点 S/R 和 R/S 之间所有离散反射损耗应大于 55 dB,因此,应尽量采用熔接方式连接光纤,凡活动连接器均应采用 APC 型光纤连接器。

11. 光缆线路测试

由于用户光纤接入线路中插入了无源光分路器,光纤链路的测量与光纤直接连接的链路的测量有所不同。为运营、维护和管理的需要,工程施工完成后,光纤链路衰减的测量需要分为两部分进行:一是分段衰减测试,二是光链路全程衰减测试。

(1) 分段衰减测试

采用 OTDR 对每段光链路进行测试。测试时将光分路器从光线路中断开,分段对光纤段逐根进行测试,测试内容包括在 1 310 nm 波长的光衰减和每段光链路的长度,并将测得数据记录在案,作为工程验收的依据。

(2) 光链路全程衰减测试

光链路测试时需要将链路口所有的连接器件(包括沿线的光交接箱、分线箱、分纤盒和光分路器的活接头)连接完好(确保连接器的干净清洁和连接紧密),采用光源、光功率计,对光链路在 1 310 nm、1 490 nm 和 1 550 nm 波长进行测试,测试内容包括活动光连接器、光分路器、接头的插入衰减。同时将测得数据记录在案,作为工程验收的依据。测试时应注意方向性,即上行方向采用 1 310 nm 测试,下行方向采用 1 490 nm 和 1 550 nm 进行测试。不提供 CATV 时,可以不对 1 550 nm 进行测试。

4.3　EPON 实现 FTTH 的工程方案

4.3.1　PON 实现 FTTH 的工程设计方案

1. 用 PON 实现 FTTH 的系统结构

PON 是目前解决接入网、实现 FTTX 的最具吸引力的技术。PON 按信号分配方式可以分为功率分割型无源光网络(PSPON)和波分复用型无源光网络(WDMPON)。目前的 APON、BPON、EPON 和 GPON 均属于 PSPON。PSPON 采用星形耦合器分路,上/下行传送采用 TMMA/TDM 方式实现信道带宽共享,分器通过功率分配将 OLT 发出的信号分配到各个 ONU 上。WDMPON 是将波分复用技术运用在 PON 上,它的分路是通过波长分路器(主要由阵列波导光栅构成),将下行信号解复用后分配给指定的 ONU,同时把上行信号复用到一根光纤后送到 OLT。目前,由于 WDMPON 系统面临的最大困难是器件成本过高,多数仍处于实验室的理论研究阶段。本文暂不讨论 WDMPON。因此,后面所讨论的"无源光分支器"仅指功率分割型无源光分支器。

FTTH 系统由 OLT、ONU 或 ONT、ODN 组成。FTTH 系统分为双星形方式和单星形方式。双星形方式的 FTTH 系统目前主要技术包括 EPON(IEEE 802.3ah)、GPON(G984.x)、APON(G983.x);单星形方式的 FTTH 系统的主要技术是点到点光以太网(IEEE 802.3 ah、G.985)。由于单星形方式不采用无源光分路器,光纤直接从端局到用户端,类似于传统的铜线电缆的配线方式,需要占用大量的光纤物理资源,光纤的带宽资源被浪费,这是一种极不经济的方式,在 FTTH 大量建设时不建议采用此种方式。因此下面主要针对双星形方式的无源光网络去讨论实现 FTTH 设计中的问题。

目前 EPON 产品已经比较成熟,但在动态带宽分配(DBA)、加密、OAM、QoS、承载TDM 业务等方面尚无统一的规范,且芯片级互联互通尚未解决,价格与 xDSL、LAN 等宽带接入方式相比,依然偏高,而 GPON 由于标准复杂且制定较晚,目前技术尚不成熟,成本也较高。

EPON 技术相对简单,可扩展性强,设备比较成熟,成本在不断下降,适合以数据业务为主的应用场合,是目前宽带光接入及 FTTH 网络建设的主要技术,但承载 TDM 业务的能力还有待检验。GPON 标准比较完善,承载多业务能力强、效率高、OAM 和保护功能强,具有良好的发展前景。

2. PON 的典型接入模式

(1) 小区 EPON 接入模型

如图 4.3.1 所示,以每幢楼 16 层、每层楼 2 户的小区为模型,实际设计施工时,可以根据用户数量调整分光器数量和规格。

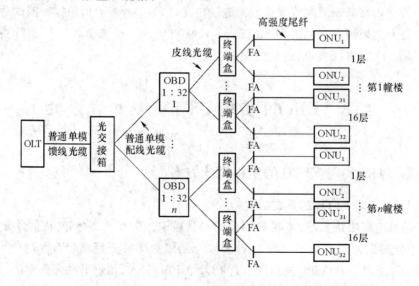

图 4.3.1　小区 EPON 接入模型

① 在楼道内安装分配箱,并在箱内安装分光器 OBD;

② 敷设普通单模通信光缆连接 OLT 与 OBD,总长度<20 km;

③ 在各楼层安装终端盒,盒内预留 FA 光纤配线接头,如果用户数量少,终端盒可以直接入户;

④ 敷设皮线光缆连接 OBD 和楼层终端盒;

⑤ 用户 ONU 和终端盒间敷设高强度尾纤,在业务开通时,在 FA 预留接头处跳接;

⑥ ONU 至 OLT 全程光路接通,进行相关性能和业务测试。

(2) 商务楼 EPON 接入模型

如图 4.3.2 所示,以每层楼用户少于 32 户的大楼为模型,实际设计施工时,可以根据用户数量调整分光器数量和规格。

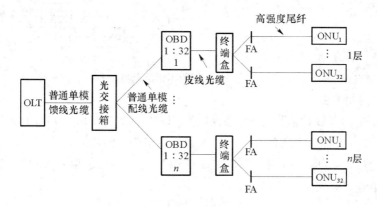

图 4.3.2　商务楼 EPON 接入模型

① 在商务楼宇各楼层楼道内安装分配箱,并在箱内安装分光器 OBD,每个 OBD 按照每层用户数量多少,设计负责一层或连续多层;

② 敷设普通单模通信光缆连接 OLT 与 OBD,总长度<20 km,如有必要,可在楼内或大楼附近安装光交接箱,并负责 OBD 上联光纤跳接;

③ 安装用户终端盒,盒内预留 FA 光纤配线接头,根据用户分布情况,可选择终端盒直接入户,或者一个终端盒负责连接多个用户;

④ 敷设皮线光缆连接 OBD 和楼层终端盒;

⑤ 用户 ONU 和终端盒间敷设至少 2 芯高强度尾纤,分别用于数据和语音业务单独的光路通道,在业务开通时,在 FA 预留接头处跳接;

⑥ ONU 至 OLT 全程光路接通,进行相关性能和业务测试。

(3) 数据与语音光纤接入,同缆不同网

根据许多实验网经验,当数据业务和语言业务同时承载在一个数据通道时,语音业务的带宽无法保证,语音质量受到数据业务带宽突发影响。这是 NGN 业务相对于传统语音的一个缺点。采用"同缆不同网"的模式可以有效解决这一问题,而且这一模式特别适合于语言业务集中的商业用户。

如图 4.3.3 所示,采用"同缆不同网"的模式,可以实现语音业务和数据业务独立组网,保证语音质量不受数据带宽的变化影响。

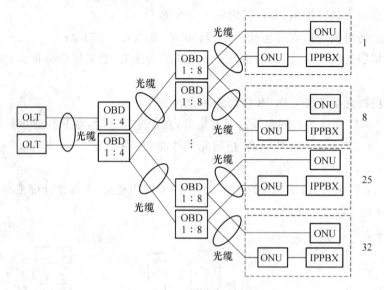

图 4.3.3 同缆不同网模型

3. FTTH 组网方案

这里讨论的 FTTH 的组网方案,是仅以 ONU 直接安装在用户家里的方案,在实施中,要将 ONU 装在家里将会遇到各种各样的问题。对于业务的接入,可以采取两种方案,如图 4.3.4 所示。方案一,ONU 提供 FE、POTS、CATV 视频接口等用户接口;方案二,ONU 提供 FE 接口,下挂家庭网关实现接入。

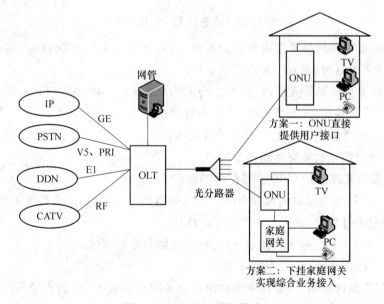

图 4.3.4 FTTH 应用模式

4.3.2 某电信局 FTTH 光纤接入网的实现方案

本方案基于 EPON 技术对 FTTH 光纤接入网进行设计,即设计某电信局—电信分局至某科技大厦和某小区的 FTTH 光纤接入网。该设计遵循某电信局 FTTH 建设的总体要求,采用点到多点(P2MP)结构的 EPON 技术构造单纤双向光纤接入网络,网络结构采用星形结构,由光线路终端(OLT)设备、光网络单元(ONU)设备和无源光分配网络(ODN)3 部分组成,根据网络规模和网络容量需求分析与计算说明网络设备的基本配置,同时对网络侧 OLT、用户侧 ONU 和 ODN 进行了详细设计。

1. 某电信局 FTTH 建设的总体要求

作为接入网的最终解决方案,某电信局 FTTH 光纤接入网的建设应该满足在业务种类、传输容量、经济性、可扩展性、可靠性、可管理性等方面的要求。

(1) 综合业务接入

虽然 FTTH 的主要推动力是将来的宽带视频业务,但作为未来的一个最终接入方案,FTTH 必须能够支持现有的各种窄带和宽带业务,以及将来可能出现的新业务。FTTH 系统必须能够提供综合接入,使用户在同一时间能够同时享受多种业务。

根据目前的技术发展和用户需求,FTTH 所应支持的主要业务包括:①视频,应支持 HDTV、标准数字电视以及各种采用 MPEG-1 和 MPEG-2 及其他压缩技术的静止图像业务和低分辨率的监控图像业务;②数据,各种码速率的数据业务,速率从几千比特每秒到数十兆比特每秒;③语音,包括传统 POTS 电话和数字电话业务,多路高保真声音;④多媒体,各种混合的不同质量的数据、语音和图像业务,以及将来可能的包括嗅觉、味觉信号的多媒体业务。

(2) 大容量

FTTH 是为适应终端用户对宽带通信的要求而提出来的接入方案,它的一个最基本要求就是大容量。根据目前的技术发展情况和用户需求,每个终端用户应该享有大于 100 Mbit/s 的带宽,而在将来 FTTH 系统应该为用户提供 1 000 Mbit/s 的带宽。

(3) 经济性

系统的经济性是任何通信系统和产品能够占领市场的关键因素,对于接入产品尤其如此。在经济性方面 FTTH 系统应从以下方面考虑:①在系统设备的设计和开发过程中,尽量将各种控制管理功能实现在中心局一侧的设备之中,而尽量降低终端用户侧设备成本;②要尽量减少系统最初安装时的工程费用;③要减少系统扩容成本,包括当系统在容量上进行升级时,系统中所有的设备都要能够以较低的成本进行升级,当终端用户的数量增加时,要以最低的成本改造系统以满足要求;④还要考虑系统设备尤其是用户侧设备的外形、体积、功耗和安装的方便程度。

(4) 扩展性

随着社会的发展和技术的进步,人们对通信的要求也将不断提高。作为一个最终的接入方案,FTTH 应该具有很好的扩展性。FTTH 扩展性表现在:①带宽,包括系统最大带宽(随着技术的进步,新的宽带通信业务还会出现,因此人们对带宽的要求还会提高,FTTH 系统应该具有简单易行的扩容方法)和各个用户的可用带宽(尽管用户对带宽的总体需求是一种上升的趋势,但有些用户实际需要的带宽可能会在不同的时间段有不同的要求,FTTH 系统应该能够根据用户的需求进行带宽配置);②用户数,FTTH 系统是一个新的接入方案,它的实际应用肯定是从无到有、从少到多,FTTH 系统应该能够较为经济地允许新用户的加入。

(5) 兼容性

兼容性有两个方面的含义:一个是 FTTH 应该和现有的通信方式和通信系统容易互通,另一个是不同的 FTTH 版本之间应该能够同时在同一个网络中运行。

和现有通信系统的互通主要体现在对现有各种业务的支持和与现有各种通信设备的接口。不同版本的产品之间的兼容是对所有通信系统和产品的共同要求。和任何通信产品一样,FTTH 系统也有一个完善和发展的过程。实际运营的 FTTH 系统存在系统升级的问题,在一定的时间范围内,不同版本的 FTTH 系统会在实际网络中同时存在。

(6) 可靠性

尽管和骨干网系统相比,接入系统和设备对可靠性的要求相对要低一些,但仍然应该达到一定的可靠性要求:

① 对于 POTS 和 TDM 业务,FTTH 系统应该提供不低于传统 PSTN 的可靠性和话音质量,比如 FTTH 系统必须按照国际或国内标准保证一些紧急业务(如 119)的接通率;

② 在系统正常运行时,应保证系统的失效率不高于相关的国内或国际标准;

③ 在系统安装、系统扩容、系统升级过程中,尽量减小业务的中断时间;

④ 在一定的自然环境(温度、湿度、水分、灰尘等)中,FTTH 系统(尤其是安装在室外的部件)应该能够正常运行。

(7) 可管理性

FTTH 系统必须提供完整的管理(OAM&P)功能。其设备必须提供标准的网元管理接口以便纳入统一的网络管理系统。网元管理应该提供链路监测、远端故障告警和远端环回功能。还应该为每一个用户提供多种计费(包月、按业务流量等),安全,服务协议和服务质量,灵活的子网粒度,对延迟、性能和安全的控制,不中断业务的系统扩容,灵活配置等功能。

2. 某电信局 FTTH 的总体设计方案

根据业务发展的需要,某电信局将在某科技大厦和某小区建设 FTTH 光纤接入网,其 FTTH 的总体设计方案如图 4.3.5 所示。该设计方案采用点到多点(P2MP)结构的 EPON 技术构造单纤双向光纤接入网络,网络结构采用星形结构,由光线路终端(OLT)设备、光网络单元(ONU)设备和无源光分配网络(ODN)3 部分组成。

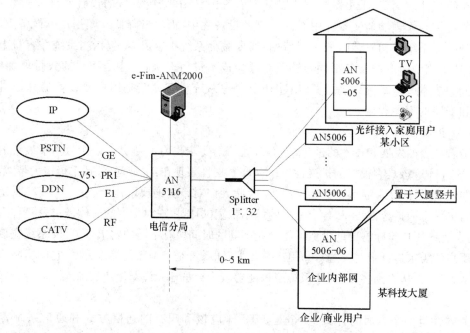

图 4.3.5　某电信局 FTTH 的总体设计方案

由于某科技大厦和某小区在地理位置上靠近一电信分局,因此,OLT 放置在该电信分局中心机房,OLT 设备采用烽火通信公司生产的 AN5116 设备,AN5116 通过不同的上联口分别连接不同的业务网络。通过 V5/PRI 接口上联 PSTN 网络,通过 GE/FE 光/电口上联 IP 城域网和 IPTV 网络,并通过 H.323、H.248 等协议同软交换网络连接,此外还通过 STM-1 上联口提供 E1 业务,通过 1 550 nm 的波长透明承载 CATV 业务,配合图形化网管为系统提供强大的 OAM。

ONU 设备采用烽火通信公司生产的 AN5006 系列设备。在用户端通过 AN5006 系列不同款型的用户机为用户提供多种选择。该系列全面支持数据、视频、语音、E1 专线等多种业务,先进的单纤三波技术真正实现三网融合,适应小区居民、商业楼宇、网吧集中接入用户等多种场合,具备光纤到户(FTTH)、光纤到大楼(FTTB)、光纤到办公室(FTTO)以及光纤到路边(FTTC)等灵活多样的解决方案。根据用户类型的不同 ONU 采取不同的放置方式,对于 FTTH 住宅用户,将 EPON ONU 放置于用户家中,直接利用光纤入户;对于 FTTB 住宅用户,将 EPON ONU 放置于楼道竖井中,利用用户原有的电话线或者五类线入户;对于 FTTO 商业用户,将 EPON ONU 放置于商业用户办公室,直接利用光纤接入。

无源光分配网络中的无源光分路器(Splitter)设备采用烽火通信公司生产的 1∶32 无源光分路器,该网络采用 e-Fim-ANM2000 网络管理系统进行管理和维护。

OLT 的作用是为光纤接入网提供网络侧与城域网之间的接口并经一个或多个 ODN 与 ONU 通信,OLT 与 ONU 的关系为主从通信关系。ODN 为 OLT 与 ONU 之间提供光传输手段,其主要功能是完成光信号功率的分配。

该方案能够很好地兼容现有 PSTN 网络和 NGN 网络,可以实现在一根光纤上传送普通电话、宽带数据、模拟电视等业务,真正实现了光纤入户、三网融合。

3. 网络规模和网络容量需求分析与计算

根据某电信局 FTTH 的总体设计方案,下面根据网络规模和网络容量需求分析与计算说明网络设备的基本配置。

(1) 网络规模分析

本次某电信局 FTTH 建设属于一期工程,其用户规模、业务及其规模和用户带宽需求分析如下。

① 用户规模

本期工程主要有 3 种用户,其用户规模分别为:FTTH 住宅用户为 20 个;FTTB 住宅用户为 252 个,其中包括现有的 LAN 用户 82 个;FTTO 商业用户为 15 个。其中 FTTH 住宅用户和 FTTB 住宅用户分布在某小区内,FTTO 商业用户分布于某科技大厦内。

② 业务及其规模

本期工程拟利用 FTTH 技术对原有的以太网进行改造,以提供宽带上网业务和语音为主,并可提供 VoIP、IPTV 等其他增值数据业务,旨在提高用户带宽。本期工程暂不向用户提供 CATV 业务,但 FTTH 平台支持 CATV 接入功能,用于系统业务测试。

本期工程提供的业务包括高速上网、IPTV、VoIP 及其增值业务(如一号通彩铃)等。其用户规模分别为高速上网 100 户,IPTV 业务 15 户,VoIP 语音 10 户。

③ 用户带宽需求

以住宅用户计算,用户主要带宽需求如下。

- 语音：128 kbit/s。
- 高速上网：3 Mbit/s。
- IPTV 业务：6 Mbit/s。

加上其他预留业务，目前的用户带宽设定为 10 Mbit/s。

（2）网络容量需求分析与计算

网络容量需求分析主要计算 OLT 上联端口的数量以及 ONU、OLT 和光分路器的数量。

① OLT 上联端口的计算

OLT 上联端口的计算根据用户高速上网、使用 IPTV 业务时所需的上联端口数计算如下。

a. 单个 PON 口需要的总带宽分析

按照 4 个用户共用一个 ONU 设备，则一个 PON 口最大用户数为 4×32=128 户，极限情况下为 IPTV 和数据用户 100％并发，则具体的带宽需求分析如表 4.3.1 所示。

表 4.3.1 单个 PON 口需要的总带宽

项目	用户数量/户	数据带宽需求/Mbit·s^{-1}		IPTV 带宽需求/Mbit·s^{-1}		一个 PON 需要总带宽/Mbit·s^{-1}
		平均带宽	总带宽	平均带宽	总带宽	
极限情况	128	3	384	6	768	1 152
75％并发	96	3	288	6	576	864

由上面的分析可以知道，对于单个 PON 口而言，在 75％的并发情况下，不存在带宽瓶颈问题。虽然极限情况下下行带宽的最大需求为 1 152 Mbit/s 已经超过了 AN5116 系统每个 PON 口最大 990 Mbit/s 的带宽提供能力。但在实际应用中，数据用户并发率一般不会超过 50％，而且由于 IPTV 的组播技术以及以太网的统计复用特性，PON 的带宽不会成为业务应用的瓶颈。

b. FTTH 用户需求的总带宽分析

不同的业务网络（PSTN、IP、CATV 等）提供不同的接入端口，对于 OLT 使用不同端口接入 PSTN、IP、CATV 等不同的业务网络，如果按照本次工程的实际用户计算，则具体的带宽需求分析如表 4.3.2 所示。

表 4.3.2 从用户分析的带宽需求

用 户	实际用户数量/户	平均带宽/Mbit·s^{-1}	总带宽需求/Mbit·s^{-1}
FTTX 网络总覆盖用户	287	3	861
现有以太网用户	82	3	246
IPTV 用户	15	6	90
合计 1（按现有以太网用户）	/	/	336
合计 2（按总覆盖用户）	/	/	951

考虑适当冗余和运用效果对发展 FTTH 用户的影响，在满足为每户分配 10 M 带宽的情况下，按照全覆盖要求配备系统的上联接口，故本次工程提供 1×GE 光口上联数据口、1×GE 上联 IPTV。

语音业务通过语音网关系统转换后通过 V5 协议连接到 PSTN 网络中,所需 V5.2 端口数的计算如下:

V5.2 端口数＝总语音用户数×每线话务量×出局比÷中继话务量÷30 条中继

目前,在某小区已经开通中国电信语音和以太网宽带业务的住宅用户共计 287 户,故本次工程所需 V5.2 端口数为:287×0.12×70%÷0.7÷30＝1.148,向上取整,需 2 个 V5.2 端口。

综上所述,AN5116 设备需要 1 个 1×GE 光口上联 IP 网络、1 个 1×GE 上联 IPTV 网络、2 个 V5.2 端口上联 PSTN 网络。

② ONU、光分路器和 OLT 数量的确定

a. ONU 数量的确定

本期工程在某小区使用烽火通信 AN5006-05 ONU 设备,每个 AN5006-05 ONU 设备可提供 4 个 FE 口,每个用户分配 1 个 FE 口。由本期工程用户规模可知,FTTB 用户 252 户,但由于用户分布的情况不同,用户共用 ONU 设备的情况根据实际情况考虑,实际需要 80 个 ONU 设备,FTTH 用户 20 户各使用一台 ONU 设备,FTTO 用户按 15 个 ONU 考虑,共需 ONU 数量为 80＋20＋15＝115 台。

b. 光分路器数量的确定

考虑到充分利用资源等因素,将光分路器集中放置在 OLT 机房,并成端在光配线架上,以便灵活进行光分路器和 ONU 之间的光纤跳接。故可根据 ONU 用户数,按照 1∶32 的光分路器计算其配置。115 台 ONU 需光分路器数量为 4 个,需要 4 个 PON 口。

c. OLT 数量的确定

AN5116 设备最大能支持 640 个 ONU,上联最大 8×GE 或者 10×GE,单个 PON 端口最大支持 32 个分支。因此仅需配备 1 台 AN5116 设备。

4. 网络侧 OLT 设计

网络侧 OLT 的设计如图 4.3.5 所示。在网络侧的某电信分局放置烽火通信公司的 AN5116 OLT 设备,该设备在网络侧可提供 GE、E1(V5.2)、模拟电视光口和 STM-1 光口等接口,分别连接 IP 城域网/Internet 网络、IPTV 网络、PSTN 网络、CATV 网络和传输网络。采用"单纤三波"技术,通过 AN5116 将各种业务通过 1 根光纤传送到接近用户处,连接无源光分路器进行光分支,分支光纤再连接最终用户。本系统支持的最大分路比为 1∶64,最大接入距离超过 20 km。

根据上面关于"OLT 上联端口的计算"可知,本设计在网络侧 AN5116 OLT 设备上通过 1 个 GE 上联口连接到 IP 网络或者 Internet 网络,通过 1 个 GE 上联口连接到 IPTV 网络,通过 2 个 V5.2 接口连接到 PSTN 网络。

AN5116 OLT 设备具有如下特点:

① 具有自主知识产权的 GEPON 系统符合 IEEE 802.3a 最新标准,为后期的开放性和互通性以及维护和管理奠定了坚实的基础;

② OLT 设备的接口类型丰富,除提供 EPON 接口外,同时可以提供 ADSL/ADSL2$^+$、VDSL、SHDSL、V.35、V.24 等全系列的宽窄带接口,实现与 PSTN、宽带网、DDN 的无缝

融合;

③ 中置背板结构,背板交换容量 96 G,核心交换卡支持主备倒换、各种业务接口卡可灵活混插、上联卡采用后插板,采用全分散供电方式,上联接口支持 TRUNK,OLT 设备支持级联;

④ 在 GEPON 方式下采用"单纤三波"方式,支持包括数据(FE)、语音(POTS)、视频等多业务的综合接入;

⑤ 通过 V5.2 接口与 PSTN 网络互通,实现普通电话接入,并可与软交换网络互通,兼容现有 PSTN 网络和 NGN(软交换);

⑥ OLT 到 ONU 上/下行速率为 0~1 000 Mbit/s,带宽可灵活配置,支持静态和动态带宽分配(DBA);

⑦ AES-128 加密和解密保证用户数据安全;

⑧ 丰富的 OAM 功能,提供了一种机制监测点到点链路终端之间的性能,例如远端断电断纤检测、环回测试、OAM 性能发现等。

针对 AN5116 OLT 设备的特点,可以方便地采用相应的上联口实现该设备与各种业务网之间的互连,向用户提供各种业务。

对于语音业务,针对目前话音以传统的 PSTN 网络为主的特点,该设计方案在局端OLT 处采用开放式的 V5 或者 PRI 接口与 PSTN 网络对接,充分利用现有网络资源。随着网络向 IP 化演进,该设计方案提供 VoIP 语音处理方式,OLT 内置控制模块,同时支持H.248/H.323协议,可以灵活适应 H.323 的 VoIP 网络和 H.248 的软交换网络,避免了重复建网,有效保护了网络的建设投资。

对于 IP 业务,该设计方案在局端 OLT 处采用 GE 接口与宽带 IP 城域网对接,充分利用现有网络资源。在为用户提供高带宽数据业务的同时,还采用 DBA 技术对整个系统带宽进行动态调配,使用户可以享用更高的峰值带宽,提高系统的带宽利用率。

对于 TV 业务来说,该设计方案可提供 1~1 000 Mbit/s 的上下行对称高带宽,对每个IPTV 用户的带宽可根据与客户达成的服务等级协议(SLA)进行灵活分配,能保障优质的海量信息交互及高清晰度动态影像传输的需要;同时在整个接入链路上支持全程的 QoS 保证,保障了 IPTV 业务的质量,彻底解决了 IPTV 的带宽瓶颈。另外,完善的组播协议支持和最大 20 km 的覆盖范围,可以满足 IPTV 业务的组网需求。

对于 CATV 业务来说,可采用一纤三波 WDM 方式来承载。在单纤方案中,AN5116利用 1 550 nm 波长透明承载 CATV 业务,具体的信号格式可以是 CATV 也可以是 DTV/IPTV 等。当广电部门提供的视频信号源为数字信号时,只需在模拟 TV 接入方案的基础上在每个用户家中再安装一个机顶盒或直接将家庭 ONU 更换为具有光/电转换和编解码功能的机顶盒,用于将接收到的数字信号进行解码,还原为普通电视机可以识别的信号。

对于 E1 等窄带专线业务,该设计方案对 TDM 业务提供透明的二层仿真,通过隧道和仿真技术,在分组交换网络中通过分组无缝传输业务、定时和信令信息,并可对大容量TDM 业务进行收敛,采用 STM-1 接口上联,解决 E1 等窄带专线业务的接入。

AN5116 实现上述全业务能力并不是将多种业务功能的简单相加,而是采用先进的多

LLID(逻辑链路标识)技术为全业务功能的服务质量保障、安全性、可管理性等方面的性能增强提供完善的保障。AN5116 可以为每个 ONU 分配多个 LLID,每个 LLID 可以灵活配置为不同的业务通道或者用户通道。这样,承载不同上层业务的以太网帧被打上不同的 LLID,每个 LLID 分别可以获得不同的优先级处理,按照系统策略处理每个业务流的带宽分配、时延和抖动约束等指标。多 LLID 技术不但使得 AN5116 ONU 的 QoS 保障更加有力,而且在数据安全性、系统管理性等方面都有着直接的帮助。值得一提的是,多 LLID 是可配置的增强功能,默认情况下,为了便于多厂家的设备互通,AN5116 配置为单 LLID,在需要的时候可以随时打开。

5. 用户侧 ONU 设计

用户侧 ONU 根据用户类型的不同采取不同的放置方式。例如,在某小区有 FTTH 住宅用户和 FTTB 住宅用户两种类型的用户,在某科技大厦的用户均为 FTTO 用户。

下面分别讨论 FTTH、FTTB 和 FTTO 3 种情况下用户侧 ONU 的设计。

(1) FTTH 和 FTTO 用户侧 ONU 的设计

对于 FTTH 住宅用户,将 EPON ONU 放置于用户家中,直接利用光纤入户;对于 FTTO 商业用户,将 EPON ONU 放置于商业用户办公室,直接利用光纤接入。由于 FTTH 和 FTTO 用户侧 ONU 的设计类似,因此,在这里一起讨论。FTTH 和 FTTO 用户侧 ONU 的设计如图 4.3.5 所示。

在该设计方案,在光纤入户后由 AN5006 ONU 设备将光信号终结,转换为多种电接口为电话机、综合接入设备(IAD)、计算机和 IPTV 机顶盒等提供接入,为用户提供全业务的接入。下面针对用户不同的业务要求分别讨论 ONU 连接用户终端的情况。

① 单纯数据业务接入

FTTH 和 FTTO 单纯数据业务的接入是指用户家中已有 PSTN 电话,本次工程只需要提供高速上网业务。利用 AN5006 ONU 提供 RJ45 以太网接口,连接用户计算机,供用户进行高速上网。

② 语音、数据业务接入

对于 FTTH 和 FTTO 语音、数据业务的混合接入,需要 AN5006 ONU 提供 1 个 RJ11接口和 1 个 RJ45 接口,分别连接电话机和计算机,为用户提供语音和数据业务。

③ 语音、数据和 IPTV 业务接入

对于 FTTH 和 FTTO 语音、数据和 IPTV 业务的混合接入,需要 AN5006 ONU 提供 1个 RJ11 接口和 2 个 R45 接口,其中,RJ11 接口连接电话机,1 个 RJ45 接口直接连接计算机,另外 1 个 RJ45 接口连接 IPTV 机顶盒的上联 RJ45 接口。IPTV 机顶盒通过 75 Ω 同轴电缆连接 IPTV 电视机,IPTV 机顶盒的功能是将数字信号转换为射频信号,或者完成相反的转换过程。

(2) FTTB 用户侧 ONU 的设计

在某小区有一部分 FTTB 住宅用户,对于 FTTB 住宅用户,将 AN5006 ONU 设备放置于楼道竖井中,利用用户原有的五类线入户。根据用户的要求,该设计又分为两种情况,一种情况是 AN5006 ONU 设备利用用户原有的五类线直接入户。另一种情况是,AN5006

ONU 设备通过以太网交换机扩展 RJ45 端口,再利用用户原有的五类线入户,以太网交换机也放置于楼道竖井中。下面针对用户不同的业务要求分别讨论 FTTB ONU 连接用户终端的情况。

① 单纯数据业务接入

FTTB 单纯数据业务的接入是指用户家中已有 PSTN 电话,本次工程只需要提供高速上网业务。利用 AN5006 ONU 提供 RJ45 以太网接口,连接用户计算机,供用户进行高速上网,AN5006 ONU 设备置于楼道,本次工程按照 4 个用户共用一个 AN5006 ONU 设计,AN5006 ONU 至少提供 4 个 RJ45 接口,通过楼道五类线布线,将用户计算机连接到 AN5006 ONU 设备。该设计方案中 AN5006 ONU 设备的费用由 4 个用户分摊。

② ONU+Switch 方式的单纯数据业务接入

ONU+Switch 方式的单纯数据业务的提供由 AN5006 ONU 设备通过以太网交换机扩展 RJ45 端口,再利用用户原有的五类线入户。AN5006 ONU 和以太网交换机均置于楼道,其费用由相应的用户分摊。

③ 语音、数据业务接入

对于 FTTB 语音、数据业务的混合接入,AN5006 ONU 设备置于楼道,按照 4 个用户共用一个 AN5006 ONU 设计,需要 AN5006 ONU 提供 4 个 RJ11 接口和 4 个 RJ45 接口,分别连接 4 个用户的电话机和计算机,为用户提供语音和数据业务。

④ ONU+IAD 方式语音、数据业务接入

对于 FTTB 的 ONU+IAD 方式的语音、数据业务的混合接入,AN5006 ONU 设备置于楼道,按照 4 个用户共用一个 AN5006 ONU 设计,需要 AN5006 ONU 提供 4 个 RJ45 接口,利用用户原有的五类线入户,在用户家中配置综合接入设备(IAD),由 IAD 设备提供 RJ11 接口和 RJ45 接口分别连接电话机和计算机。AN5006 ONU 和 IAD 之间、IAD 和电话机、计算机之间的连接如图 4.3.6 所示。该设计方案便于现有网络向下一代网络平滑演进,向用户提供现有网络以及基于软交换的下一代网络的各种业务。

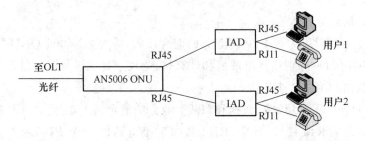

图 4.3.6　FTTB ONU+IAD 语音、数据业务接入

⑤ 语音、数据、IPTV 业务的接入

对于 FTTB 语音、数据和 IPTV 业务的混合接入,AN5006 ONU 设备置于楼道,按照 4 个用户共用一个 AN5006 ONU 设计,需要 AN5006 ONU 提供 4 个 RJ45 接口,利用用户原有的五类线入户,在用户家中配置综合接入设备(IAD),由 IAD 设备提供 1 个 RJ11 接口和 2 个 RJ45 接口分别连接电话机、计算机和 IPTV 机顶盒。IPTV 机顶盒通过 75 Ω 同轴电缆连接 IPTV 电视机,TPTV 机顶盒的功能是将数字信号转换为射频信号,或者完成相反的转

换过程。AN5006 ONU 和 IAD 之间，IAD 和电话机、计算机、IPTV 机顶盒之间，IPTV 机顶盒和 IPTV 电视机之间的连接如图 4.3.7 所示。

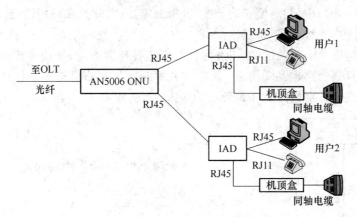

图 4.3.7　FTTB 语音、数据和 IPTV 业务接入

6. 无源光分配网络(ODN)设计

本内容通过计算 OLT 至 ONU 之间的光损耗来说明该设计方案的可行性，同时，对 ODN 光缆布线进行设计。

(1) OLT 至 ONU 光损耗的计算

在 FTTX 工程中，ODN 网络必须一次规划建设到位，需要按照小区满容量时考虑光分路器的放置地点及光缆的布放路由，因此，OLT 下行的 PON 口是按照最大用户数 1：32 来计算的，而 OLT 的上行链路可以根据实际用户数的大小及流量来配置，在小区 FTTH 网络刚建成时，上行的 GE 链路是远远少于下行的 PON 口。

① 计算依据

1 310 nm 窗口单模光缆衰耗按 0.4 dB/km 计算，1 550 nm 窗口单模光缆衰耗按 0.24 dB/km 计算。活接头均采用 SC/APC 型，衰耗按 0.4 dB/个计算，固定接头按 0.1 dB/个计算。1：32 光分配器(PON)的总衰耗按 17 dB 计算。OLT 设备的发射光功率为 3~7 dBm，ONU 发射光功率(1 310 nm)为 0~4 dBm，ONU 设备的光接收灵敏度为 −25~−3 dBm。

② OLT 至 ONU 的光衰耗

根据以上的计算指标，由 OLT 至 ONU 的全程衰耗按如下公式计算：

$a=$ OLT 的发射光功率 − PON 衰耗 − 缆线衰耗 − 各个接头(固定接头及活接头)的衰耗　(4-1)

光缆衰耗按 1 310 nm 窗口计算，OLT 的发射光功率按 3 dBm 计算。

由于某分局至某小区和某科技大厦用户之间的距离为 2~5 km 取最大值，由式(4-1)可算出 OLT 至 ONU 之间的最大光衰耗为

$$a=3-17-5\times0.4-(0.4\times2+0.1\times2)=-17 \text{ dB}$$

由此可见，OLT 至 ONU 之间的最大光衰耗在 ONU 设备光灵敏度的范围内，因此可以保证数据光信号的可靠接收。

(2) ODN 光缆布线设计方案

ODN 的组成部分有光纤光缆、无源光衰减器、光连接器、光分路器(OBD)、ODF、光缆交接箱、分歧接头盒、分纤盒、用户智能终端盒等。ODN 为点到多点结构，按照其连接方式

不同主要可分为星形、树形、总线形和环形结构。在选择何种结构时需要考虑多种因素,这些因素主要有:房屋的分布与建筑结构,OLT 和 ONU 之间的距离,不同业务的光通道,可用的产品与技术,光功率预算,波长的分配,升级的需要,可靠性和可用性,操作管理和维护,ONU 供电,安全性,光缆容量,接续次数等。

ODN 的结构设计十分关键,除应考虑如前所述各种因素外,还应考虑能充分降低整个系统(而不仅仅只是线路产品单方面)的建设成本问题。某分局至某小区和某科技大厦的 ODN 光缆布线设计方案如图 4.3.8 所示。具体设计方案如下。

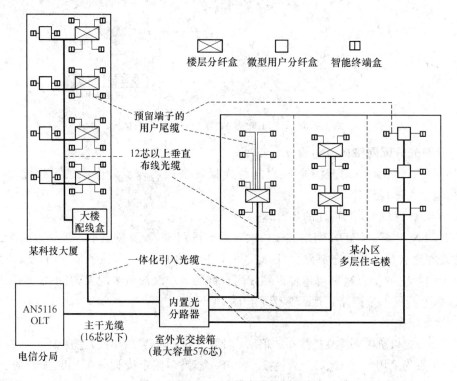

图 4.3.8　ODN 光缆布线设计方案

① 根据 OLT 和 ONU 之间的距离决定光分路器的放置和光缆分歧方法。分路器的布放至关重要,特别是从安全性和便于集中维护考虑,分路器的放置要尽量集中。当小区范围较小时,可将分路器置于 OLT 机房侧,如 ODF 架上或大楼地下室配线间内,选用大芯数的配线光缆,在室外利用分歧接头盒实现光缆分歧,配线光缆可为大芯数带缆或大芯数松套管层绞式光缆;当小区范围较大时,可将小区划分为几个片区,按片区放置室外光交接箱,分路器置于室外光交接箱内,光缆分歧也在光交接箱内进行,馈线与配线光缆通常为小芯数光缆。通常立式光交接箱的安装要打水泥基座,还会受到花坛及规划限制,因此室外光交接箱以壁挂式为宜。

② 光缆无论在室外还是在室内分歧,都应该考虑适当的备用纤芯,线路设计时还应尽量减少分歧与接续次数。根据楼内管道情况决定分纤盒的放置方法,可每 2~5 层放置一个分纤盒,推荐每 3 层楼放置一个分纤盒,既降低了线路及工程成本,也便于楼内分支点的相对集中管理和维护。

③ 从室外引入楼内的配线光缆宜采用室内外一体化光缆,光缆芯数根据单元用户数和

备用纤芯情况选择,同时光缆必须满足结构尺寸小、柔软、阻燃、抗拉、非金属等环境与使用要求。

④ 对于新小区的楼内通信管道/线槽建设,原则上不宜布置明线,尽量利用小区/大楼内已经铺好的管路/竖井,对不满足布线要求的管路,需重新铺管的部位,应尽可能减少对建筑环境的破坏。

⑤ 楼内的光纤接续尽量采用卡接方式,FTTH 实际接入设备如图 4.3.9 所示。

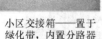
小区交接箱——置于绿化带,内置分路器

小区交接箱内部视图

光交接箱内的分路器

楼道光缆引接

楼道交接箱

用户终端盒（内置ONU）

用户终端盒内部

图 4.3.9　FTTH 实际接入设备示意图

4.3.3　工程方案实例

本试验网覆盖某大厦三栋塔楼(吉润楼、祥润楼、鸿润楼)和 1～5 层裙楼部分(目前按20 个门面考虑),其中吉润楼 176 户、祥润楼 176 户、鸿润楼 192 户、裙楼铺面 20 户,总容量为 564 户。吉润楼六楼有电信公司的光纤机房,同时该机房也是电信公司合作路局的光环光节点。本工程将采用 FTTH 设备和光纤为用户提供语音和数据业务,并根据用户的业务需求,可平滑升级为同时提供语音、数据、图像等多种业务的"三网合一"网络。

1. 设备组网方案

本方案 OLT 与 ONU 之间采用树形网络拓扑结构。光线路终端(OLT)安装在大厦通信机房,采用－48 V 电源供电,光分路器放在大厦吉润楼六楼通信机房光配线架内,此大厦属于综合型商住楼,含写字楼、商铺和住宅。根据不同用户需求,本次工程需要提供不同组网方式,写字楼和商铺要求光纤到桌面,但对普通住宅用户提供光纤到楼层的接入方式。ONU D400 相应地放在弱电井或用户家内,ONU D400 的下联4 个 RJ45 接口支持 10/100 Mbit/s 自适应,提供语音、数据 IPTV 业务。试点工程网络拓扑示意图如图4.3.10所示。

EPON 使用波分复用(WDM)技术,在同一根光纤中同时处理双向信号传输,上行信号使用 1 310 nm 波长,以时分多址(TDMA)方式传输;而下行信号使用 1 490 nm 波长,以广播的时分方式(TDM)传输。

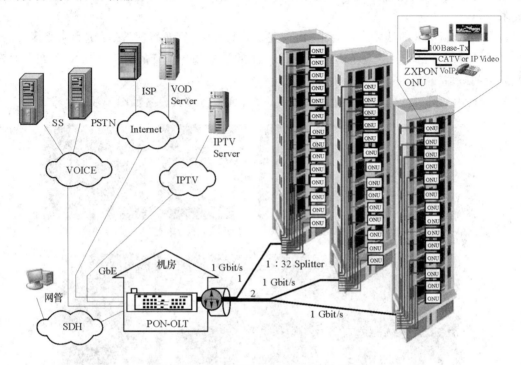

图 4.3.10　某大厦试点工程网络拓扑示意图

2. 业务提供方案和设备配置

基于 EPON 的 FTTH 解决方案可实现多种业务的综合接入,包括话音业务、宽带数据业务以及视频业务。中兴公司生产的 C200 是一款大型的电信级 GEPON 设备,单框可以插 5 块 PON 接口卡,每个 PON 接口卡具有 4 个 PON 接口,支持 1：32 的分路比,因此单框可以提供 20 个 PON 接口,最多可以连接 640 个 ONU。可以在 1 根光纤上实现 TDM、数据、模拟电视 3 种业务的接入。C200 具有 4 个 GE/FE 自适应上联接口,背板交换容量 64 G(主备共 128 G),核心交换卡支持主备倒换。

本方案采用中兴公司生产的 C200 EPON 系列产品,将 OLT 设备放置在通信机房,将分路器也放置在通信机房内的 ODF 架中,采用 1：32 的分路比一次分光,再通过室外光缆经分支连接到楼道,经过楼道中每 2 层共用一个 ODF 箱连接到楼道或用户家中的 ONU。

中兴公司的 C200 系统单子框能够提供 20 个 PON 接口。本次试点工程共计用户 564 户,其中家庭用户 544 户,每层楼 4 户共用一个 ONU,同时考虑预留 20 个单独的 ONU,为每个商铺用户单独分配一个 ONU。按照 1：32 的分路比计算,总计 6 个 PON 系统,因此只需采用 1 台 C200 设备来建设本次 FTTH 工程。由于 C200 每块 EPON 接口卡有 4 个 PON 口,因此本工程需要配置 2 块 EPON 接口卡。

(1)语音业务

C200 设备对于语音业务的开通支持两种方式,一种是经语音网关系统转换后通过 V5 协议连接到 PSTN 网络中,另一种是直接连接到软交换平台中。本次工程中采用第一种方式,如图 4.3.11 所示,即直接使用 V5.2 协议与传统 PSTN 进行对接,该方式在该市电信软交换没有完成部署前的一段时间内,是一种比较合适的语音接入方案,利用两个 V5 交换端口上联。采用此种方式,用户使用 IAD 1601 作为用户 VoIP 终端,在使用中 IAD 的 IP 地址设置可以采用私网地址,与 TG 网关的接口的地址在同一网段,或通过路由可达,无须占用公网 IP 地址,IAD 使用 MGCP 协议来实现 VoIP 功能。

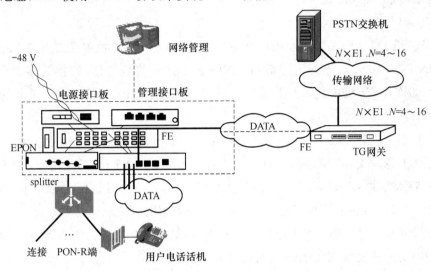

图 4.3.11　基于 TG 网关 IP 转化 V5 的话音解决方案拓扑图

（2）数据业务

数据接入方式与现有宽带用户接入方式类似,用户的认证可以通过现有设备来完成,认证方式可以采用传统的 PPPoE 的认证,利用 2 个 GE 光口接入 7609 数据设备,为用户提供上行的数据业务。

（3）IPTV 业务

对于 IPTV 业务的支持,有如下两种方式:一种是所有业务经过 BAS,另一种是 IPTV 业务单独上联,如图 4.3.12 所示。本书采用高速上网业务和 IPTV 业务分开上联,在这种方式中,用户上网还是采用原有的方式,通过 BAS 设备进行认证和管理;IPTV 用户采用固定 IP 或DHCP 接入,DHCP Server 可以挂接在汇聚交换机上或直接由汇聚交换机充当。

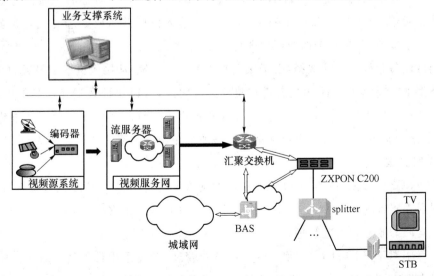

图 4.3.12　IPTV 业务单独上联拓扑图

用户管理直接由 IPTV 后台系统进行管理,为了避免 IPTV 用户进行上网业务,在汇聚交换机上配置 ACL,让这些用户只能访问 IPTV 业务服务器,利用 1 个 GB 光口上联。

(4) 用户业务接入方式

① FTTH/FTTO 接入方式

FTTH/FTTO 用户是指商业用户以及部分将 EPON ONU 放置在用户室内的用户,使用 ZXPON D400 方式在光纤入户后由 ONU 设备将光信号终结,转换为多种电接口为 IAD、计算机和 IPTV 机顶盒等提供接入,为用户提供数据+语音+IPTV 全业务的接入。

② FTTB 接入方式

FTTB 用户是指本次工程中原有以太网的用户,这种应用中将 ONU 放置在竖井中,使用五类线入户,对每个用户只提供一个以太网接口入户。在 FTTB 的应用中,ONU 设备将光信号终结后,提供 4 个以太网口,分别给 4 个用户接入。根据用户业务的不同,用户室内布线方式以及业务提供方式也不相同,具体有如下两种用户类型。

- 单纯数据业务。用户家中已有 PSTN 电话,只需要提供高速上网业务:五类线利用原有的入户线缆,提供用户进行高速上网。
- 数据+语音+IPTV。对于有 3 种业务需求的用户,室内除增加 IAD 外,还需要增加 IPTV 的机顶盒设备,将在用户家中再增加一个小交换机,用于端口扩展,其中小交换机的上联端口直接与入户的五类线相接,下联端口分别连接 IAD 和 IPTV 机顶盒的上联端口,业务配置中将语音业务的优先级设为最高,IPTV 次之,数据最低,以便于带宽的分配。

3. 线路接入方案

该大厦用户光缆的布放,由大厦六楼机房光配架布放一条 96 芯骨架式带缆(4 芯带)至大厦四栋塔楼(德润楼、吉润楼、祥润楼、鸿润楼),通过楼道竖井内分纤至 ONU。为方便少部分分布在住宅区域的商业用户扩容以及纤芯备用,骨架式带缆纤芯容量按照每层楼 4 根纤芯考虑。对于 2~5 层的商业用户,直接从六楼接入机房并布放 4 芯皮线光缆至用户单位。终期容量按照每层 10 个商业用户即总数 40 个考虑。

分光器设备布放地点的选择:由于该大厦属于高层建筑,从接入机房至最远的用户不超过 250 m,因此分光器和线路的光衰耗在建议衰耗之内,可以保证数据光信号的可靠接收。分光器全部设在接入机房内,一期按照商业客户每户 1 根纤和住宅用户每层 1 根纤配置分光器,对于今后业务发展,可以很灵活地通过增加分光器来实现。

4. 网管方案

ZXPON C200 以及 ZXPON ONU-D400 的网管平台采用 ZXNM01 网管系统,该网管系统可以对所有产品进行统一管理,ZXPON 系统网管功能也由 ZXNM01 系统完成,对整个系统进行全面的业务和配置管理。

本工程中对于 FTTH OLT 和 ONU 设备的管理,考虑采用带外管理方式。网管中心在二枢纽大楼内,需要在 OLT 和网管中心两端设置以太网桥设备,通过 E1 连接接入网

SDH 网络,透传网管数据,连接到网管系统提供的 FE 接口。

4.3.4　宽带小区布线工程方案

一个新建小区共有住宅楼 12 栋,综合办公楼 1 栋,住户 432 户,采用 FTTX＋LAN 方式接入,整个工程分为 3 部分:户线工程、宽带光缆线路工程、设备安装调测工程,现分别介绍如下。

1. 户线工程

为保证每户独享 100 M 以太网端口,必须在楼内进行户线工程,将宽带五类线放置在用户门头或家中,并在每单元内放置一台壁挂式多媒体箱(或配线箱),为考虑楼内整齐美观,缆线采用暗管或线槽布放。

该部分与综合布线的工作区子系统和水平布线子系统相对应。

- 工作区布线子系统为每一个用户提供一根超五类非屏蔽双绞线,为了方便用户信息终端的灵活放置,再从第一个模块盒引一根长跳线至另一间房间。
- 水平布线子系统的水平线直接由单元配线箱引出沿暗埋管道敷设至每户室内。水平线用户室内的一端连接在超五类信息模块上,另一端直接做 RJ45 头插在单元配线箱内以太网交换机的 10 M 交换端口上,如图 4.3.13 所示。

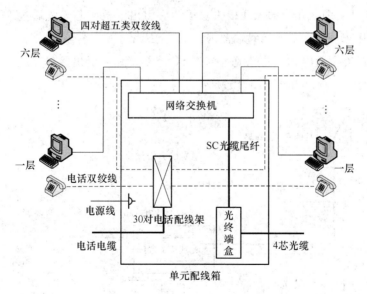

图 4.3.13　楼内综合布线示意图(每单元)

语音部分水平线选用 2 对专用电话线缆。布线系统每单元所需水平线材料如表 4.3.3 所示。

小区共有住宅楼 12 栋,每栋 3 个单元,按每单元 378 m 计算,布线系统共需超五类非屏蔽双绞线 13 608 m,2 对专用电话线按每单元 418 m 计算,布线系统共需 2 对专用电话线15 048 m。

表 4.3.3 用户线材料表

楼 层	超五类非屏蔽双绞线/m	2 对专用电话线/m	备 注
1 层	43	49	
2 层	51	58	
3 层	59	66	
4 层	67	75	每层 2 户
5 层	75	81	
6 层	83	89	
合计	378	418	

2. 宽带光缆线路工程

宽带光缆线路由电信机房到小区中心机房的光缆和小区中心机房到单体楼内多媒体箱的光缆两部分组成。由电信机房到小区中心机房的光缆不在本书讨论范围之内,由小区中心机房到单体楼内多媒体箱的光缆与综合布线的干线子系统相对应。

小区楼宇间数据主干采用 21 芯光缆连接,布线系统为每栋住宅楼提供一根 21 芯光缆。光缆由小区总控室光纤配线架引出沿小区内地下预埋管道敷设至每栋住宅楼前电缆人孔内,并通过安装在电缆人孔内的光缆接头盒接续后引出 3 根 4 芯光缆通过地下预埋管道分别敷设至住宅楼东、西、中单元光终端盒内。

进入单元光终端盒内的 4 芯光缆直接与 SC 尾纤接续后引出接单元配线箱内交换机的光纤端口上,如图 4.3.14 和图 4.3.15 所示。

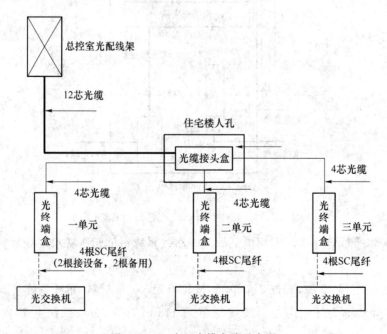

图 4.3.14 小区光缆布放示意图

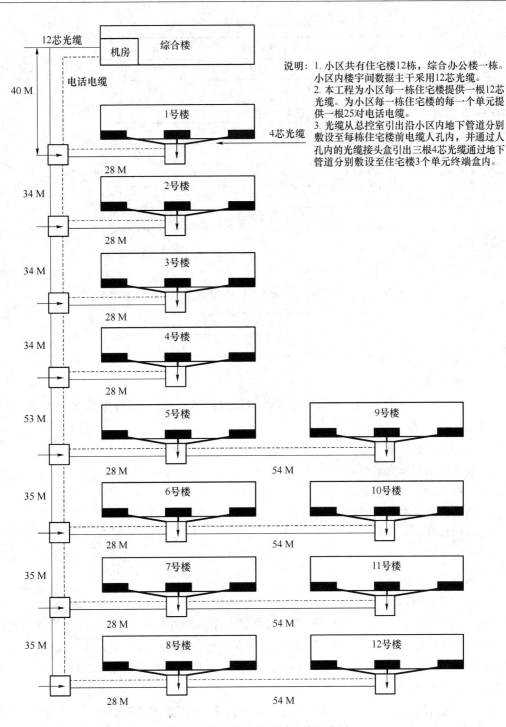

图 4.3.15　小区光电缆走线示意图

　　小区话音主干采用普通电话铜缆,为每栋楼每个单元提供一根 20 对电话电缆。电话电缆从总控室电话配线架引出沿小区地下预埋管道敷设至住宅楼每个单元配线箱内。系统共需光缆材料如表 4.3.4 所示。

表 4.3.4　光缆材料表

楼　号	12 芯光纤/m	4 芯光纤/m
1	128	81
2	162	81
3	196	81
4	230	81
5	283	81
6	318	81
7	353	81
8	388	81
9	337	81
10	372	81
11	407	81
12	442	81
接头损耗	100	—
合计	3 716	972

3. 设备安装调测工程

此工程主要是小区中心机房和单元多媒体箱内网络交换机、光纤配线架的安装、调测等,主要有以下内容:

- 中心交换机安装;
- 接入交换机安装;
- 交换机端口 IP 地址配置、VLAN 划分;
- 网管系统的软硬件配置;
- 网络性能指标测试;
- 网管系统功能测试;
- 网络安全测试;
- 计费功能测试。

小区布线系统在小区综合楼一层总控室设置一个总光纤配线架,在小区每栋楼前的管道人孔内设一个光接头盒,在小区每栋楼每一个单元配线箱内各设一个光终端盒。

总控室的光纤配线架选用标准机柜式安装配线架,用于端接敷设至每栋住宅楼的 12 根 12 芯光缆(共计 144 芯)。

管道人孔内的光接头盒选用国产二进二出光接头盒,用来将敷设至每栋住宅楼的 12 芯主干光缆分成 3 根 4 芯光缆延伸至住宅楼单元配线箱内。

单元配线箱内的光终端盒选用国产 4 口光终端盒,用于端接敷设至各住宅楼单元配线箱内的 4 芯光缆。

尾纤选用国产 SC-SC(1.5 m)双头跳线,光纤跳线选用国产 SC-SC(3 m)双头跳线。工程使用尾纤(跳线)及光缆设备数量如表 4.3.5 所示。

表 4.3.5　尾纤(跳线)及光缆设备使用数量

楼　号	SC-SC 尾纤 (1.5 m)	SC-SC 跳线 (1.5 m)	光终端盒	光接头盒	光纤配线架
1	6	—	3	1	—
2	6	—	3	1	—
3	6	—	3	1	—
4	6	—	3	1	—
5	6	—	3	1	—
6	6	—	3	1	—
7	6	—	3	1	—
8	6	—	3	1	—
9	6	—	3	1	—
10	6	—	3	1	—
11	6	—	3	1	—
12	6	—	3	1	—
综合楼	72	112	3	—	1
合计	144 根(双头)	112 根 (40 根备用)	36 个	12 个	1(144 芯)

4. 建设费用分析

以 500 住户左右的新建住宅小区为例,住宅楼内部暗管的建设符合布线要求,小区内建设通信管道,用户电缆和光缆由小区通信机房沿管道敷设到各住宅楼内。

用户电缆配线数量为每户 2 对线,至每栋楼 4 芯光缆,每户 2 根超五类光缆到住户门口,不包含室内布线部分。按户计算通信建设造价组成约为:

① 2 根超五类布线 85 元;

② 单元内配线设备 10 元;

③ 光缆和光配线架等 200 元;

④ 小区交换机 560 元;

⑤ 单元内交换机 415 元;

⑥ 通信管道 80 元;

⑦ 音频电缆 160 元。

则小区内的通信建设费用每户约为:1 600 元。

按首期 10% 的开通率来算,使用宽带的用户第一年约 50 户,每户办理宽带需 200 元的调试费,那么 50 户就有 1 万元左右;每户每月的宽带月租费 10 元,那么 50 户每年的费用也在 6 万元左右,可以看出第一年就可收回 7 万元的投资。如果宽带用户按每年 10% 递增,则第二年可增加 50 户宽带用户,可收回 13 万元的投资,……,依此类推,第 N 年可收回 $7+6(N-1)$ 万元的投资;最终,当小区 500 户全部使用宽带时,每年可收回 60 万元的投资。可以看出,宽带一次投入每年都有利润,而且随着用户规模的扩大,这个利润(不考虑资费的下调)是逐年固定增长的。

小　结

1. 本章介绍了无源光网络(PON)的规划和工程设计实例,主要包括 PON 的规划、FTTH 工程设计规范以及 EPON 实现 FTTH 的工程设计方案等内容。

2. 本章内容是对第 3 章内容的延伸和实际应用。通过本章学习,读者需要掌握 PON 的规划、FTTH 工程设计规范,并对 EPON 实现 FTTH 的工程设计方案有明确理解。

思考与练习

4-1　试述 PON 网络主要建设模式有哪些,并简述其应用原则。

4-2　试述 PON 网络建设投资模型。

4-3　简述 EPON 的 FTTH 工程设计中光分路器的类型选择和分光比选择特点。

4-4　简述 EPON 的 FTTH 工程设计中 ODN 的组网原则。

4-5　简述 ODN 的设计原则包括哪些方面。

4-6　简单设计一个基于 EPON 实现 FTTH 的智能大厦工程方案。

第5章 CATV和HFC接入网

当前,已成规模的有线接入网除了电信业务的金属线缆接入网、光纤接入网之外,就是用于广播电视业务的有线电视系统(CATV)同轴电缆接入网。随着新业务的发展,要求能够在一个接入网内传送多种业务乃至全业务。CATV 的同轴电缆接入网无疑是一种具有优势的发展基础,因而出现了混合光纤/同轴(Hybrid Fiber/Coax,HFC)接入网。HFC 的基础就是传统的同轴电缆 CATV 网,经历了同轴电缆 CATV 网、单向光纤 CATV 网到双向 HFC 网的演变过程。

混合光纤/同轴电缆接入网是一种综合应用模拟和数字传输技术、同轴电缆和光缆技术、射频技术的高度分布式智能形的接入网络,是电信网和 CATV 网相结合的产物,是将光纤逐渐向用户延伸的一种新型、经济的演进策略。

5.1　传统同轴电缆 CATV 系统

5.1.1　CATV 系统概述

在一定区域内用有线方式为用户提供多路图像、声音广播及数据信号的系统叫有线电视系统。

有线电视系统早期是以接收电视及广播节目为目的的共用天线系统,即共用一组优质天线,以有线方式将电视信号分配到各用户的电视系统。共用天线系统克服了楼顶上天线林立的状况,解决了因障碍物阻挡和反射而导致的接收信号的重影及衰耗,有效改善了接收效果。

随着服务区域的扩大、系统频道的增多,公用天线系统逐渐不能满足人们对收视效果更高的需要,很快过渡到邻频道有线电视系统。邻频系统不再是只对射频信号作简单的处理,而是采用复杂的中频处理方式,大大减少了频道间的干扰,改善了信号质量,增加了系统容量,是有线电视技术发展的一次重要突破。

20 世纪 90 年代中期以后,随着社会的进步、技术的发展,有线电视系统向着大规模化、多功能化、多业务化的方向迅速发展,除了基本的广播电视节目以外,各种新技术新业务(如光纤技术、双向传输、VOD、HFC 技术、多媒体业务等)得到了越来越广泛的应用,尤其是光传输技术的应用,克服了同轴电缆传输方式的一系列严重缺陷,是有线电视技术发展的一次重大飞跃。

我国的有线电视网络从 1964 年研究共用天线开始,经历了技术和系统建设的准备,80

年代共用天线进入居民楼并建立以同轴电缆方式为主的企业共用天线网,90 年代中期开始形成大规模跨区域有线电视联网,到 90 年代末的快速发展时期,开始建设大容量、数字化、双向多功能有线电视综合业务数字网。到 2006 年底,全国有线电视网络达 240 多万千米,有线电视用户达 1 亿户以上,有线电视已成为我国广播电视的重要组成部分。

5.1.2 CATV 系统发展状况

1. 我国有线电视网络发展情况

我国有线电视起步于 80 年代后期,从企业共用天线系统、小城区电缆电视系统起步,很快发展到中等城市的电缆电视网和大城市部分区县的电缆电视联网。1992 年 5 月上海嘉定区光纤 CATV 科研示范工程开通,在我国首次实现了用一根光纤同时传送近 20 套电视节目至 5 000 户家庭。稍后,上海长宁区有线电视台光缆干线和无锡市有线电视网光缆干线建成。这三项工程的成功实践揭开了自 1993 年开始的中国光纤有线电视网如雨后春笋般在全国大发展的序幕。

随着信息技术的发展,有线电视产业正面临着一个非常重要的历史发展时期,有线电视网正朝着数字化、宽带化、多功能综合业务的方向发展,有线电视作为一个新兴的产业已具雏形。在国家政策的支持下,国家广电总局根据我国有线电视网的自身资源优势,提出广播电视网络实现 A 平台(传输模拟电视、数字电视等广播节目业务)、B 平台(传输数据、语音等交互式业务)建设的构想,有线电视网除满足传统的广播电视业务外,着重发展满足用户对宽带综合业务的需要,因此,有线电视网面临着前所未有的发展机遇。目前,全国大多数地方的广播电视局或有线电视台已计划把现有的有线电视(HFC)网络建设或改建成为一个覆盖全市(县)的有线电视宽带综合信息业务网,成为能实现数据、语音、视频相融合的宽带多媒体城市基础通信网络,为各类用户提供综合信息服务。

近几年来,全国各地有线电视网络多数进行了大规模的改造,将原来 550MHz 以下的纯同轴电缆网改造为 750 MHz 或 862 MHz 以上带宽的 HFC 网络,新建的有线电视网都是 HFC 网络形式。有线电视 HFC 网主干为光纤,在网络规划和敷设时,往往预留了足够的光纤芯数作为备份扩展,而且大多数都是星形连接方式,通达政府、企业、住宅小区等城市的各个区域,利用有线电视 HFC 网覆盖范围广、频带资源丰富的优势,构建有线电视宽带综合信息网具有得天独厚的有利条件。

一方面,我国的 CATV 经历二十多年的发展,已经成为全球第一大有线电视用户国家。截至 2006 年底,我国有线电视用户数已达到 1.39 亿户,并以每年 600 万户以上的速度增长,有线电视网络的里程超过了 240 万千米,已经形成了国家干线网与省级干线网和地县级本地网相连接的网络传输体系,形成了大约两千多亿元的存量资产。另一方面,随着近年来基础网络的发展和 Internet 应用的普及,到 2006 年底,我国网民数量已经超过 1.3 亿人,成为仅次于美国的全球第二大用户群体。这两个正在增长的数字为有线电视网络的发展提供了良好的市场基础和发展机会。近年来,我国有线电视网络的发展呈现出以下发展趋势。

(1)数字化

数字化是信息传播从传统方式向电子和网络形态转变的重要标志。通信网、广播电视网和计算机网的数字化都在迅速进行,特别是有线电视网的数字化为信息交换提供了前所未有的广阔前景。由于数字压缩技术的发展、成熟和标准化,今后广播电视信号的获取、产生、处理、传输、接收和存储都将数字化,数字化不仅使有线电视网络可以传输更多更高质量的广播电视节目,满足不同用户的不同需求,同时也是向基带数字网络发展的一个关键步骤。随着多功能交互业务的开发和发展,基带数字业务所占比例越来越大,模拟信号趋向于总量减少,最后基带数字信号将全部取代模拟信号,有线电视网络的数字化成为必然的趋势。

（2）宽带化

随着视频点播、网络互动游戏、IPTV、电子商务、电子政务、远程医疗、远程教育、SOHO、集团用户的高速虚拟专网等高带宽业务的出现,用户对接入带宽的需求越来越高,现有的以 Cable Modem 为主的宽带接入方式已经很难满足用户对高带宽、双向传输能力以及安全性等方面的要求。

（3）光纤化

这一方面是由于用户对带宽的需求越来越高,对服务的需求越来越多样化,如家庭购物、VOD、家居银行、家庭办公;另一方面也是由于技术的不断成熟和生产规模的扩大,光纤、光缆、光设备、波分复用器（DWDM）等主要产品的价格也在不断降低。这些使得光纤逐步向用户靠拢,最终将直接同用户的终端设备相连,实现光纤到办公室（FTTO）或光纤到家（FTTH）。另外,光分插/复用器、光交换机、光孤子通信技术的出现也为网络的光纤化提供了技术上的准备,欧美、日本等地都在进行全光网络的试点实验。

（4）双向化

随着有线数字电视整体转换工作的快速推进,国家对"三网合一"的要求以及有线电视自身发展和融合的需要,网络双向化建设与改造再次成为有线电视行业的热点。有线电视行业对于网络双向化改造的重要性和紧迫性的认识已达到空前的统一,现在是"如何改和怎么改"的问题。

（5）分布式结构

随着网络覆盖区域的不断扩大和用户数量的不断增加,汇聚到前端的光纤数量越来越多,这种情况不仅造成网络成本的不断上升,而且给线路的维护、机房的管理、系统的安全带来一系列的问题。建立具有分前端的多级光纤网络,不但可以提高网络的安全性,增加频带资源利用率,分散交换设备占用的机房,而且也为未来双向数据交换奠定了基础。

（6）三网合一

有线电视网络将向三网合一（TP）、提供综合业务方向发展。随着数字视频技术的发展,如网络广播流媒体、视频交互业务、网络交互电视等新兴业务的产生,用户的消费习惯也在发生潜移默化的巨大变化,从单向到双向,从看电视到用电视,从看节目到做节目,新技术带来的巨大变化,不仅为运营商带来了巨大的商机,也为传统的运营商市场划分带来了变革。有线电视网络不仅可以传输模拟电视、数字电视、进行交互数据业务,还可以传输电话,所以三网融合的趋势是必然的,我国在《广播影视科技发展"十一五"规划和 2020 年远景目标》中也提出了"积极研究推进三网融合,构建以数字电视网为基础的下一代网络"的要求和目标。

2. 国外有线电视网络发展情况

现在,国外一些较发达国家的有线电视技术飞速发展,正在大力推广数字电视广播,逐步关闭模拟电视系统,并向全面实现网络的双向化宽带传输,开展视频、语音、数据方向发展。

自1997年年底以来,美国通信领域出现一股有线电视热,它主要表现在:有线电视网络公司被大的通信公司兼并;有线电视网络公司互相合并扩大规模;有线电视网络公司开始提供数字电视、Internet接入、电话等多项有竞争力的通信业务,与本地电话公司形成激烈竞争;一些有实力的大公司也纷纷介入,致使有线电视网络公司价值巨长。从90年代末以来,美国已有近90%的有线电视网络被升级成为宽带通信用户接入网,全面开展数字电视和有线宽带接入,并且大力推广交互式数字视频和本地电话等多种用户业务,开始形成与现有各大本地电信公司的电话、ADSL等通信业务竞争之势,为世界有线电视行业的发展开辟了成功的方向。

德国媒体管理当局2004年提出加速向数字化转型的计划,在2006年前关闭所有的地面模拟电视传送。强调所有市场中的各方,包括公共和商业电视商、DTT(数字地面电视)传输服务商、机顶盒制造商和媒体管理机构,需形成一个全国性的推出计划以实现这一目标。

1998年1月第一个数字地面广播(BBC的onDigtial)在英国开播。据英国独立电视委员会(ITC)2002年12月31日发布的统计数字,数字电视渗透率在英国已经达到了41%,这也是数字电视渗透率在英国首次突破40%大关。到2004年底,英国的数字地面电视用户达403万户。

俄罗斯计划2015年前完全实现广播电视"数字化"。

法国在2004年4成居民可看数字电视,法国广播电视管理机构选定了30个频道作为法国国家数字地面电视开播的基础,并拟定出了DTT开播的时间表。这30个频道是由免费广播(FTA)和付费电视频道混合组成的,其中免费广播电视频道16个,付费电视频道14个。根据法国管理机构的安排,到2004年底法国40%的居民将基本上能接收这种新频道提供的节目,到2008年覆盖用户可达到80%。

国际上,在有线电视城域分配网、接入网技术方面,目前,日本、韩国以EPON系统为主流,实现FTTX,尤其是日本Ge-PON的千兆位EPON系统,已经实现FTTX的户数超过150万户;美国为首的北美市场主要以APON为主流,考虑到将来的发展,北美也存在EPON的市场。

5.1.3　CATV系统

CATV系统一般由前端、干线传输网、城域分配网、用户接入网等组成。前端一般由卫星电视节目信号、上一级有线电视传输网络信号、自办节目信号等经过调制混合,形成本地有线电视系统的射频(RF)信号源。该信号可能包括模拟电视信号、数字电视信号以及图文电视和数字音频广播等。前端需要的主要设备有:卫星接收机、调制器、混合器等,数字电视还需要编码器、TS复用器、QAM调制器、EPG发生器、SMS用管系统、CAS条件接收系统等。干线传输系统一般由光发射机、光放大器、光纤、光分路器、光接收机、干线放大器等组成,主要负责射频电视信号的传输。在90年代初期以前,干线传输主要是由干线放大器组成,但是干线放大器的级联数不能超过16级,否则严重影响载噪比(CNR)等技术指标。

CATV网基本上是一个以单向传输为主的宽频带同轴电缆分配网,众多频道的电视信号自前端经过沿线各级放大器、分配器进入家庭,图5.1.1是一个传统的单向业务同轴电缆

CATV 网。为了实现双向传输,将 CATV 网线路中的所有单向放大器改为双向放大器即可。

由图 5.1.1 可知,一个 CATV 系统是由前端(CATV 信号源)、传输干线、配线和引入线组成。配线和引入线组成的网络一般采用树形拓扑结构,利用同轴电缆将 CATV 信号分配给各个用户。

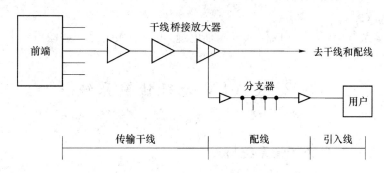

图 5.1.1　传统 CATV 网结构

同轴电缆主要有 3 类,即干线电缆、配线电缆和引入线电缆。其中干线电缆常常采用复合电缆结构,即同轴电缆外层上附加双绞线,可用于供电目的,又称连体电缆。

典型的 CATV 系统中,它可以接收 VHF、UHF 和卫星(SHF)信号,并能通过调制器、放像机输送预先录制好的节目,将各种信号混合后通过 CATV 网输出给各个用户。

前端通过 VHF 天线接收下来的信号,经过天线放大器和频道放大器放大后送入混合器,在信号较强时可省掉天线放大器,而通过 UHF 天线接收下来的信号则需经频道转换器把 UHF 频段信号转换成 VHF 频段后送入混合器。通过 SHF 卫星接收天线接收的信号经过解调器和调制器再送入混合器。对于闭路传输的录像节目也通过调制器送入混合器,此外还在混合器中加入导频信号,用以调整干线放大器的增益。混合器的输出端经过一个高输出能力的宽带放大器送入传输系统。

传输系统采用同轴电缆,传输干线都选用较粗的电缆以便减小损耗、增加传输距离。每经过一段传输距离要串接一个干线放大器,以补偿传输干线的损耗。由于电缆对高低频道损耗不同,故干线放大器要具有一定的均衡功能,以补偿电缆损耗的差异。此外,电缆损耗还随温度和湿度等变化。因此,为了保持电平的稳定还要使用带有自动电平控制和自动斜率控制的干线放大器。这种放大器通过前端发出的导频自动控制干线传输系统,当然,也可以不用导频信号而采用敏感元件组成的温度补偿电路来抵消温度变化的影响。

干线放大器需要分支时,还要有一种分配输出的能力。这种为了提供分配点而接在干线中的放大器叫干线桥接放大器。

在干线传输系统中,为了给干线放大器提供电源,需要接入“线路供电器”。

为了补偿配线段由于电缆分配和分支损耗引起的信号衰减,需要接入 2～4 个要求较低的放大器,称为线路延伸器。传统 CATV 配线网典型距离为 1～3 km。

从配线网来的信号到达用户处的无源分支器后,再分路(4～16 路)经一段短引入线直接送给电视机或录像机,引入线通常采用直径较细的软电缆。

传统树形 CATV 系统的最大优点是技术成熟,成本低,很适于传送单向广播型电视信号。其主要缺点是:

① 难以传输双向业务；

② 网络结构脆弱,任何放大器故障可能影响很多用户,越靠近前端的干线放大器故障影响用户越多；

③ 系统各部分性能不一致,离前端越远的用户信号质量和可靠性越差；

④ 难以查找故障点,因为广播信号单向传输,中间经许多分支点,因而只有等用户申告后才知道出了故障。

在CATV系统中,用光纤取代部分同轴电缆,可以克服上述一些缺点。

5.2　CATV 光纤传输系统

5.2.1　CATV 光纤传输系统特点

随着社会的进步、技术的发展,有线电视系统也得到了迅速的普及和发展,呈现出新的特点,归纳起来有如下3点：

① 随着系统服务区域的扩大,出现了系统的大规模化；

② 由于卫星技术的发展,节目源日益丰富,传输频带不断拓宽,频道容量显著增加,促进了系统的多频道化；

③ 数字技术的进步,促进了广播电视与通信技术相融合的多业务化、多功能化的趋势。

这3个特点互为因果、相互促进,使得有线电视系统作为未来信息高速公路的重要媒体之一,朝着更高的网络水平发展,而传统的同轴电缆传输方式已不能满足这种发展的需要。随着光纤技术的迅速发展,在一根光纤中传输多频道模拟电视信号已经实现并迅速扩展开来,光纤技术应用于有线电视系统从根本上克服了电缆传输方式的不足,为有线电视系统的大规模化、多频道化、多业务化和多功能化开辟了广阔的前景。

数字光纤通信系统中传输的是二进制数码0和1,并采用脉冲波形的基带传输方式。在光发送机中,用脉冲电流直接调变光源的发光强度,或者用脉冲电压调变通过外调制器的光波强度,就实现了数字电信号的发送。光接收机则从强度已调光波中探测出脉冲电流,并转换成脉冲电压输出。这种系统依赖于光接收机后的判决再生电路恢复原始发送的信码,从而具有各种数字传输系统的共同优点：无噪声积累,抗干扰能力强,可以多次中继,安全保密性好,电子线路采用超大规模集成电路,因此设备体积小,可靠性高,成本低。在广播电视中,数字传输广泛用于局间中继线、长途干线等。

与数字光纤传输系统相比,模拟传输系统的优点是电路和设备都相对比较简单,缺点是由于对模拟调制信号直接进行放大中继传输,必然存在一级级的噪声积累,中继次数受到限制,安全性差等。虽然模拟传输系统存在上述诸多缺点,但是模拟广播电视体制在世界上已经应用了几十年,并且模拟电视机十分普及,物美价廉。模拟有线电视传输系统占用频带窄,采用光纤代替同轴电缆作为传输介质可以使传输距离长、传输质量高。与数字有线电视光纤传输系统相比,在传输距离不太长的地市级模拟有线电视传输系统中,仍然具有性价比方面的优势。特别是1990年AM-VSB光纤传输设备大规模的商用化以来,多路电视模拟光纤传输系统给有线广播电视事业的发展在广度和深度上都带来了质的飞跃。这也是当前有线电视网发展的主要发展方向,预计宽带模拟光纤传输系统的大量应用可以延续到 21 世纪的前期。当然,随着信道编码技术的发展和有线电视数字传输、接入设备的进一步商业化,在不远的将来,模拟有线电视传输系统必然被数字传输系统所取代。

光纤技术的出现和发展为 CATV 向更先进的网络过渡提供了条件,但目前用光纤取代全部同轴电缆在经济上还行不通。因此,最现实的方法是用光纤取代传输干线或干线的大部分段落,其余部分仍用同轴电缆。具体办法是将整个网络分成较小的服务区,每个服务区用光纤连至前端,服务区内仍基本为同轴电缆网。

传统 CATV 网中同轴电缆的衰减较大(30～40 dB/km),每隔 400～500 m 就要加一级放大器,因此在建设中型和大型 CATV 系统时,一般采用光纤作为干线传输介质,结合使用光无源分路器(分光器)进行功率的分配,并采用树形或星形的网络拓扑结构。

在 CATV 光纤传输系统中,如果无中继传输距离太长,则会超出光接收机的接收范围。若中继级数太多,则系统指标就会下降,在用户侧接收效果就不好。因此,在已知系统各光节点地理位置和前端信号源信号质量之后,合理地选择光纤网络拓扑结构,恰当地选择中继节点的位置,并选择适当的光端设备,做好网络的系统规划,使系统指标达到要求且成本最低是十分重要的。

5.2.2　CATV 光纤传输系统的类型

1. 直接调制调幅系统

直接调制调幅系统是直接用副载波残留边带(VSB)方式组合起来的多路射频信号去调制光源,再被光接收机的光电检测器还原为多路射频信号,即调幅残留边带(AM-VSB)单模光纤传输方式。AM-VSB 工作于 1 310 nm 波长,光纤损耗为 0.35 dB/km,发射光功率 10～20 mW 以上,无中继传输距离可达 20～30 km,信噪比优于 50 dB。但采用这种中继方式时 C/N、CTB、CSO 等指标会下降较多,故一般中继不超过两次。

采用 AM-VSB 系统对于光纤 CATV 传输很有吸引力,主要原因是在传统同轴电缆 CATV 中已经广泛而成功地应用这种技术,引入光纤后并采用同样的 AM-VSB 制式可以使现有网络设施比较容易地容纳新的光纤 AM-VSB 系统,过渡比较顺利,再加之 AM-VSB 设备便宜,使得采用光纤 AM-VSB 系统成为最经济的过渡方案。

AM-VSB 制式带宽利用率很有效,每路广播电视节目只需 6～8 MHz 即可,而 FM 制式需要 30 MHz。此外,AM-VSB 制式对于所有目前电视传输技术中所用的加扰技术都是透明的。最后,目前所有的家用电视机和录像机都是与这种制式相兼容的,无须变动即可使用。

AM-VSB 制式的主要缺点是可用光功率预算值低,对噪声、反射和其他传输损伤均十分敏感,其固有工作机制使之无法进一步改善信噪比。

目前光电子技术上的进展已在相当程度上减轻了 AM-VSB 制式的不利影响。首先,具有低噪声和高线性的 DFB 激光器,其内部噪声已可以低于 −155 dB/Hz,改进了 C/N、CSO,CTB 也已优于 65 dB,改善了非线性畸变。其次,具有低反射噪声的元器件已研制成功。这些光电子技术的进展已经可以使目前的光纤 AM-VSB 系统的传输容量增加到 60 路以上,因此 AM-VSB 光纤传输系统已经成为世界上有线电视的主导传输系统。

2. 调频(FM)系统

FM 系统中每个基带电视信号也是先调制一副载波,然后再结合在一起调制成光波发送出去。在接收端,首先将整个 FM 结合信号从光波上解调下来,然后一个一个通路地将FM 信号解调回基带信号再调制成 AM 波形,以便送往家用模拟电视接收机和录像机。因此,需要在用户处设置一个 FM-AM 转换器,这一要求无论在成本上还是额外占用空间需要上都是问题,这就使得 FM 系统难以直接传到家庭,仍需事先转为 AM-VSB 信号再分配给用户。

此外,FM 制式的带宽利用效率较低,每个电视通路至少需要 30 MHz 带宽,是 AM-VSB 的 5 倍。但光纤的宽带特性减轻了这一缺点的影响,允许 FM 制式以较大的频偏来换取信噪比 S/N 的改善和增加传输距离,还可以增加其可用光功率预算,适于传输距离较长的场合。另外,在 PON 应用中,由于光分路器的损耗很大,因而 AM-VSB 方式的有限光功率预算值妨碍了其应用,而 FM 制式则可成功地应用。最后,FM 方式对反射不敏感,图像质量稳定。FM 系统可工作于 1 310 nm 或 1 550 nm 波长。

采用 FM 光纤系统的难点是传输加扰信号,共用基带加扰的系统必须能提供可以在副载波上传送的箝位脉冲以便接收机可以恢复加扰电视信号的直流分量。至于射频加扰信号的传送就更加困难。

FM 光纤传输系统的优点是借助调频使系统有较高的光接收灵敏度,典型接收功率为-16 dBm,故传输距离较远(40~70 km)。一个缺点是每路调频波占据频带较宽(每频道36 MHz 或 40 MHz),所以传输节目路数不能太多,另一个缺点是调频制不能被家用电视机所接受,所以 FM 光纤传输系统不能直接用于电视分配网。

3. 外调制调幅系统

实用化的 60 频道、1 310 nm 波长的 AM-VSB 光纤传输系统的无中继最大传输距离只有 40 km,而在地市与区县有线电视联网中,40~140 km 以上的距离是常见的,要想保证高质量的技术指标、长距离的模拟传输和大范围区域的光节点信号覆盖,最实用的解决办法就是工作在 1 550 nm 波长。单模光纤在 1 550 nm 窗口下的链路损耗系数不大于 0.25 dB/km,而在 1 310 nm 窗口下的链路损耗系数为 0.4 dB/km,并且在 1 550 nm 窗口下可以使用掺铒光纤放大器,因此可以传输更远的距离。

光纤放大器出现以前,延长光纤传输距离的传统方法是使用电光中继。在模拟光纤传输系统中,电光中继依赖于对模拟信号的线性放大,这就不可避免地会导致噪声、失真和干扰的积累,使电光中继次数不能太多。例如,两段相同的脚光纤链路电光中继级联,系统载噪比比单个链路的载噪比低 3 dB,系统 CSO、CTB 分别比单个链路恶化 3 dB 和 6 dB。而使用光放大器中继,通过优化设计,可以使系统载噪比只下降 1~1.5 dB,在光纤不太长的情况下 CSO、CTB 可以维持几乎不变,所以,光放大中继比电光转换中继允许系统更多次数的中继。现在,市场上商用化的光纤放大器工作在 1 550 nm 波长下,因此在建设、改造光纤电视网络时,应该优先设计应用 1 550 nm 波长的传输系统,这样也便于以后的网络拓展,进行多功能开发和开展综合业务。

1 550 nm 外调制光纤传输系统由 1 550 nm 外调制光发射机、掺铒光纤放大器、光纤、光接收机组成。光源外调制是指利用晶体的电光效应、磁光效应和声光效应等特性,实现对光载波进行调制。光从光源发出后,在传输通道上被调制器调制。此种调制是在光载波外进行,故称为外调制,又叫间接调制。光源外调制电路复杂,实现较难。光源直接调制是指用电信号直接对激光器进行调制,激光器中的驱动电流等于直流偏置电流和电信号电流之和。光源直接调制电路简单,容易实现,调制带宽可达几亿赫兹,但在高速调制时,将使光源特性变坏。

在非长途主干网中,一般使用 G. 652 常规单模光纤,它在 1 550 nm 波长的色散常数较大,通常约为 17 ps/(nm·km),而在 1 310 nm 波长色散常数则小于 3.5 ps/(nm·km)。如果对激光器直接调制会使发射频谱展宽。调制频率越高,调制电流越大,谱线展宽也越大,传输时色散增加。较宽的频谱与较大的色散结合在一起,会造成光波中的相对强度噪声,特别是造成多频信号的组合二次失真,这对有线电视传输系统的质量影响很大,因此在 1 550 nm 波长光纤传输系统中不能对激光器直接调制,而采用对恒稳光源的输出光波强度使用外调制的方法。

4. 数字图像传输系统

数字图像传输系统主要采用 QPSK(正交相移键控)和 64/256QAM(正交幅度键控)等数字调制解调技术传输数字信号。对于视频信号可以保证比模拟传输方式获得更高的传输质量和频道利用率(通过 MAEG-2、H.264 等数字压缩技术)。在现代有线电视传输网中,已经开辟 550~1 000 MHz 和 5~42 MHz 分别作为下行和上行数据传输频段,用于数字视频广播、交互式视频点播、计算机联网等业务。

采用数字图像编码传输技术的主要优点有:

① 改进了图像质量;

② 可以提供不受传输距离或系统配置所限制的统一性能;

③ 经再生中继传输后,信号质量不受损害;

④ 数字技术已在通信和信号处理领域广泛应用,若图像传输也能实现数字化将有助于形成一个统一的全数字世界;

⑤ 数字系统的维护运营成本很低;

⑥ 全数字时分复用方式可以提供复杂和灵活的功能,诸如业务量集中和疏导、存储和交换、各种业务信号的混合和分插等,还可以综合所有的业务并避免传统 VSB-AM 和 FM 通路的固定带宽限制。

采用数字图像编码传输技术的主要缺点有:

① 目前图像编解码器的价格较高,使整个数字图像传输系统的价格仍远高于模拟系统;

② 用户处需要加装数字机顶盒将数字信号转换为模拟信号,而数字机顶盒的价格仍很贵。

上述原因导致数字图像传输系统目前仅仅应用于城市间的电视节目传送,也有些有线电视公司已开始在接入网干线段采用数字传输,全网的数字化尚需相当的时间。核心问题是要将编解码器和数字机顶盒价格降下来。目前,ITU-T 正在开发并已通过了一个可以统一目前广播、通信和多媒体三大领域的图像编解码和压缩算法,这不仅可以解决各厂家产品的兼容性,实现互操作,而且可以实现大规模生产,从而降低成本,这将大大缩短 CATV 网的数字化进程。

经编码和压缩处理后的图像信号有两种基本传输方法可以应用,一种是建立在原有

CATV 网上的数字带通传输技术,一种是以光纤到路边(FFTC)方式为基础的数字基带传输技术(如 PON)。

数字带通传输技术的基本思想是充分利用原有 CATV 网的资源,利用射频调制副载波来传输信号。这种方式特别适合于广播式 CATV 网应用。调制方式倾向于采用正交调幅(QAM)技术,可以提供灵活的高频谱效率的调制方法,适于在现有模拟同轴和光纤系统上(如 CATV 或 HFC 网)传输数字图像信号。一个具有 80% 奈奎斯特效率的 64QAM 传输技术可以达到 $5(\text{bit} \cdot \text{s}^{-1})/\text{Hz}$ 的频谱效率,允许在一个 6~8 MHz 的标准模拟通路内传输大约 30~40 Mbit/s 速率的数字信号。这样,扣除必须有的前向纠错等附加开销比特后,大约可以安排至少 4~8 个 MPEG-2 数字图像压缩信号。使用 60 个模拟通路时大约可以传输 240~480 个数字电视节目。实际测试结果表明数字图像信号对噪声和非线性的要求低于模拟 AM-VSB 方式,因而实际应用时可以先在未使用或不适于 AM-VSB 传输的通路上采用 QAM 传输数字图像信号,随着通路数要求的增加再逐渐乃至完全代替 AM-VSB 方式,这是一种可以实现逐步过渡的技术方案,因而很适合广播式 CATV 信号的数字传输。然而对于正在迅速兴起的另一重要图像新业务——VOD,这种方案尽管也有上述同样的优点,但却呈现了一些不可忽略的重要缺点。

数字基带传输技术的基本思路比较简单,只需在网络侧和用户侧分别设置具有复用和分用功能的设备即可。用户侧设备即为光网络单元(ONU),设在路边(FTTC)或居民家中(FTTH),由 ONU 将光信号分用为电信号再经同轴电缆送给用户。这种方式很适于双向交互型业务,诸如电话和 VOD 业务等,也同样适用于单向广播式 CATV 业务。数字基带传输技术无须使用副载波调制,比较简单,对信噪比要求低,为达到 10^{-9} 的误比特率,仅需 21.6 dB 信噪比即可;而数字带通传输技术即便采用前向纠错技术后,为达到 10^{-6} 的误比特率仍需要 30~37 dB 的信噪比;模拟带通 AM-VSB 方式所需的信噪比就更高了,大约为 45~53 dB。因而,对于可用衰减动态范围较小的光纤传输媒质(比电缆和微波低40 dB),数字基带传输技术在理论上是最适合的方式。另外,基带方式可以直接将基带交换接口扩展至用户,而带通方式需要将基带信号调制到副载波,因而无法直接监视基带信号,也无法接入低速支路信号,即与 SDH 网的发展和全网数字化进程不太协调。从实施成本角度看,如果网络只用来传送广播式 CATV 业务,则数字带通传输方式比较经济;如果网络还需要再支持双向交互式业务,则无论是普通电话业务还是 VOD 业务,数字基带方式从长远看应该比数字带通方式经济,但目前仍略贵。从维护运行角度看,采用 64QAM 的数字带通方式需要较多的维护调整工作,而基带方式一旦投入运行,基本无须调整,维护运行成本低。最后,基带传输方式的机顶盒由于调制方式通常较简单,无须调谐器和前向纠错,因而其成本可以比带通方式的机顶盒要低。

总的来看,除了只用于传送广播式 CATV 业务的情况外,数字基带传输技术是一种适应面更宽,更简单经济,性能好,维护简单的长远解决方案。而数字带通传输技术则是一种最适于传送广播式 CATV 业务的技术方案,也是一种适于网络逐渐过渡的、经济的、包括双向交互业务在内的中期解决方案。

5.2.3　CATV 传输系统的性能参数

CATV 传输系统的性能参数有两个大类,即信号质量和非线性失真。对于模拟传输系统而言,信号质量参数有载噪比 C/N 和信噪比 S/N,非线性失真参数为载波互调比。对于数字传输系统而言,信号质量参数有误码、抖动和传输延时等,不存在非线性失真问题,因此没有非线性失真参数。现仅介绍模拟传输系统的性能参数及其影响。

1. 射频特性参数

在 CATV 工程设计中,常使用以下几个参数来表征射频特性。

(1) 载噪比 C/N

载噪比 C/N 是衡量噪声大小的一项重要指标。它被定义为载波功率和噪声功率之比,以分贝(dB)为单位,即

$$C/N = 10\lg \frac{载波功率}{噪声功率}$$

(2) 载波互调比 I/M

载波互调比 I/M 是表征射频信号非线性失真的一个重要参数,以分贝(dB)为单位,其定义如下:

$$I/M = 20\lg \frac{图像载波电压}{互调产物电压}$$

随着 CATV 频道数的增加及传输方法的增多,常采用复合二次差拍比(CSO)和复合三次差拍比(CTB)来具体地描述载波互调比。

CTB 即图像载波电平有效值与围绕在图像载波中心附近群集的组合三次差拍产物电平的峰值之比,用 dB 表示,符合电压叠加规律。

CSO 即图像载波电平有效值与距载波某一特定频率处的组合二次差拍产物电平的峰值之比,用 dB 表示,符合功率叠加规律。

C/N、CTB 和 CSO 这 3 种系统射频指标对传输质量的影响特别大。如果载噪比过低,将出现"雪花"干扰;如果 CTB、CSO 恶化,将出现"网纹"干扰。按照国标,在用户端 3 种指标要求如下:$C/N \geqslant 43$ dB;CTB $\geqslant 54$ dB;CSO $\geqslant 54$ dB。

由于 CATV 系统包括多个用户部分,用户端的指标和各个部分的指标均有关,即每一部分的指标都影响到最终用户的指标。这就需要各部分的指标尽可能好一些,以使其他各部分有较大余量。一般对于 CATV 光纤传输系统用一级光传(无中继)时所分配的指标为:$C/N \geqslant 51$ dB;CTB $\geqslant 65$ dB;CSO $\geqslant 61$ dB。

同时,如果中继级数多,指标会下降,而实际传输的电视频道数少,指标则会提高。

2. 光纤网络的中继对指标影响

直接调制调幅系统可以采用中继方式延长传输距离,如图 5.2.1 所示。

图 5.2.1　直接调制调幅系统的中继

中继对指标的影响可以表示为:

$$C/N = -10\lg\left[10^{\frac{(C/N)_1}{-10}} + 10^{\frac{(C/N)_2}{-10}}\right]$$

$$CTB=-20\lg(20^{\frac{CTB_1}{-20}}+20^{\frac{CTB_2}{-20}})$$

$$CSO=-15\lg(15^{\frac{CSO_1}{-15}}+15^{\frac{CSO_2}{-15}})$$

5.2.4 CATV 光纤传输系统规划

已知系统各光节点地理位置和前端信号源信号质量,如何合理地选择光纤网络的拓扑结构,恰当地选择中继点的位置,并选择适当的光端设备,做好网络的系统规划设计,使系统指标达到要求且成本低,这是 CATV 光纤传输系统规划要解决的重要问题。

1. 光波长的选择

在 CATV 系统中光信号的波长有两种选择,即 1 310 nm 和 1 550 nm。其中 1 310 nm 波长的光信号,在光纤中的衰减一般小于 0.35 dB/km,最大传输距离约 30 km,多数采用直接调制、分布反馈(DFB)的激光器为主要发射机发送。而 1 550 nm 波长的光信号,在光纤中的衰减要小得多,约 0.21 dB/km 左右,但色散问题突出。在 1 550 nm 的系统中,一般把掺铒光纤放大器(EDFA)作为增强器或前置放大器,可使光纤的传输距离增加到 50 km,如与二级同型号的 EDFA 相连,可使干线跨距延长到 100 km。国外各大公司一般都推荐1 550 nm的方案。

目前 1 310 nm 波长的窗口也有所突破,掺镨光纤放大器和光纤激光器均已研制成功。因此 1 310 nm 波长也可作为 CATV 的优选方案。

但按照 IEC825 号"关于避免对接触光纤传输的人员造成损害的保护措施"中的要求,在遇到光功率超过 17 dBm(50 mW)的系统时,需关机操作。所以对于 1 310 nm 的系统,应对光功率降低几个分贝,否则对人眼是有伤害的。

为了提高经济效益和社会效益,可以利用有双波长窗口的光纤传输,即一般通信信号和CATV 信号分别采用 1 550 nm 和 1 310 nm,但要适应这种双波长,就需要使用光纤参量放大器,目前国外已开展了对这种放大器的研究。

2. 光端机的类型

由于采用不同的厂家的光端机,其发射机系列的输出光功率从几个到几十个分贝毫瓦各不相同。但是光传输到光接收机后,一般使光功率处于光接收机的$-5\sim+3$ dBm 的灵敏度范围内。因此选择好的光端机的类型也是做好规划的一个重要方面。

3. CATV 光纤网络的拓扑结构

CATV 光纤网络一般采用星形或树形拓扑结构,见图 3.2.1、图 3.2.2 和图 3.2.5。

4. 系统设计与计算

直接调制调幅(AM-VSB)单模光纤传输方式价格便宜,应用也极为广泛,因此本节以这种类型为例介绍系统设计的基本要点。设采用星形或树形的光纤网络拓扑结构,在已知系统各光节点地理位置的情况下,合理地进行网络规划,选择光发射机和光接收机的类型。在节点距离过远时,加上中继节点以延长传输距离,并使系统指标满足 $C/N \geqslant 51$ dB、$CTB \geqslant 65$ dB、$CSO \geqslant 61$ dB 的要求。

(1) 选择设备类型及 CATV 信号源的参数

设备选型后,即可取如下设备参数:CTB 值、CSO 值、各种光发射机类型及其发射光功率、在不同链路损耗下的 C/N 值。

CATV 信号源的参数主要是前端实际发送的 PAL-D 制式节目的数量,因为不处于满载(59 路 PAL-D 信号)时,系统指标会得到改善,其改善值可通过下式计算出来:

$$C/N = 10 \lg \left(\frac{59-1}{C_h - 1} \right)$$

$$CTB = 20 \lg \left(\frac{59-1}{C_h - 1} \right)$$

$$CSO = 15 \lg \left(\frac{59-1}{C_h - 1} \right)$$

其中,C_h 为前端实际传输的电视频道数。

(2) 传输链路光功率预算

光发射机发射的光功率在向用户接收机传输的过程中要遇到多种光功率损耗因素,究竟有多少光功率可用、可以传输多长距离与具体网络配置有关。

在 CATV 系统中,通常用收发光功率差表示系统增益 G,即

$$G = P_T - P_R$$

式中,P_T 为发射平均光功率,P_R 为接收机灵敏度,对于模拟传输方式即为在规定 S/N 下的接收光功率,对于数字传输方式则为在规定误码率下的接收光功率。设光链路总损耗为 d,则

$$d = d_f + d_s + d_c + d_x + M_e + M_n$$

式中,d_f 为光纤的总损耗;d_s 为光链路中光纤接头的总损耗;d_c 为光链路中活动连接器的总损耗;d_x 为光分路器的插入损耗,通常包括其两端的光纤接头损耗在内;M_e 为设备余量,表示因恶化和温度变化所造成的设备性能劣化量,在 CATV 系统中一般希望取 3 dB,但考虑到采用 AM-VSB 制式时,光功率预算值才不过 8~13 dB,取 13 dB 余量显得太大,因而允许适当取小些,但一般不小于 1 dB;M_n 为系统未分配的余量,又称安全余量,主要分配给不可避免的元器件特性差异及其他考虑的因素,原则上 CATV 系统也考虑 M_n 为 3 dB,但要随具体光功率预算值大小而调整,对于 AM-VSB 制式,允许 M_n 减小至 1 dB 左右。

如果 $G > d$,表示系统设计可行。如果 $G < d$,则系统设计失败,需重新改变配置或选用高质量元器件。下面以一个实际 FM 系统工程为例进行说明。

例 5.1　已知 P_T 为 -10 dBm,P_R 为 -34 dBm,光缆长 12 km,光纤衰减常数为 0.4 dB/km,光纤接头 6 个,每个接头损耗为 0.2 dB,活动连接器 4 个,每个活动连接器损耗为 0.75 dB,光分路器为 50/50 分路比,分路器插入损耗 d_x 为 4.1 dB,M_e 取 3 dB,M_n 取 3 dB。试对 FM 系统进行光功率预算。

解:
$$G = P_T - P_R = [-10 - (-34)] \text{ dB} = 24 \text{ dB}$$
$$d = d_f + d_s + d_c + d_x + M_e + M_n$$
$$= (0.4 \times 12 + 0.2 \times 6 + 0.75 \times 4 + 4.1 + 3 + 3) \text{dB}$$
$$= 19.1 \text{ dB}$$

结果 $G > d$,表示设计结果可行。这里 $G - d = 4.9$ dB 余量可用于延长传输距离(若有必要的话)或者增加每根光纤传输节目的路数,减少光纤数目,或者使用便宜的元器件甚至插入光衰减器等,实际工程设计时并不追求技术上最佳化,即非要用完全部余量,还要考虑将来发展余地。

需要指出,CATV 光功率预算计算方法与电信系统略有不同,主要区别在于系统余量

的取值方法不同。首先,电信网所用光纤系统体制单一,基本都是数字传输方式,因而 M_e 通常取 3~4 dB,M_n 往往已考虑在光参数取值中。而光纤 CATV 系统 M_e 和 M_n 随传输制式而异。对于 FM 系统通常各取 3 dB。对于 AM-VSB 系统,由于目前技术水平仅能有 8~13 dB 的光功率预算值,为了达到预定的传输距离,工程设计中允许减小 M_e 和 M_n 的取值,有时甚至允许挤出最后 1 dB 用于光路损耗,例如,取 M_e 为 1 dB,M_n 为 0~1 dB,总系统余量仅 1~2 dB。其次,CATV 系统中没有专门留有光缆余量 M_e,可以认为 M_n 中应考虑这一因素,为此建议除非万不得已,M_n 应至少取 1 dB,即总量的系统余量至少取 2 dB 以上为宜,3 dB 比较安全。

(3) 单级系统指标计算

选用的拓扑结构为分光器放在分光点的星形结构和分光器放在某接收节点的树形结构。由于树形拓扑结构更节约光纤,所以一般以树形结构为主。

CTB 和 CSO 的计算是分别由发射机的 CTB、CSO 值加上频道变化改善系数得到的。

C/N 的计算较为复杂,它是由 3 部分叠加而成,信号源的噪声(激光器的噪声)、接收机的热噪声(光电检测噪声)和光量子限制噪声。

① 信号源的噪声是由光发射机的噪声引起的:

$$(C/N)_1 = -\text{RIN} - 10\lg\text{BW} + 10\lg(M_{equ}^2/2)$$

式中,RIN 为相对噪声强度(dB/Hz),即相对于 1 Hz 的噪声功率,一般小于 −140 dB/Hz;BW 为视频等效噪声带宽(Hz),在 PAL-D 系统中为 5.75 MHz;M_{equ} 为单频道实际的电光调制度(mW/mA)。

② 光接收机的热噪声表征为接收机中放大器的噪声特性:

$$(C/N)_v = 10\lg[(M_{equ} \times r \times P_r)^2/(2 \times I_{equ}^2 \times \text{BW})]$$

式中,r 为接收机二极管的响应度(A/W),指从入射功率中检出的电流大小,P_r 为接收机的接收光功率(W),I_{equ} 为光接收机等效输入噪声电流(A/Hz)。

③ 光量子限制噪声是由光电二极管产生的散粒噪声电流产生的,它限定了光电二极管在给定的光功率下所能达到的载噪比:

$$(C/N)_q = 10\lg[(M_{equ}^2 \times r \times P_r)/(4 \times e \times \text{BW})]$$

式中,r 为响应度(A/W),P_r 为光接收机的接收光功率(W),e 为电子电荷。

光纤传输系统总的载噪比则为

$$C/N = -10\lg[10^{\frac{(C/N)_1}{-10}} + 10^{\frac{(C/N)_v}{-10}} + 10^{\frac{(C/N)_q}{-10}}]$$

对于光端机的选择,则要求在已计算出的链路损耗条件下,实际接收光功率达到 −5~+3 dBm 的接收灵敏范围。而 C/N 满足:满载(59 路 PAL-D 信号)时,一级中继,$C/N \geqslant 49$ dB;二级中继,$C/N \geqslant 51$ dB;三级中继,$C/N \geqslant 52$ dB。

(4) 总系统指标的计算

系统总体技术指标是由下式决定的:

$$C/N = -10\lg[10^{\frac{(C/N)_1}{-10}} + 10^{\frac{(C/N)_2}{-10}} + \cdots]$$

$$\text{CTB} = -20\lg(20^{\frac{\text{CTB}_1}{-20}} + 20^{\frac{\text{CTB}_2}{-20}} + \cdots)$$

$$\text{CSO} = -15\lg(15^{\frac{\text{CSO}_1}{-15}} + 15^{\frac{\text{CSO}_2}{-15}} + \cdots)$$

5.3　HFC 系统

混合光纤同轴网(HFC)的概念最初是由 Bellcore 提出的。它的基本特征是在目前有线电视网的基础上,以模拟传输方式综合接入多种业务信息,可用于解决 CATV、电话、数据等业务的综合接入问题。HFC 主干系统使用光纤,采取频分复用方式传输多种信息;配线部分使用树形拓扑结构的同轴电缆系统,传输和分配用户信息。

5.3.1　HFC 的发展

HFC 是从传统的有线电视网发展而来的。有线电视网最初是以向广大用户提供廉价、高质量的视频广播业务为目的的发展起来的,它出现于 1970 年左右,自 80 年代中后期以来有了较快的发展。在许多国家,有线电视网覆盖率已与公用电话网不相上下,甚至超过了公用电话网,有线电视已成为社会重要的基础设施之一。例如,在美国各有线电视公司所建的 CATV 网已接入了约 95% 的家庭。在我国,有线电视起步较晚,但发展迅速,目前全国有线电视网已超过 1 500 个,其普及率已达 50% 以上,并且年增长率超过 30%,在许多城市其普及程度已超过电话。

从技术角度来看,近年来 CATV 的新发展也有利于它向宽带用户网过渡。CATV 已从最初单一的同轴电缆演变为光纤与同轴电缆混合使用,单模光纤和高频同轴电缆(带宽为 750 MHz 或 1 GHz)已逐渐成为主要传输媒介。传统的 CATV 网正在演变为一种光纤/同轴电缆混合网,这为发展宽带交互式业务打下了良好的基础。这种树支形结构对于一点对多点的广播式业务来说是一种经济有效的选择,但对于开发双向的、交互式业务则存在着两个严重的缺陷。第一,树支形结构的系统可靠性较差,干线上每一点或每个放大器的故障对于其后的所有用户都将产生影响,系统难以达到像公用电话网那样的高可靠性。第二,限制了对上行信道的利用。原因很简单,成千上万个用户必须分享同一干线上的有限带宽,同时在干线上还将产生严重的噪声积累。在这种情况下,不要说宽带业务,即使是模拟电话业务的开展也是困难的。

5.3.2　HFC 的结构

与传统 CATV 网相比,HFC 网络结构无论从物理上还是逻辑拓扑上都有重要变化。现代 HFC 网基本上是星形/总线结构,典型结构如图 5.3.1 所示,由 3 部分组成,即馈线网、配线网和用户引入线,其结构很像电话网中的 DLC。

1. 馈线网

HFC 的馈线网是指前端至服务区(SA)的光纤节点之间的部分。大致对应 CATV 网的干线段,其区别在于从前端至每一服务区的光纤节点都有一专用的直接的无源光连接,即用一根单模光纤代替了传统的粗大的干线电缆和一连串几十个有源干线放大器。从结构上则相当于用星形结构代替了传统的树形-分支结构。由于服务区又称光纤服务区,因此这种结构又称光纤到服务区(FSA)。

目前,一个典型服务区的用户数为 500 户(若用集中器可扩大至数千户),将来可进一步降至125户甚至更少。由于取消了传统CATV网干线段的一系列放大器,仅保留了有限几个放大器,由于放大器失效所影响的用户数减少至500户;而且无须电源供给(而这两者失效约占传统网络失效原因的26%),因而HFC网可以使每一用户的年平均不可用时间减小至170 min,使网络可用性提高到99.97%,可以与电话网(99.99%)相比。此外,由于采用了高质量的光纤传输,使得图像质量获得了改进,维护运行成本得以降低。

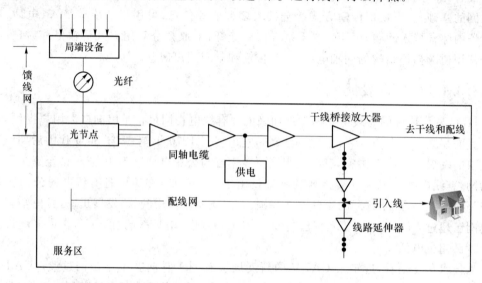

图5.3.1　HFC网络结构

2. 配线网

在传统CATV网中,配线网指干线桥接放大器与分支点之间的部分,典型距离1~3 km左右;而在HFC网中,配线网指服务区光纤节点与分支点之间的部分。在HFC网中,配线网部分采用与传统CATV网相同的树形-分支同轴电缆网,但其覆盖范围则已大大扩展,可达5~10 km左右,因而仍需保留几个干线桥接放大器。这一部分的设计好坏往往决定了整个HFC网的业务量和业务类型,十分重要。

在设计配线网时采用服务区的概念是一个重要的革新。在一般光纤网络中,服务区越小,各个用户可用的双向通信带宽就越大,通信质量也就越好。然而,随着光纤逐渐靠近用户,成本会迅速上升。HFC采用了光纤与同轴电缆混合结构,从而妥善地解决了这一矛盾,既保证了足够小的服务区(约500户),又避免了成本上升。

采用了服务区的概念后可以将一个大网分解为一个个物理上独立的基本相同的子网,每一子网服务于较少的用户,允许采用价格较低的上行通道设备。同时每一个子网允许采用同一套频谱安排而互不影响。与蜂窝通信网和个人通信网十分类似,具有最大的频谱再用可能。此时,每一个独立服务区可以接入全部上行通信带宽。若假设每一个电话占据50 kHz带宽,则总共只需25 MHz上行通道带宽即可同时处理500个电话呼叫,多余的上行通道带宽还可以用来提供个人通信业务和其他各种交互型业务。

由此可见,服务区概念是HFC网得以提供除广播式CATV业务以外的双向通信业务和其他各种信息或娱乐业务的基础。当服务区的用户数目少于100户时有可能省掉线路延伸放大器而成为无源线路网,这样不但可以减少故障率和维护工作量,而且简化了更新升级至高带宽的程序。

3. 用户引入线

用户引入线指分支点至用户之间的部分,因而与传统 CATV 相同,分支点的分支器是配线网与用户引入线的分界点。所谓分支器是信号分路器和方向耦合器结合的无源器件,负责将配线网送来的信号分配给每一用户。在配线网上平均每隔 40~50 m 就有一个分支器,单独住所区用 4 路分支器即可,高楼居民区常常是多个 16 路或 32 路分支器结合应用。引入线负责将射频信号从分支器经无源引入线送给用户,传输距离仅几十米而已。与配线网使用的同轴电缆不同,引入线电缆采用灵活的软电缆形式以便适应住宅用户的线缆敷设条件及作为电视、录像机、机顶盒之间的跳线连接电缆。

传统 CATV 网所用分支器只允许通过射频信号,从而阻断了交流供电电流。HFC 网由于需要为用户话机提供振铃电流,因而分支器需要重新设计以便允许交流供电电流通过引入线(不论是同输电缆还是附加双绞线)到达话机。

5.3.3　HFC 的传输方式

1. 共纤 HFC 方式

在以 CATV 为基础发展起来的 HFC 接入网中,由于保留了原有的下行模拟电视信号分配业务,所以在进行双向传输时需采用副载波复用(SCM)方式进行数模混合传输。在中心头端与用户之间通过设置射频调制解调器完成用户信号(电话、数据等)与射频模拟信号的转换。其具体配置主要有两种方式:射频到路边(RFTTC)和射频到家(RFTTH),其网络结构如图 5.3.2 所示。

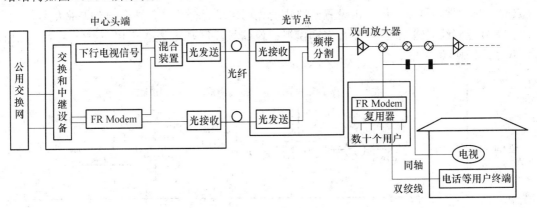

(a) 射频到路边系统

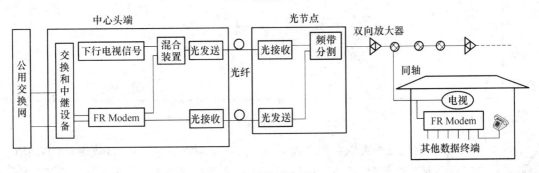

(b) 射频到家系统

图 5.3.2　共纤 HFC 网络方式

由图5.3.2可知,在中心头端两者基本相同,一方面,来自公用网的数字信号经射频调制解调器变换成射频模拟信号,再经混合装置与CATV下行电视信号混合后,一起加到光发送机以副载波复用-调幅方式向下行方向传送;另一方面,射频调制解调器又将光接收机所输出的射频信号恢复成原来的各种数字信号,并通过交换设备和中继设备在本地交换或接入公用网。

在射频到路边方式中,在路边柜中设置射频调制解调器以完成射频信号与用户数字信号的转换,经复用器复用再通过与用户引入同轴电缆重叠架设的双绞线接入用户。多个用户(几十个)可共享路边柜和射频调制解调器。在射频到家方式中,从光节点传来的各种信号均由同轴电缆直接馈入用户家中,然后分为两路,一路接模拟电视接收机,另一路进入置于用户家中的射频调制解调器,从而还原成原数字信号接入各种用户终端。

比较这两种双向传输方式,射频到路边比射频到家要经济,但所能提供的传输能力仍受到双绞线的限制。射频到家虽然成本较高,但无须另外架设双绞线,可通过同轴电缆进行高速传输,有利于开放各种宽带业务。而且随着集成电路技术的发展,廉价的家用射频调制解调器也有望实现。因此从性能价格比及发展的灵活性来看,这一技术具有优势。

2. 共缆分纤方式

有线接入网发展的一个重要趋势是FTTC与HFC融合,进而向FTTH发展。因此,接入网又提出一种新的组网方案:FTTC+HFC。

FTTC+HFC由一个基带数字FTTC系统与一个单向350～700 MHz HFC系统重叠而成,其结构如图5.3.3所示。FTTC+HFC主干系统采用共缆分纤的方法分别传送数字(双向)与模拟信号,两种信息由设置于路边的光网络单元分别恢复成各自的基带信号之后,话音信号经双绞线送至用户,而数字和模拟视像信号经同轴电缆送至用户。光网络单元由HFC的同轴电缆供电。

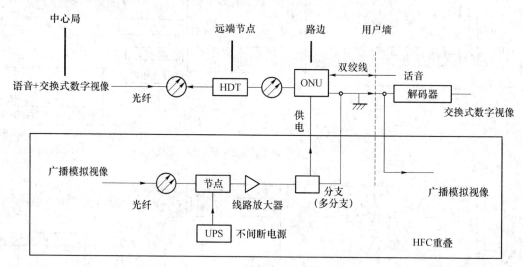

图5.3.3　FTTC+HFC结构

FTTC+HFC的优点是可以共用光缆、管孔、人孔等基础设施,还可以克服FTTC供电难、与模拟电视不兼容以及HFC传送电信业务可靠性令人担忧等一系列问题。但FTTC+HFC的成本要比HFC高20%～30%。

当数字视频的普及率为 15%~20% 时,FTTC 的成本就比 HFC 低。HFC 以频分复用方式传输综合业务,是一种模拟宽带综合网,不易向全数字过渡。在传输专用宽带业务时,HFC 的上行带宽会出现问题,而 FTTC 则有足够的带宽传输这种双向信号。所以从长远考虑,不宜发展 HFC,而应考虑 FTTC+HFC,并随着 CATV 的数字化逐步向 FTTH 过渡。

5.3.4 HFC 频谱分配方案

HFC 采用副载波频分复用方式,各种图像、数据和语音信号通过调制解调器同时在同轴电缆上传输,因此合理地安排频谱十分重要。频谱分配既要考虑历史和现在,又要考虑未来的发展。有关同轴电缆中各种信号的频谱安排尚无正式国际标准,但已有多种建议方案,图 5.3.4 是一种详细的频谱分配方案。

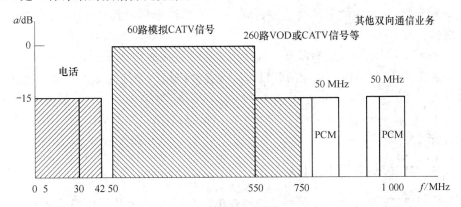

图 5.3.4 同轴电缆频谱分配方案

低频端的 5~30 MHz 共 25 MHz 频带安排为上行通道,即所谓回传通道,主要传电话信号。在传统广播型 CATV 网中尽管也保留有同样的频带用于回传信号,然而由于下述两个原因这部分频谱基本没有利用。第一,在 HFC 出来前,一个地区的所有用户(可达几万至十几万户)都只能经由这 25 MHz 频带才能与首端相连,显然这 25 MHz 带宽对这么大量的用户是远远不够的。第二,这一频段对无线和家用电器产生的干扰很敏感,而传统树形分支结构的回传"漏斗效应"使各部分来的干扰叠加在一起,使总的回传通道的信噪比很低,通信质量很差。HFC 网妥善地解决了上述两个限制因素。首先,HFC 将整个网络划分为一个个服务区,每一服务区仅有几百用户,这样由几百用户共享这 25 MHz 频带就不紧张了。其次,由于用户数少了,由之引入到回传信道的干扰也大大减少,可用频带几乎接近 100%。另外,采用先进的调制技术也将进一步减小外部干扰的影响。最后,进一步减小服务区的用户数可以进一步改进干扰和增加每一用户在回传通道中的带宽。

近年来,随着滤波器质量的改进,且考虑到点播电视的信令以及电话数据等其他应用的需要,上行信道的频段倾向于扩展为 5~42 MHz,共 37 MHz 频带,有些国家甚至计划扩展至更高的频率。其中 5~8 MHz 可用来传状态监视信息,8~12 MHz 传 VOD 信令,15~40 MHz 用来传电话信号,频带仍然为 25 MHz。

50~1 000 MHz 频段均用于下行信道,其中 50~550 MHz 频段用来传输现有的模拟 CATV 信号,每一通路的带宽为 6~8 MHz,因而总共可传输各种不同制式的电视信号 60~80 路。

550～750 MHz 频段允许用来传输附加的模拟 CATV 信号或数字 CATV 信号,但目前倾向于传输双向交互型通信业务,特别是点播电视业务。假设采用 64QAM 调制方式和 4 Mbit/s 速率的 MPEG-2 图像信号,则频谱效率可达 5(bit·s^{-1})/Hz,从而允许在一个 6～8 MHz 的模拟通路内传输约 30～40 Mbit/s 速率的数字信号,若扣除必需的前向纠错等辅助比特后,则大致相当于 6～8 路 4 Mbit/s 速率的 MPEG-2 图像信号。于是这 200 MHz 带宽总共可以至少传输约 200 路 VOD 信号。当然也可以利用这部分频带来传输电话、数据和多媒体信号,可选取若干 6～8 MHz 通路传电话,若采用 QPSK 调制方式,每 3.5 MHz 带宽可传 90 路 64 kbit/s 速率的语音信号和 128 kbit/s 信令及控制信息。适当选取 6 个 3.5 MHz 子频带单位置入 6～8 MHz 通路即可提供 540 路下行电话通路。通常这 200 MHz 频段传输混合型业务信号。将来随着数字编解码技术的成熟和芯片成本的大幅度下降,这 550～750 MHz 频带可以向下扩展至 450 MHz 乃至最终全部取代这 50～550 MHz 模拟频段。届时这 500 MHz 频段可能传输约 300～600 路数字广播电视信号。

高端的 750～1 000 MHz 频段已明确仅用于各种双向通信业务,其中 2×50 MHz 频带可用于个人通信业务,其他未分配的频段可以有各种应用以及应付未来可能出现的其他新业务。

实际 HFC 系统所用标称频带为 750 MHz、860 MHz 和 1 000 MHz,目前用得最多的是 750 MHz 系统。

5.3.5　HFC 双向通信问题

HFC 与 CATV 的一个基本区别是能够在单向 CATV 网上传双向通信业务,特别是电话业务,因而有人称之为电缆电话(CAP)。要想在单向 CATV 网上解决传送双向电话问题,涉及到 3 个基本的技术决策:

① 每个光纤节点应覆盖多少用户数;

② 怎样在单向 CATV 网上提供具有对称的、一致的、高质量的双向通信业务;

③ 怎样解决用户终端和网络设备的供电问题。

服务区概念已在前面讲过,供电问题将在后面讲述,本节主要讲述怎样妥善解决双向通信问题。

HFC 网的频谱资源十分宝贵,特别是回传通道的可用频带仅为 37 MHz,因而 HFC 网必须具有灵活的、易管理的频率规划,载频必须完全由前端控制并由网络运营者分配。一种解决方案是将整个回传通道频带划分为一个个较小的子频带单位,例如 2 MHz。同时采用动态频率分配方式,使小块电话业务可以灵活地放置在最有利的地方,诸如由于噪声或滤波器滚降特性不适于图像业务占用的地方,多个 2 MHz 可以结合起来置入 6～8 MHz 通路内或者频谱不允许有连续 6～8 MHz 的地方,等等。只要业务需要,这些 2 MHz 正向通道可以放置在 50～750 MHz 频带内的任何地方。

对于回传通道,由于没有通路分配标准,采用按需分配带宽的方法最适于动态分配带宽,以避免受噪声和其他业务的影响。在空闲状态,用户接口单元不占用回传通道带宽,仅在摘机状态下系统才从回传通道频段中分配一小段带宽给呼叫。若采用比较成熟可靠的 QPSK 调制方式并将可用回传通道频段按频分复用方式划分为一系列子频带 50 kHz 通路,则每一通路可以携带一个 64 kbit/s 语音信号和 8 kbit/s 信令和控制信息。于是只需

25 MHz回传通道频带即可同时处理 500 个无阻塞呼叫。若进一步采用附加的集中器(例如6：1),则服务的用户数可以扩大至 3 000 户,成本将明显下降,代价是允许有个别阻塞现象出现。采用集中器的另一个好处是可以利用空闲射频通路来恢复失效射频通路的业务。若采用更高频谱效率的调制方式,则有可能将每一子频带进一步减小,使容量扩大。还有一种方案是从光纤节点处连接 4 个独立的同轴电缆配线网,于是总的服务用户数也可以扩大到2 000 户,但上行光路需要将 4 路信号作频率变换并频分复用在一起传输。

5.3.6　HFC 的供电

传统电话网的话机供电方式具有高度冗余量和电池备用,因而即使停电,电话业务也不受影响,可用性达 99.99%,平均每年仅 53 min 中断时间。HFC 网采用备用电源后也能为用户的主电话业务提供几乎同样的可用性要求,而第二条电话线、计算机和传真机等其他业务就不值得提供这么高的可用性要求了。一种解决方案是采用新的分支器设计,允许将配线网送来的电能转换成安全电压并通过一条平行于引入线电缆的附加双绞线对送给用户接口单元。这种方案无须对网络部分作任何改动,只需更换新的分支器和附加一条双绞引入线(或改用连体电缆)即可。此外,与配线电缆不同,普通引入线电缆对直流呈高阻特性,容易腐蚀和损坏,因而采用独立的双绞线供电可以克服这些固有的缺点。

5.3.7　HFC 的特点

由 CATV 网逐渐演变成的 HFC 网在开展交互式双向电信业务上有着明显的优势。

① 具有双绞线所不可比拟的带宽优势,可向每个用户提供高达 2 Mbit/s 以上的交互式宽带业务。在一个较长的时期内完全能够满足用户的业务需求。

② 是向 FTTH 过渡的好形式。可利用现有网络资源,在满足用户需求的同时逐步投资进行升级改造,避免了一次性的巨额投资。

③ 供电问题易于解决。CATV-HFC 网中采用同轴分配网,允许由光节点对服务区内的用户终端实行集中供电,而不必由用户自行提供后备电源,有利于提高系统可靠性。

④ 采用射频混合技术,保留了原来 CATV 网提供的模拟射频信号传输,用户端无须昂贵的机顶盒就可以继续使用原来的模拟电视接收机。

⑤ 与基于传统双绞线的数字用户环路技术相比,随着用户渗透率的提高,其在价格上也将具有优势。

当然这种 CATV-HFC 网也存在着一些缺陷。

① 系统所采用的模拟传输技术与整个通信网数字化趋势相悖。这个问题的解决有待于数字电视技术的发展和推广。

② 在网络拓扑结构上还需进一步改进,必须考虑在光节点之间增设光缆线路作为迂回路由以进一步提高网络的可靠性。

另外,CATV-HFC 网只是提供了较好的用户接入网基础,它仍需依靠公用网的支持才能发挥作用。

5.3.8　Cable Modem 接入系统

电缆调制解调器(Cable Modem)是一种可以通过有线电视网络进行高速数据接入的装

置。它一般有两个接口,一个用来接室内墙上的有线电视端口,另一个与计算机连接。Cable Modem通过双向传输的电视频道进行接收和发送数据,它把上行数字信号转换成类似电视信号的模拟射频信号,在有线电视网上传送;把下行信号转换为数字信号进行接收,送交计算机处理。Cable Modem 的速率范围很大。在下行方向(即有线电视前端到计算机),速率可从很低一直到 36 Mbit/s,实际上数据速率 3~10 Mbit/s 即可满足要求。而在上行方向(由电脑到 CATV 网络前端),数据速率最高可达 10 Mbit/s。然而,大多数 Cable Modem的生产厂家会在 200 kbit/s~2 Mbit/s 之间选择一个较为合理的速率。因此它从网上下载信息的速度比现有的电话 Modem 快 100~1 000 倍。通过电话线下载需要 20 min完成的工作,使用 Cable Modem 只需要 12 s。不同的用途,不同的范围和规模,用户可选择不同的传输模式和不同的产品。按不同的角度划分,Cable Modem 大致可以分为以下几种类型。

(1) 按传输方式角度

可分为双向对称式传输和非对称式传输。对称式传输是指上行/下行信号各占用一个普通频道 6 MHz(或 8 MHz)带宽,采用相同传输速率的传输模式,但可能采用不同的调制方法。

对称式传输速率为 2~4 Mbit/s,最高可达 10 Mbit/s。非对称式传输是指上行与下行信号占用不同的传输带宽。由于用户上网发出请求的信息量远远小于信息下行量,非对称式传输既能满足客户信息传输的要求,又避开了上行通道带宽相对不足的问题。采用频分复用、时分复用和新的调制方法,每 6 MHz(或 8 MHz)带宽下行速率可达 30 Mbit/s 以上(如 16QAM 下行数据传输速率为 10 Mbit/s,64QAM 下行数据传输速率为 27 Mbit/s,256QAM 下行数据传输速率为 36 Mbit/s),上行传输速率为 512 kbit/s~2.56 Mbit/s。总体上讲,非对称式传输比对称式传输有着更多更大的应用范围,它可以开展电话、高速数据传递、视频广播、交互式服务和娱乐等服务,能最大限度地利用可分离频谱,按客户需要提供带宽。

(2) 按数据传输方向

有单向传输和双向传输之分。双向 Cable Modem 系统由前端设备(CMTS)、HFC 网络和用户端 Cable Modem(CM)组成。

在双向 HFC 网络上构建双向 Cable Modem 数据通信系统,具有如下优点:①上行可用带宽为 5~56 MHz,上行传输速率快;②用户一直连接在网络上,便于 Cable Modem 引进各种新型业务及其应用的推广;③自成体系,无须与电信、ISP 等合作,便于制定灵活的资费政策。

但实现双向 Cable Modem 系统需要进行双向 HFC 网络建设,投入很大。在开展数据业务的初级阶段,由于数据用户比较分散,将所有单向 HFC 网络全部改造成双向网,不仅投资巨大,而且经济效益会很差,因此,很多有线电视台考虑借用电信部门的电话线提供上行交互式信道,实现用户的宽带下行接入。由于上行信道只用来传递一些浏览信息、查询指令,因此只需很小的带宽,而下行带宽很高,特别适合于上 Internet 浏览等非对称通信应用。这种系统称为单向 Cable Modem 系统。单向 Cable Modem 系统的下行信号通过单向 HFC 网络来传送,上行回传信号通过电话局的电话交换网(PSTN)来传输。

(3) 按网络通信角度

可分为同步(共享)和异步(交换)两种方式。同步(共享)类似于以太网,网络用户共享同样的带宽。当用户增加到一定数量时,其速率急剧下降,碰撞增加,登录入网困难。而异步(交换)的 ATM 技术与非对称传输正在成为 Cable Modem 技术发展的主流趋势。

(4) 按接入角度

可分为个人接入 Cable Modem 和宽带接入 Cable Modem(多用户),宽带 Modem 具有网桥的功能,可以将一个计算机局域网接入。

(5) 按适用用户层次

有 3 种 Cable Modem 类型。

① CMP(Cable Modem Personal)

CMP 适用于个人用户 Cable Modem,它适用于家庭个人计算机,具有即插即入、全面的媒体访问控制层(MAC)桥接功能、传送和接收数据功能等。

② CMW(Cable Modem Workgroup)

CMW 适用于小型企业和多 PC 家庭,最多可支持 4 个用户,每个用户均具备 CMP 功能。

③ CMB(Cable Modem Business)

CMB 可用于企业网、学校系统、政府机关等,可连接成千上万个用户,每个用户均具有 CMP 功能,并可根据不同的访问和操作安全性要求实现保护功能。

(6) 按接口角度

可分为外置式、内置式和交互式机顶盒。外置 Cable Modem 的外形像小盒子,通过 10 BASE-T 或 100 BASE-T 网卡连接计算机,可以支持局域网上的多台计算机同时上网。内置 Cable Modem 是一块 PCI 插卡,是最便宜的解决方案,其缺点是只能在台式计算机上使用。交互式机顶盒是真正 Cable Modem 的形式,其主要功能是在频率数量不变的情况下提供更多的电视频道,通过数字电视编码,使用户可以直接在电视屏幕上访问网络、收发 E-mail 等。

Cable Modem 要比电话线 Modem 复杂得多。Cable Modem 主要由调制/解调器、调谐器、加密/解密模块、网桥/路由功能模块、网络接口卡(NIC)、简单网络管理协议(SNMP)、部分 Ethernet Hub 功能模块组成。其中 SNMP 主要完成参数配置、带宽分配以及网络运行维护、诊断、监视、控制等网络管理功能,是目前应用最广泛的标准网管协议之一。从用户 PC 数字接口送来的数字信号经过编码、加密、调制后变成可在同轴电缆中传送的 RF 信号,进入同轴电缆,而从同轴电缆来的 RF 下行信号经过调谐、解调、解密、解码后送入计算机网络。

典型的一个 Cable Modem 分别在两个不同的方向上接收和发送数据。在下行方向,数字数据信号调制在 42~750 MHz 中的某一个 6 MHz(或 8 MHz)带宽的电视载波频道上。调制方式虽然有多种,但普遍采用的两种调制方式是 QPSK(可达 10 Mbit/s)和 NQAM(N 可为 16、64、256 等),这个信号可以放在一个没有电视信号的 6 MHz(或 8 MHz)带宽的频道上。上行信道则更不易处理,在一个双向 CATV 网络上,上行(反向)通道通常设在 4~40 MHz 之间。这意味着上行通道处在一个噪声环境中,这些噪声来自业余无线电、载波电台和家用电器的脉冲噪声的干扰。另外,由于接头不牢或低质量的同轴电缆,屏蔽干扰很容易从家里侵入。由于 CATV 网络是树形的分支结构,这些所有的噪声和上行有用信号一起累积汇合到网络前端。为此,在上行方向大都采用 QPSK 调制方式,因为 QPSK 比更高一级的调制方式有更好的抗干扰性。当然,它的缺点是比 QAM 调制方式要"慢"一些。

Cable Modem 有多种与计算机连接的方式,但以太网 10 Base-T 接口是目前最常见和最可行的。虽说将 Cable Modem 做成一个内置式的卡插在计算机内可能会更便宜些,但针对不同的计算机就需要不同的卡,也会引起兼容问题。因此,Cable Modem 做成外接方式更方便灵活。Cable Modem 上行链路常用多址接入方式如下。

① 基于 FDMA/TDMA 技术的 Cable Modem

Cable Modem 对上行/下行数据信号采用不同的接入方式。下行采用广播形式,Cable Modem 对数据信号进行调制解调和同步处理后传送给用户计算机。上行采用 FDMA/TD-MA 接入方式,上行数据信号经过 Cable Modem 处理后送入 HFC 网络。FDMA 技术的使用不仅能增加上行信道的容量,又能够减弱上行数据的冲突,同时也避免信道资源的浪费。采用 TDMA 技术可以将信道划分成时隙,CMTS 集中控制 Cable Modem 处信道时隙的选择,进行测距和同步,以确保 Cable Modem 能准确地将数据送入指定的时隙。

② 基于同步码分多址(S-CDMA)技术的 Cable Modem

在现有树形结构的 HFC 网络中,用户端的噪声会在系统前端叠加,FDMA 和 TDMA 技术容易受窄带噪声干扰。尽管通过 HFC 网络技术和上行模块进行设置可以抑制窄带干扰,但这不足以从根本上解决干扰性问题;同时 HFC 网络上行信道资源相对贫乏,这对网络容量有很大的限制。同步码分多址(S-CDMA)技术可以较完美地解决干扰性和容量问题。

码分多址(CDMA)是一种基于扩频(扩展频谱)技术的通信方式,扩频是指发送信号所占频谱远大于信号本身所需的最小带宽。由于在信息速率不变的情况下,信号频谱扩展越宽,抗干扰能力越强,当频带宽度很大时,即使在信噪比很低的情况下,也能可靠地传输信息,所以 CDMA 抗干扰能力较强,是以牺牲频带的利用率为代价的。

传统的 CDMA 技术虽然很好地解决了噪声环境下的高速数据传输问题,但是多用户的多址干扰会使系统的性能下降。S-CDMA 技术则在这方面做了很大的改进,它要求在系统初始化时要进行同步,即在 HFC 系统初始化时,用户终端的 Cable Modem 需要和系统头端设备进行同步,控制码字间的正交性,这样做就大大降低了系统自身的多址干扰(在异步通信模式下,部分来自不同用户的码元会发生重叠,这就会使接收端在进行解扩频码时,受自身噪声的影响,造成噪声电平升高,引起系统性能的下降)。S-CDMA 技术主要通过测距和均衡两项校正措施确保所有 HFC 用户端的调制解调器和网络前端 CMTS 同步,从而使各用户端的扩频信号之间保证很好的正交特性,这就最大程度地克服了自身干扰,提高了信道的利用率。

测距技术依赖于具体的测距算法,用来确定每个调制解调器到系统前端 CMTS 信号的路径长度,从而在具体发送时保证一定的先后顺序,距离远的先发送,距离近的后发送。需要注意的是测距算法应该是动态和连续的。均衡技术则是在每个发送端前置一个编码器,从而消除由于信道响应所造成的信道失真。所以,在相同大小的多址干扰电平下,S-CDMA 系统的容量比传统 CDMA 系统的容量大。

Cable Modem 最普遍的服务无疑是高速 Internet 接入,其他服务包括数字音频广播、视频点播、本地信息在线查询、接入 CD-ROM 服务器等非常广泛的应用。

5.4　HFC 网络设计和双向化技术

5.4.1　广电 A 平台 HFC 网络结构设计

1. 广电 A 平台骨干传输网络结构设计

在有线电视网络建设中,如何把光纤 CATV 网改造成为综合业务接入网是一个值得研究的重大课题。HFC 网的宽带特性和它连接千家万户的高渗透率,已使它成为构造综合业务接入网的优选平台。现在的突出问题是何种网络构造最适合于大中城市网络。

在网络拓扑方面,早期的光纤 CATV 网的光纤干线部分绝大多数都是采用星形拓扑或两级星形拓扑,而同轴电缆部分则采用树形拓扑,这主要是从便于电视分配的角度考虑,但是为了集中控制和节约投资,我们不主张设立分前端,自然的选择就是从前端直接用星形光纤线路向光节点传送节目的结构形式。这种形式对于小城市的光纤 CATV 网甚至综合业务接入网至今还是合适的,但对于大中城市(例如 10 万以上用户)的网络,星形方式要求数百上千的光纤汇集于前端,既不便于光缆的制造和架设,也不便于维护,所需投资也很大。当开展数字业务时,集中于一个中心的交换方式要求交换机有极大的交换容量,容易造成信息流阻塞,不如采用分布式交换方式。这两个方面都要求建立分前端。对广播业务,分前端是二级分配中心;对窄播业务,分前端是节目发送地;对交互式数字业务,分前端是交换节点。这样,就应当把整个网络分成连接前端和所有分前端的干线网和各个分前端以下的分配网,前者是环形结构而后者是星树形结构,如图 5.4.1 所示。广播(Broadcast)业务是指由前端无方向性地播送节目给所有用户,而窄播(Narrowcast)业务是指向网内某一局部的用户播送他们需要的节目。

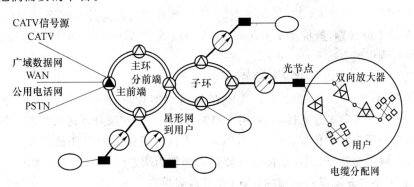

图 5.4.1　典型 HFC 网络拓扑

连接前端与分前端的干线网络(当距离很长时称为超干线)必须十分可靠,因为它是整个网络的骨干,通信容量大。为了获得高的可靠性,A 平台干线网可采用冗余环形的网络拓扑结构。对于模拟信号,用两根光纤分别沿两个方向给各个分前端分配光功率,每一分前端均获得来自不同光纤的两路输入光功率,一主一备。当主用信号消失(上游设备损坏或光纤断裂)时,光开关会自动接通备用光信号。如果要求更高的传输质量,可不用沿途进行光分路的方法,而用两个发送光分路器和多芯光缆构造物理环形、逻辑星形的冗余网络。

这种干线模拟传输方式既适合模拟电视广播,也适合数字电视广播,两者都工作于副载波复用光纤传输体制,只是副载波频段和调制方式不同。对模拟电视,副载波频段取 85～550 MHz,调制方式为 AM-VSB,而对数字电视,副载波频段取 550～750 MHz(或 862 MHz),调制方式为 64QAM(或 256QAM)。

虽然干线模拟传输系统的工作波长在原理上可以是 1 310 nm,也可以是 1 550 nm,但是 1 310 nm 系统的链路损耗一般不超过 15 dB,很难构造环形网,所以在大中城市的干线环网上只适宜采用 1 550 nm 系统。

采用 1 550 nm 波长的优点还有:

- 对广播业务在分前端可以直接用 EDFA 进行光放大,而不必用光接收机进行光/电转换后作第二次发送,这样能获得最高的传输指标;

- 在将来开展窄播业务时,可对不同的分前端采用 1 550 nm 波段中的不同波长,采用 DWDM 密集波分复用技术从前端把不同的节目(如数字电视)发送到各个分前端,这样就不必在各个分前端安装视频服务器和存储器,而是将昂贵的数字电视节目源设备集中安装在前端,达到节省系统投资的目的。

2. 广电 A 平台光纤接入网网络结构设计

(1) 1 310 nm 接力传输

在分前端安装光接收机和光发射机的二级接力方案,又称光/电/光中继方案。这是一般采用的方式。其缺点为:传输指标 SNR、CSO、CTB 降低较多,特别是大中城市将是三级光路级联,指标达不到国家标准的要求;大量用 1 310 nm 设备使系统造价较高;设备使用量越大,系统级联数越多,则系统可靠性越低。

(2) 1 550 nm 光放大直接分配

分前端用 1 550 nm 光放大、光分路器向各光节点分配,其优点是:对系统的传输指标损伤最小,因 EDFA 噪声系数小,输入功率大于+5 dBm 时造成 CNR 下降不超过 0.5 dB,光纤长度小于 80 km 时 CSO、CTB 跌落可忽略不计,能建立高质量传输网络;1 550 nm 光发射机和 EDFA 已十分成熟,造价比 1 310 nm 接入网低约 30%～40%;中间环节减少,系统可靠性更容易得到保证。

(3) 1 310 nm/1 550 nm 波分复用叠加网

在 1 550 nm 光放大直接分配方式中在分前端实现本地节目的插入的办法是采用 1 310 nm 光发射机携带本地节目,然后用 1 310 nm/1 550 nm 波分复用技术使本地节目与前端来的节目在一根光纤中传输,在光节点用同一光接收机接收两个波长的光信号。但前端和本地节目的频道要错开,两波长的功率要适当调整为相差约 10 dB,节目就不会串扰。

3. 广电 A 平台分配网网络结构设计(光节点到用户)

A 平台分配网主要是指光节点到用户之间的电缆分配接入网络,电缆接入网建议采用星形网络结构,对称设计,所连接的电放大器一般不要超过二级,最好不用电放大器,直接无源分配入户,形成以光节点为中心的多级星形电缆网络。

星形电缆网络具有以下优点:

- 从集中分配点到用户之间没有接头,电缆的自然寿命长,可靠性高,管理规范;

- 便于集中维修;

- 便于用户管理,杜绝私拉乱接现象,收费方便;

● 信号传输分配性能,如平坦度极好。

从双向宽带 HFC 网络的传输技术出发,星形网络能解决双向网络的"汇集干扰"和"汇集均衡"等难题。

我们知道双向 HFC 网络中最令人头痛的是回传通道的入侵噪声,它具有随机性、多样性、突发性、不可预见性等特性,并且入侵点是分散的,这些噪声在回传过程中不断累加,形成"汇集干扰"的问题。经过大量的实验和测试,发现产生汇集干扰的主要原因有:电缆引入线部分的入侵噪声、电缆部件(如接头等)被腐蚀、各种接头和螺丝等机械件的机械配合松动以及电缆分配网的上行通路没有正确调节。

电缆接入网改变以前的树形入户的路由结构,采用多级星形分配结构,就能减少许多噪声入侵和汇集的机会。如图 5.4.2 所示,在楼栋里,电缆接头仅分布在用户家里和集线器上,集线器将放大与分配环节都屏蔽起来。集线器(具有信号放大和平均分配功能,一般可接十余户)本身机箱的屏蔽性能很好,出于管理需要,通常在集线器外面还要外加保护箱,这样又可加强其屏蔽性能。

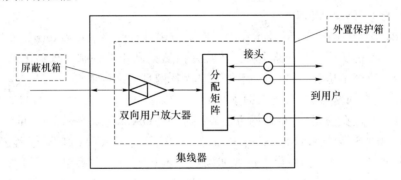

图 5.4.2　电缆接入网模型

星形集中分配入户产品又叫集线器或集中分配器。采用集线器,做到了以楼道单元为信号处理的星形结构。楼房的每个单元(一般十几户用户)为一个最基础的汇集点,安装一台集线器,由于集线器保证了到各用户的下行入户电平和各用户回传信号上行后的汇集电平近乎一致的要求,故可将这个集线器在整个网络中视为一个基础点(即上行信号的起点),这样做还可简化上行的调试。为了使各用户回传信号上行后的汇集电平更加接近一致,还可使用电缆补偿的办法,即使集线器各输出口到各用户的连接电缆长度一致。

5.4.2　广电 B 平台 HFC 网络结构设计

1. B 平台核心层网络结构设计

随着 Internet 的发展,Internet 用户呈指数增长,对网络带宽要求越来越大。为满足用户日益增长的需求和不断出现的基于 IP 的 Internet 网络应用,各种用以传输 IP 业务的宽带网络技术不断涌现,主要有:IP over SDH、IP over ATM、IP over optical(千兆以太网,GE)。

(1) GE 与 IP over SDH

一般地,IP over SDH 技术的优势在于它可以很好地与 SDH 传输设备无缝连接。它将 IP 数据包跨越第二层,直接封装到第一层(即 SDH 物理传输层)中。

如果已经有了一个很好的 SDH 底层基础设施网络,可以充分利用原有的投资,将数字电视信号直接放在 SDH 设备上进行传输,而将数据业务(基本上是基于 IP 的业务)直接封装成 SDH 传输帧,通过 POS(Packet Over Sonet)端口连接到 SDH 传输设备上。对于千兆以太网来说,一般更适用于在没有 SDH 基础设施的项目中。它可以完全不依赖于 SDH 设备,而仅通过远程传输模块即可连接成为一个类似于 SDH 的环,这个环也可以具有自愈的功能。

POS 的优势在于可以高效地将第三层的数据包直接封装到 SDH 帧中。但其缺点在于必须要依赖 SDH 基础设施的建立,尽管有些厂家的 POS 模块也可以直接驱动超过 50 km,但如果没有 SDH 基础设施,这种方案在传输方面的很多优势就不复存在了。另外一个缺点在于,由于必须依赖 SDH 设备,所以网络的扩展性方面必须要依赖于 SDH,网络的扩展必须伴随 SDH 传输设备的扩展。

相比较而言,千兆以太网方案在扩展性和带宽方面要优于 POS 方案。可以很轻易地在主干线上实现千兆比传输。另外,千兆以太网交换机由于其本身的独立性,在 IP 的 COS(Cost Of Service)方面也要优于 POS。

(2) GE 与 IP over ATM

1998 年以前,IP over ATM 技术在主干网上应用具有优势。在 Internet 发展的第一阶段,限制 Internet 速度的瓶颈是路由器。传统路由器是利用软件来实现路由计算和包转发的,最高包转发速度不超过 1 Mbit/s,不能满足因特网骨干网的需求。

为了解决这个问题,人们只能求助于 ATM。于是,ATM 在 90 年代中期成为 Internet 骨干网的主流,并且在校园网、企业网方面发展了 MPOA(Multi-Protocol On ATM)、多协议标记交换(MPLS)等在 ATM 上运行 IP 的新方法,称之为 ATM/IP 平台,它适用于多协议、多业务环境。1997 年,新一代吉位线速路由交换机面世。它采用专用硬件 ASIC 进行包处理,转发速度可以达到 40 Mbit/s 以上,比传统路由器速度快几十倍,而且结构变化不大。吉位路由交换机一举解决了传统路由器的瓶颈问题,它的出现向 IP over ATM 方案提出了有力挑战。在 Internet 骨干网上,吉位线速路由交换机取代了 ATM 交换机,在 SDH 上甚至直接在光纤上运行。这样,既减少了内部开销,简化了设备,降低了成本,又简化了网管。因此,在城域网、校园网方面,对于以 IP 业务为主的网络,采用吉位线速路由交换机,直接在光纤上运行吉位以太网,是构成宽带 IP 网的最佳方案。随着 IP 业务的发展,ATM/IP 多协议、多业务平台将逐步过渡到纯 IP 平台,ATM 将逐渐退出历史舞台,但是,ATM 发展的先进思想和技术已经被宽带口技术吸收。

(3) IP over Optical

由于 IP 技术、千兆交换和多层交换技术的不断发展,同时基于以太网帧层及 IP 层的优先级控制机制和协议标准以及各种 QoS 支持技术的成熟,为实施要求更佳服务质量的应用提供了基础,特别是光纤传输技术的进步,使得千兆以太网的传输距离可达百千米,这些技术的发展使宽带 IP 城域网络的设计已产生重要变革,采用具有多层交换能力的多功能以太交换机为骨干,千兆以太交换机或百兆以太交换机为主体,以 IP 协议为信息承载协议,构建城域宽带网已成为一种高性能、低成本、极具发展前景的网络建设方案。交换式 IP 城域骨干网所需的功能用千兆以太网是完全可以实现的。这主要是由于支持千兆以太网的第 3/4 层交换机的出现大大增强了以太网的地位,原来认为的以太网的一些不足,如对多媒体应用的支持、灵活的网络拓扑结构和多链路负载分享、基于标准的虚拟网等,已被新的标准和技术所解决。随着 GE 技术的发展和成熟,IP over Optical 成为构建宽带城域网的理想平台。

首先,其骨干带宽具有极强的可扩展性、伸缩性,根据需求,带宽设计可以从 1~10 Gbit/s 甚至更高;其次,其构建成本较低,同等带宽的构建成本大约是 IP over SDH,ATM 的 1/5 ~1/10,网络结构简明、层次清晰;再次,其与用户以太接入网无缝连接,避免在 ATM、SDH 之间的格式转换而导致的效率损耗;最后,可以大大降低运营成本,包括管理成本、设备的升级成本以及系统的扩容成本。

2. B 平台汇聚层网络结构设计

基于现有光纤路由、节点分布和网络性能的考虑,各接入网交换机与总前端核心交换机通过星形方式连接,也可以在接入网交换机与骨干网交换机之间增加汇聚层交换机,提高网络的端口密度,并可以提供不同等级的接入服务。汇聚层交换机通过千兆以太网链路与骨干交换机连接,可以利用链路聚合技术实现 2 Gbit/s、4 Gbit/s 和 8 Gbit/s 的连接速率,以提高汇聚层与核心层的通信速率。普通用户接入网交换可以直接连接到汇聚层交换机上,提供一般性接入服务,对于特殊用户(如 ISP 服务商等),可以直接连接到骨干交换机端口。这样的设计可以有效地利用网络的资源,提高设备的利用率,更加合理地分配网络性能。

核心层与汇聚层组成城域宽带 IP 骨干网,一般情况下,在核心层部署高端路由器,在汇聚层布置三层交换机,在核心层与汇聚层之间采用千兆以太网。

3. B 平台接入层网络结构设计

接入网的投资占全网投资的比例较大,是技术多样、实施困难、影响面最广的一部分。要因地制宜,因时制宜,尽量合理地发展接入网。先进的光纤接入网发展既要考虑光纤接入网与原电缆接入网拓扑结构的兼容性,又要明确接入网的全光纤化方向;既要节省投资成本,又要坚持高起点、分期实施的原则。因此在接入网的建设过程中应循序渐进。目前,有线电视宽带综合信息网系统主要采用以下几种接入方式:对集团用户一般采用 LAN 接入;对家庭个人用户和小型企业用户一般采用基于双向 HFC 网的 Cable Modem 接入;另外,就是新兴的 EPON/GEPON 接入技术。

(1) LAN 接入技术

交换式以太网是一种对传统 10 M 以太网技术的发展,可以提供 10/100/1 000 Mbit/s 的包交换速率带宽,其传输机制已摆脱了传统 Ethernet 的 CSMA/CD 技术基础上的冲突半径,它每一个端口一个冲突半径,采用多模光纤技术,其支持的最远距离能达到 2 km,单模光纤可达数十千米。对于接入网,为能够满足家庭用户或团体用户的各种各样的业务需求,最经济、最有竞争力、最先进的的接入方式是基于 TCP/IP 协议的交换式 10/100/1 000 Mbit/s Ethernet 接入方式,它能够和我们的城域网无缝连接。对大型集团用户,采用局域网高速专线接入,该方式可以看成宽带 IP 城域网的延伸,通过 10 Mbit/s、100 Mbit/s 甚至 1 000 Mbit/s以太网端口将企业内部局域网连接至前端/分前端/二级光节点的路由交换机,实现集团用户与宽带信息网的高速接入。局域网高速专线接入的主要用户为大型集团企业,包括政府机关、企事业单位等用户群体,采用光纤到楼的方式,然后通过以太网方式接入,通过这种接入方式,用户还可以很容易地实现在整个城市内的分支机构互连。

(2) Cable Modem 接入技术

基于双向 HFC 网的 Cable Modem 接入是在双向 HFC 网上用电缆调制解调器构建用户宽带 IP 接入网,根据网络结构,在前端/分前端设置电缆调制解调器头端系统(CMTS),

用户端设置电缆调制解调器(CM),由此构成双向 HFC 网的用户宽带接入传输平台。

　　HFC 前端设备主要包括 CMTS、光发射机/回传光接收机。CMTS 用于连接双向 HFC 网和宽带数据网,为用户端的 CM 提供控制、管理和数据传输功能,它提供动态带宽管理、数据网络资源的接入控制并保证数据服务质量。HFC 网用户端设备是 CM,用于完成 HFC 网与用户 PC 之间的数据格式转换,使用户 PC 通过 HFC 网络与前端设备进行全双工的数字通信。CM 通过标准的 10/100 Base-T 以太网自适应接口与用户的 PC 连接,通过标准的 F 型接口与 HFC 网连接,实现上行最大 30 Mbit/s、下行最大 42 Mbit/s 传输速率的宽带接入。

　　(3) EPON 接入技术

　　近年来,随着 Internet 的普及和宽带应用的发展,使得接入网带宽资源日益"捉襟见肘",为了彻底解决接入网的带宽瓶颈,光纤到户(FTTH)这个一直以来作为接入网发展的最终理想,已经具有了提前实现的迫切需求和可能。EPON 是基于千兆以太网的无源光网络技术,继承了以太网的低成本和易用性以及光网络的高带宽,是实现 FTTH 众多技术中"性价比"最高的一种。随着 EPON 国际标准 IEEE 802.3ah 在 2004 年的正式发布,EPON 的产业联盟已经吸引了众多厂商的积极参与,从 EPON 的核心芯片、光模块到系统,EPON 的产业链已经日趋成熟,在经历了不断的演进和完善之后,已成为 FTTH 的主要应用技术。

5.4.3　有线电视 HFC 网络双向化技术

　　有线电视采用光纤/同轴电缆混合(HFC)传输网络,带宽资源丰富,是目前最佳的一种宽带接入网。但是,有线电视 HFC 网络在设计之初就以单向广播方式为主导,因此如何利用 HFC 网络的丰富带宽来实现宽带交互式多媒体接入服务系统,是一个十分具有挑战性的课题。有线电视网络双向化建设和改造的重点是将用户分配网改造成为分配接入网,因为这部分网络的改造工程量大、投资大、技术复杂。目前有线电视分配接入网双向化改造有多种技术选择。

1. Cable Modem 技术

　　应用较多的技术之一是 Cable Modem 技术,在美国 Cable Modem 用户已超过 2 500 万户,在我国深圳、上海等城市采用 Cable Modem 提供互联网宽带接入服务。到目前为止,Cable Modem 仍然是一项很好的技术。首先,Cable Modem 技术利用原有 HFC 网络,同轴电缆入户,不需要重新铺线,改造工程量小,用户设备 CM 容易安装;其次,Cable Modem 技术标准和产品成熟,DOCSIS 1.1 和 DOCSIS 2.0 标准已颁布多年,CM 产品大规模生产,其价格早已适于大规模推广应用,DOCSIS 3.0 标准也已制定;最后,Cable Modem 技术适用逐渐开展业务、发展用户的应用情况,前期投入少,资金门槛低,在市场前景不明朗或接入率不高的情况下,是一个较好的选择方案。一些有线电视网络公司根据本地区的实际条件选择了 Cable Modem 方案。Cable Modem 技术还有一个特点是可长距离传输,由于我国城市的居住密度大,这一特点只适合于居住比较分散的郊区。但是 Cable Modem 技术也有其显著的不足之处,由于 CMTS 的带宽限制,可承载业务有限,无法满足大带宽业务的需求。另外,噪声汇聚效应影响系统的带宽和性能,对同轴电缆及接头质量要求较高,对施工工艺质量要求高,会大幅度增加质量不好的有线电视网络的双向化改造成本。

2. LAN 技术

LAN 技术在有线电视网络双向化改造中已有应用,最初是采用 FTTC、FTTB＋LAN 的方式。随着无源光网络技术的快速发展,EPON＋LAN 成为一种优选方案。从理论上讲,EPON＋LAN 是性价比最高的方案,已经敷设好五类线或可以敷设五类线的建筑应该采用 EPON＋LAN 方案。前面讲过,LAN 需要重新敷设线路,其应用受到很大的限制,在大多数应用条件下,EPON＋LAN 方案还是需要解决入户线路问题。EPON 的 ONU 通常安装在楼道内,因此只要找到一种楼道内用户线路的双向接入改造技术,就可以大规模使用 EPON＋LAN 模式。

基于 EPON＋LAN 模式的楼道内双向化改造技术的基本思路是充分利用有线电视网络已有的同轴电缆入户线。其中一种最简单的楼道内用户线路双向接入改造技术是 EOC (Ethenet Over Coax),其原理是将基带以太信号直接混合在同轴电缆中。EOC 设备为无源设备,运行稳定,且成本低。EOC 的不足之处同原来的 LAN 方案一样,需要在楼道内 ONU 之后架设交换机,需要考虑电源、散热、防尘等问题,EPON 的无源优势不能充分体现;另外,EOC 只能用于点到点传输,楼道单元(混合器)必须采用集中分配,户内单元(分离器)必须安装在第一个分线处,户内串接终端无法使用数据口。为了克服 EOC 的不足,另一种基于 EPON＋LAN 模式的楼道内用户线路双向化改造方案是将以太信号调制后在同轴电缆中传输,称为以太电缆调制技术。以太电缆调制技术采用已有的家庭网络标准(如 HomeP-NA、PLC、MoCA 等)、无线局域网接入标准(如 Wi-Fi),还有各厂商自己的特有调制方案,如 BIOC、e 视通、一线通、UCLink、缆桥等。基于 EPON＋LAN 模式的用户接入双向改造技术方案的最大问题是没有统一的技术标准,难成规模,给有线电视网络公司选择双向化改造技术方案带来极大的困难。

"光进铜退"是网络发展的必然趋势,有线电视同样会从光纤到路边(FTTC)发展到光纤到楼(FTTB),最终实现光纤到户(FTTH)。EPON 技术是以 FTTH 为目标设计的,但是在相当长的时期内,还会继续采用 EPON＋LAN 模式。有线电视运营商、技术提供商和设备提供商等相关行业应该联合起来,寻找一种适合我国国情的有线电视网络双向化改造技术,制定统一的技术标准,共同促进双向有线电视网络的发展。

3. 无线接入技术

解决有线电视网络入户线路双向化改造的一种潜在可行的技术是无线宽带固定接入,其最大的优势是避免了室内布线的困扰。无线宽带固定接入的接入点与楼边的光传输网络相连接,通过无线方式与户内设备进行数据交换。目前,无线固定接入技术还在发展中,无线电频率资源也是一个未解决的问题,还没有到大规模推广应用的阶段。

4. EPON 技术

EPON 网络的物理构造与 HFC 网络的体系结构基本没有多少差异,网络的结构都是点到多点的传输方式,即星形或多级星形的构造的特点。这样 EPON 系统很容易采用 WDM 技术叠加在 HFC 网络上,从而实现双向传输。即 RF-TV 信号用 1 550 nm 波长承载,数据、话音信号用工作在 1 490 nm/1 310 nm 波长的 EPON 来承载,是有线电视网络实现"三网融合"的最佳技术手段。通过 FTTC、FTTB 的渐进,最终实现 FTTH。

5.5   有线电视网络光纤化设计方案实例

5.5.1   某市有线电视网络现状

某市广电信息网络有限公司全网拥有有线电视用户50多万户。由于原大部分区县广播电视局对有线电视网络建设重视不够,前端机房接收、传输和播出等设备陈旧,有线电视网络的水平仍然停留在1996年和1997年的HFC网络水平上,网络带宽只有450 M,一个光节点带动的有线电视用户群较大,一般在200多户以上,有的甚至达到10 000户,干线放大器串接级数最多达13级。因此存在网络信号的信噪比很低,用户电视的画面质量差;串接级多,故障率较高,查找故障点复杂,在网络维护上需要浪费较多的人力物力,严重影响服务质量和工作效率;野外同轴线路过长,下雨天气更容易遭受雷电的袭击;不便于有线电视网络的多功能开发,不能够满足数字电视建设的需要。随着光纤、光设备技术和计算技术的发展,以及公司网络管理的需要,对原有线电视网络进行光纤化改造,已经迫在眉睫,这样有利于改善网络服务质量,降低网络维护成本,提高管理工作效率,为有线电视网络的双向多功能数据业务的开发和数字电视的平移奠定基础,并向社会提供更多的网络服务业务,提高社会竞争力。

5.5.2   某市HFC有线电视网络改造总体设计思想

根据对光纤有线电视传输系统、网络结构及其主要技术指标和影响因素的分析,可知使用1 550 nm外调制光纤传输系统加掺铒光纤放大器可以在保证高质量的技术指标的情况下,延长传输距离,增大光节点信号覆盖范围。采用双星形或星形拓扑结构,一方面可以解决因树形拓扑结构分支熔接点多带来的多重反射,而使系统的噪声和非线性失真变大,系统指标下降的缺点,另一方面可以使结构简单,减少熔接点和光分路器使用类型和数量,少用光纤,保证传输质量,还能够降低光分路器的备份数量,减少故障修复时间。因此最终确定该有线电视综合信息网络的总体设计思想如下。

① 采用1 550 nm外调制＋EDFA光纤传输系统。

② 采取层次型网络结构,整个网络分为主干网、支干网、分配网、接入网4个部分。

③ 城区网络采取双星形或星树形拓扑结构,既能开展数字电视业务,又便于以后其他增值业务的开展。

④ 网络设计既要立足当前的发展需要,充分利用当前成熟的先进技术,合理利用资金,又要有网络技术发展的前瞻性,充分保护网络投资,便于以后网络的平滑升级。

⑤ 有线电视网络改造向综合信息网方向发展,既要考虑传统的模拟电视信号传输,又要考虑开展大量的数字信号传输业务。因此,在网络设计时要考虑网络设计的适应性、可靠性和冗余保护能力等多方面因素。

5.5.3   HFC有线电视网络改造方案设计

1. 有线电视网络基本体系结构

该市下辖8个区县,属于组群式城市,A区为中心城区,是市政府驻地。该有线电视网络改造后的基本体系结构如下。

① 取消原区县有线电视网络前端机房的卫星地面接收站,信号源改由位于 A 区的该市广电大厦有线电视网络前端机房统一提供,各区县分公司设分前端,负责对市级信号的接收、转发和分配。

② 根据该市的城市地理布局特点,到区县分公司的主干线主要采用星形拓扑结构,双路由多光纤冗余备份,保证传输网络安全。

③ 城区网络采用双星形或星形拓扑结构,进行光信号的传输与分配。

④ 采用全光网技术,使用光放大器进行干线传输,除前端机房设备、分前端机房设备和用户端光接收机外,全部使用无源设备,取消光接收机以后的放大器。

2. 频谱分配及系统技术指标要求

频谱分配如图 5.5.1 所示,低频端的 5～42 MHz 安排给上行信道,即回传信道,主要用于传输数字电视的上行信号等。50～1 000 MHz 频段为下行信道,其中 50～550 MHz 用来传输现有的模拟 CATV 信号,每一路的带宽为 8 MHz,可以传 60 路 PAL-D 制式的电视信号;550～1 000 MHz 频段用来传输数字电视以及点播电视(VOD)节目等。

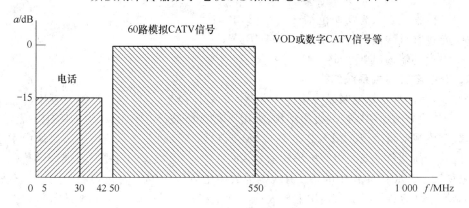

图 5.5.1　同轴电缆频谱分配方案

CATV 系统指标的分配是系统设计时的一件重要工作。合理的分配可以使系统整体经济性能优化,并使整个系统易于达到设计目的。主要依据的标准是:

- BG 05200—1949《有线电视系统工程技术规范》;
- GB 6510—1996《声音和电视信号的电缆分配系统》;
- GY 5063—1998《市、县级有线广播电视网络设计规范》;
- CY/T106—1999《有线电视广播系统技术规范》。

其 3 项主要技术指标如表 5.5.1 所示。

表 5.5.1　有线电视网络 3 项主要技术指标

项　目	分前端	光节点	用户端口
$(C/N)/dB$	≥50	≥46	≥44
CSO/dB	≥65	≥62	≥55
CTB/dB	≥65	≥60	≥55

根据该市有线电视网络改造方案的基本体系结构,网络的系统技术指标分配如表5.5.2所示。

表 5.5.2　有线电视网络技术指标分配表

项　目	用户端口		中心前端	市级光纤干线	区县光纤分配网	小区电缆接入网
	国标	设计值				
$(C/N)/\text{dB}$	43	44	57	51	51	50
CSO/dB	54	55	70	66	66	64
CTB/dB	54	55	74	69	69	69

设计中,各个分系统级联后的技术参数可由各分系统的相应参数按照下列公式计算:
$$S=-K\lg(10^{-S_1/K}+10^{-S_2/K}+10^{-S_3/K}+10^{-S_4/K})$$
式中,S_1、S_2、S_3、S_4 分别代表中心前端、光纤干线、光纤分配网、电缆接入网系统的 C/N、C/CSO、C/CTB 指标;S 为用户端口技术指标,即各系统级联后的 C/N、C/CSO、C/CTB 指标;K 是级联计算系数,对 C/N、C/CSO、C/CTB 分别取 10、10、10。

为保证整个网络达到系统设计值,参照设备的技术参数,要求网络各端口的输入/输出指标如下:

- 光放大器输入光功率范围 0～10 dBm;
- 光接收机输入光功率范围+2～-2 dBm;
- 光接收机输出信号电平 97～104 dBμV;
- 用户终端输出电平 64±4 dBμV。

3. 有线电视前端系统结构

根据该市的城市地理布局特点和网络设计的总体思想,有线电视网络设置中心机房前端和区县分公司分前端两级前端机房结构,采用 1 550 nm 波长的 AM-VSB 外调制模拟光纤传输系统,数字电视节目采用 MPEG-2 压缩 QAM 调制方式。网上的有线电视节目源由中心机房提供,区县分前端负责接收中心机房的信号,并和本地一个频道的电视节目混合后传送到区县有线电视网上。2007 年在全市完成有线电视数字化平移后,区县分前端将不再进行有线电视信号的转发,而直接用光放大器中继放大中心前端机房的信号。区县的本地节目回传到中心机房,中心机房分配一个数字频道,在网上传送。该中心前端系统结构如图 5.5.2 所示。

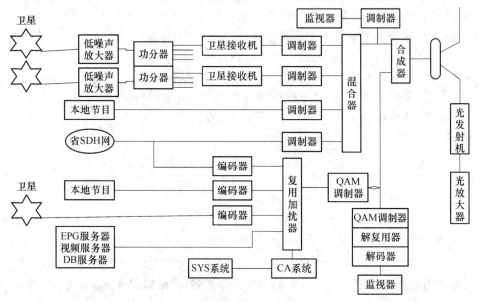

图 5.5.2　有线电视前端系统结构示意图

4. 有线电视主干网设计

主干网分市主干网和区县主干网两级,市主干网负责将该市中心机房的信号传输到区县分前端,区县主干网负责将区县分前端的信号传输到乡镇机房。中心前端到区县分前端先期采用星形拓扑结构,模拟传输,双路由光纤冗余备份。网络拓扑结构如图 5.5.3 所示。

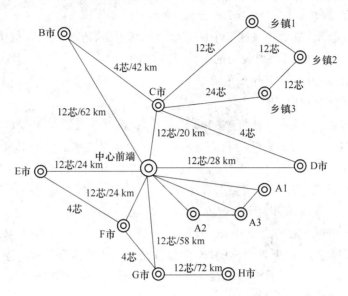

图 5.5.3　有线电视干线网络拓扑结构示意图

图 5.5.3 中只画出了双路由中的一条,另外一条路由图中没有画出,两条路由的光纤芯数对称。中心前端到各个分前端均有独立的 12 芯光纤(H 市除外),中心前端到 B 市的路由经过 C 市,中心前端到 H 市的路由途径 F 市、G 市,因此中心前端到 B 市的 12 芯光纤实际上和到 C 市的是在同一条缆上,为表述方便,图中单独画出到 B 市的 12 芯。另外,C 市和 B 市之间、C 市和 D 市之间、E 市和 F 市之间、F 市和 G 市之间分别有 4 芯直通光纤,以后可以连成逻辑环形拓扑结构。区县分前端到乡镇机房采用网格拓扑结构,也采用模拟传输。

之所以中心前端到区县分前端采用星形拓扑结构,双路由备份,一方面是由于该市的地理布局为南北长条形,形成地理环的路由较难选择,路由建设投资大;另一方面,由于采用模拟光纤传输技术,光接收机正常工作的输入光功率的范围很窄,采用环形或网格拓扑结构,光功率的设计复杂,中继放大级联数多,设备投资较大,实现网络故障自愈的实际意义不大。介于以上情况,该市有线电视市级干线在目前使用模拟传输技术时,采用星形双路由冗余备份更为经济合理。开展新的数字传输增值业务时,通过区县之间预留的 4 芯光纤,可以非常方便地改成逻辑上的环形或网格拓扑结构,提高网络的可靠性,保证服务质量。区县分前端到乡镇区级干线,由于地理布局较为均匀,并且乡镇到乡镇之间的距离较近,因此可以采用环形或网格拓扑结构来实现有线电视信号的冗余备份。

干线全部采用 ITU-T G.652 单模光纤和 1 550 nm 外调制发射机、掺铒光纤放大器传输,在距离较近的范围内,既可以降低网络建设成本,还可以基本保证系统技术指标。对重要的干线设备:1 550 nm 外调制发射机、掺铒光纤放大器全部采用网管型,通过数据网中的设备监控 VLAN,在中心机房可以实现对所有光发射机和光放大器进行网管,以后随着网管型光接收机价格的下降,可逐步实现对所有有源设备的远程监控管理。

(1) 光纤干线设计分析

- 局端尾纤类型:1~6 芯使用 FC/APC,7~12 芯使用 FC/UPC(为数据网预留)。
- 光缆长度:路由长度×(1+工程设计余量)+局端预留。
- 工程设计余量:包括外线施工中的弯曲和外线预留,超过 10 km 距离的干线,按照路由长度的 5%预留;距离较短的干线,按照路由长度的 10%或更多进行预留。
- 局端预留:一般按照 100 m 预留。
- 光链路设计余量:1 dB。
- 光分路器:使用偶数均分路,减少备份规格,提高互换性。

考虑到当前的光纤及其配件的制造技术和光纤的熔接技术,一般 G.652 单模光纤的损耗常数为 0.20 dB/km(1 550 nm 窗口),接续损耗≤0.2 dB,再把光纤及其接续点的老化考虑在内,因此光链路的损耗可以按照下式计算:

$$\text{Loss}=P_0-P_{\text{Or}}=\alpha L+10\lg N+L_{\text{s}}+nH+1.0\text{(dB)}$$

式中,α 为光纤的损耗常数,在 1 550 nm 波长 G.652 单模光纤的损耗常数 $\alpha=0.25$ dB/km(包括光纤接续损耗等);L 为光缆长度;N 为偶数光分路器的分路数;L_{s} 为光分路器的附加损耗(dB),如表 5.5.3 所示;n 为活动接头数;H 为活动接头插入损耗(0.4 dB/个)。

表 5.5.3 光分路器附加损耗表

分路数	2	3	4	5	6	7	8	9	10	12	16
附加损耗/dB	0.2	0.3	0.4	0.45	0.5	0.55	0.6	0.7	0.9	1.0	1.2

(2) 光功率分配计算

① 下面以该中心前端到区县分前端的干线为例进行光缆损耗指标计算。

A1:光放大器 1 台,Loss=0.25 dB/km×3.8 km+1 dB+0.4 dB/个×2=2.75 dB。

A2:光放大器 1 台,Loss=0.25 dB/km×2.4 km+1 dB+0.4 dB/个×2=2.4 dB。

A3:光放大器 1 台,Loss=0.25 dB/km×3.2 km+1 dB+0.4 dB/个×2=2.6 dB。

A4:光放大器 1 台,Loss=0.25 dB/km×3.4 km+1 dB+0.4 dB/个×2=2.55 dB。

A5:光放大器 1 台,Loss=0.25 dB/km×3.4 km+1 dB +0.4 dB/个×2=2.65 dB。

A6:光放大器 1 台,Loss=0.25 dB/km×2.4 km+1 dB+0.4 dB/个×2=2.4 dB。

F 市:Loss=0.25 dB/km×24 km+1 dB+0.4 dB/个×2=7.8 dB。

G 市:Loss=0.25 dB/km×58 km+1 dB+0.4 dB/个×2=16.3 dB。

D 市:Loss=0.25 dB/km×28 km+1 dB+0.4 dB/个×2=8.6 dB。

E 市:Loss=0.25 dB/km×24 km+1 dB+0.4 dB/个×2=7.8 dB。

C 市:Loss=0.25 dB/km×20 km+1 dB+0.4 dB/个×2=6.8 dB。

B 市:Loss=0.25 dB/km×62 km+1 dB+0.4 dB/个×2=17.3 dB。

H 市:Loss=0.25 dB/km×72 km+1 dB+0.4 dB/个×2=19.4 dB。

② 分路器插入损耗。

2 分路:Loss=10lg 2+0.2 dB=3.21 dB。

3 分路：Loss＝10lg 3＋0.3 dB＝5.07 dB。

4 分路：Loss＝10lg 4＋0.4 dB＝6.42 dB。

8 分路：Loss＝10lg 8＋0.6 dB＝9.63 dB。

10 分路：Loss＝10lg 10＋0.8 dB＝10.8 dB。

中心前端至各个分前端光功率分配拓扑图如图 5.5.4 所示，由拓扑结构和路由长度得出 A 市各个分前端和各区县分前端的光功率如表 5.5.4 和表 5.5.5 所示。

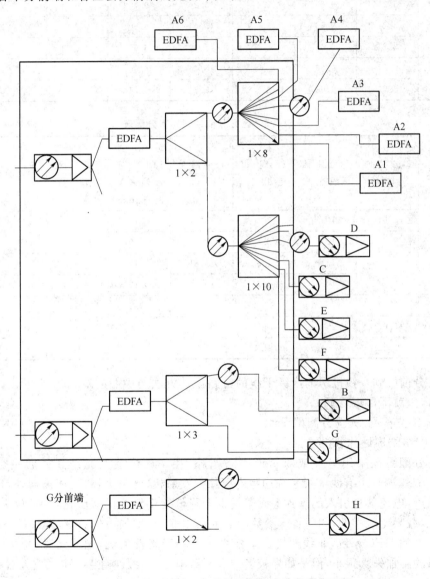

图 5.5.4　中心前端至各个分前端光功率分配拓扑图

表 5.5.4　A 市各分前端光功率分配表

中心前端 EDFA 发功率/dBm	2 分路插入损耗/dB	8 分路插入损耗/dB	光缆损耗/dB	光链路总损耗/dB	分前端 EDFA 实际输入光功率/dBm	分前端 EDFA 设计输入光功率/dBm	分前端
	3.21	9.63	2.75	15.59	6.41	6	A1
	3.21	9.63	2.4	15.24	6.76	6	A2
22	3.21	9.63	2.6	15.44	6.56	6	A3
	3.21	9.63	2.55	15.39	6.61	6	A4
	3.21	9.63	2.65	15.44	6.56	6	A5
	3.21	9.63	2.4	15.24	6.76	6	A6

表 5.5.5　区县分前端光功率分配表

中心前端 EDFA 发功率/dBm	2 分路插入损耗/dB	8 分路插入损耗/dB	光缆损耗/dB	光链路总损耗/dB	分前端 EDFA 实际输入光功率/dBm	分前端 EDFA 设计输入光功率/dBm	分前端
	3.21	10.8	7.8	21.81	0.19	0	F
	3.21	10.8	8.6	22.61	−0.61	0	D
22	3.21	10.8	7.8	21.81	0.19	0	E
	3.21	10.8	6.8	20.81	0.19	0	C
22	5.07	—	17.3	22.37	−0.37	0	B
	5.07	—	16.3	21.37	−0.69	0	G
22	3.21	—	19.4	22.61	−0.61	0	H

　　区县分前端到乡镇机房的区级干线的链路设计方法与中心前端到 A 市的设计方法是一样的,这里就不再重复了。

　5. 光缆支干网/光缆分配网设计

　(1) 网络结构设计分析

　　光缆分配网也采用星形或双星形网络拓扑,在小区内使用光纤到最后一个放大器(FTLA)方式。HFC 有线电视系统的噪声源除光发射机、光放大器、光探测器外,还有放大器的热噪声,电缆部分引入的外界电磁干扰也会降低终端用户的载噪比,并且放大器越多,电缆越长,载噪比就越低,相同技术参数的放大器串联,每增加一倍数量,载噪比下降 3 dB。对于近距离的 HFC 系统,非线性失真指标主要取决于光发射机,光放大器、光探测器和放大器提供的附加失真很小,但是如果较多的放大器串联也会影响很大,串联放大器的数量每增加一倍,CSO 降低 3 dB、CTB 降低 6 dB。因此采用 FTLA 方式,在光接收机后面不再使用放大器,直接用同轴电缆和无源集中分配器将信号分配到用户,这样可以在保证用户终端的信号技术指标的情况下,适当降低光接收机的技术指标参数,节约网络改造成本。

　　本设计使用 4 路高输出光接收机,每个光节点驱动 4 座楼房约 120～140 户。这种结构具有较高的传输质量,可以大大提高 C/N 指标,信号质量稳定可靠,可有效保证信息高速公路"最后一公里"的畅通。农村网络也采用相同的结构,由于地理布局的限制,每个光节点所带用户数可能会相对少一些,大约在 70～100 户不等,根据实际情况,对于很零散的用户可以适当使用 1～2 级放大器。

在网络设计时,原则上采用 8×8 的星树形结构,即从分前端的掺铒光纤放大器向下,光缆分配网分一级和二级光分路器,每级使用 8 光分路,特殊情况下也使用 2 分路器、4 分路器和 10 分路器。所有光分路器全部采用偶数均分的方式,这样便于器件的互换性,减少备份数量,降低备份器件对资金的占用。

光缆芯数的设计如下,前端和 1 级光分路安装在机房内,1 级和 2 级光分路之间设计 4 芯光缆。二级光分路器到每个光节点设计 4 芯光纤,其中 1 号芯光纤传输下行电视信号,2 号芯用于电视备用,3、4 号芯用于传输数字信号,这样既可以满足使用,也可避免过多的光纤资源闲置。

(2) 光功率分配计算

下面以某小区光节点为例进行计算:该小区共有 23 座住宅楼,均为多层建筑,每座楼 3 个单元 36 户,每 4 座楼 1 台光接收机,共安装 8 台光接收机,南区 1,5,9,13 号楼的 4 台光接收机和 75-7 电缆接入网,网络光节点示意图如图 5.5.5 所示。

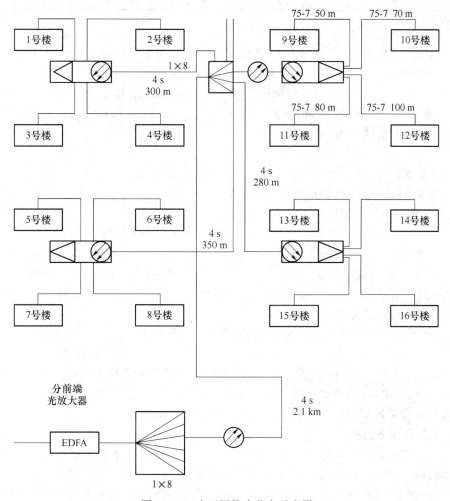

图 5.5.5　小区网络光节点示意图

光链路损耗和光功率分配计算与主干线的方法一样,这里直接列出各个光节点的光功率分配情况如表 5.5.6 所示。

表 5.5.6　小区光节点光功率分配表

分 前 端 EDFA 发 功率/dBm	8 分路插 入损耗/dB	8 分路插 入损耗/dB	光 缆 损 耗/dB	光链路总 损耗/dB	接 收 机 实 际输入光 功率/dBm	接 收 机 设 计 输 入 光 功率/dBm	接收机位置
	9.63	9.63	2.80	22.06	−0.06	0	1 号楼
	9.63	9.63	2.81	22.05	−0.05	0	5 号楼
	9.63	9.63	2.72	21.98	0.02	0	9 号楼
22	9.63	9.63	2.80	22.06	−0.06	0	13 号楼
	9.63	9.63	2.90	22.16	−0.16	0	17 号楼
	9.63	9.63	2.81	22.05	−0.05	0	21 号楼
	9.63	9.63	3.00	22.26	−0.26	0	25 号楼
	9.63	9.63	3.10	22.36	−0.36	0	29 号楼

6. 用户接入网设计

用户接入网使用集中分配的方式,干线分配器安装在中间单元,用户分配器根据楼房结构安装在适当的位置,用户分配器的分配损耗要求厂家按照要求定做,不同的建筑结构形式定做的分配器各个口的损耗是不相同的。以图 5.5.5 中的 12 号 6 层住宅楼为例,4 分配器的最大分配损耗为 6 dB,12 分配器的最大分配损耗为 17.5 dB,用户终端盒的最大损耗为 2.5 dB,楼内电缆长度统一为 20 m。

系统要求的技术标准为:

* 光接收机输出电平 97~104 dBμV;
* 系统(用户)输出电平 64±4 dBμV。

用户分配电平可以按照下式计算:

$$L = L_o + L_{d1} + L_{d2} + L_{d3} + \alpha l \text{(dB}\mu\text{V)}$$

式中,L 为用户终端输出口电平;L_o 为无源用户分配网络的推动电平,即光接收机输出口射频电平;L_{d1} 为干线分配器分配损耗;L_{d2} 为用户分配器的分配损耗;L_{d3} 为用户终端盒插入损耗;α 为电缆衰减系数(75-5 电缆 550 MHz 小于等于 16 dB/100 m,75-7 电缆 550 MHz 小于等于 12 dB/100 m);l 为电缆长度。

根据图 5.5.5 中提供的典型数据为例计算(下式选用最长距离 100 m):

$$L = 104 - 6 - 17.5 - 2.5 - 0.16 \times 20 - 0.12 \times 100 \text{ dB}\mu\text{V} = 62.8 \text{ dB}\mu\text{V}$$

通过上式对图 5.5.5 的计算,说明以上设计,用光接收机直接驱动用户可以满足设计的电平目标 64±4 dBμV。如果 4 座楼之间的距离较远,可改用 75-9 同轴电缆,如果间距太小,可以加分支分配器对信号进行衰减或者驱动更多的用户。

7. 光链路设备选型

在进行设备选型时,遵循的基本原则如下:选用技术先进、功能合适、性能可靠的产品;设备的系统配套和兼容性好,升级发展的余地要大,设备安装和维护方便;生产厂家的信誉、保修和售后服务好等;前端设备选用技术指标好的高端设备,光接收机选用中低档的。由前面的分析可知采用 FTLA 方式,系统传输指标较高,因此选择中低档的光接收机完全可以达到系统设计要求,还可以降低系统成本。

下面介绍使用的主要光设备型号和技术参数。

(1) 光发射机

型号:HOLLAND NE5000L-AL-1-2-2-SC,主要技术指标如下。

- 光波长:1 550±10 nm。
- 光输出功率:7 dBm。
- 光输出口:2-Port。
- SBS 阈值:13 dBm、16 dBm、19 dBm 可调。
- CNR≥54 dB,CSO≥65 dB,CTB≥65 dB。

(2) EDA 光放大器

型号:HOLLAND NE6000L-22-1-SC,主要技术指标如下。

- 光波长:1 540~1 560 nm。
- 输入光功率:−5~10 dBm。
- 输出光功率:14~23 dBm。
- 噪声系数:≤5.0 dB。

型号:上海天博 TB1550A-C-C,主要技术指标如下。

- 饱和输出光功率:14~23 dBm。
- 输入光功率:−6.0~+6.0 dBm。
- 噪声系数:<5.0 dB。

(3) 光接收机

型号:凯信 KX-2609BKN-A(室外),主要技术指标如下。

- 光功率输入范围:−3~+2 dBm。
- 光波长:1 310/1 550 nm。
- 额定输出:104 dBμV(四口平均输出,或两口分支输出 108 dBμV)。
- 噪声系数:<5.5 dB。

型号:江苏亿通 YTOR175(室外),主要技术指标如下。

- 光波长:129~1 570 nm。
- 光功率输入范围:−6~+3 dBm。
- 额定输出:104 dBμV(四口平均输出,或两口分支输出 108 dBμV)。
- CNR≥51 dB,CSO≥63 dB,CTB≥67 dB。

5.5.4　防雷与接地设计

在正常的自然环境中,对室外的广播电视设备破坏力最强的就是雷电,在没有任何保护装置的情况下,一次严重的雷击有可能损坏几百到上千台设备,造成大面积的信号停播。有线电视设备受到雷击的主要途径:一是设备电源被击坏,二是通过同轴电缆的感应击坏放大模块。为防止网络设备遭受雷击,并保证检修维护工作人员的人身安全,我们为所有的室外光接收机制作接地地线,主要采取单点接地的方式,接地电阻≤4 Ω,并在设备和电源之间加装防雷浪涌保护器。在雨季,如果设备电源遭受雷击,通过防雷浪涌保护器可以保护设备电源,并通过地线快速泻放感应电压和电流,这样可有效地防止设备被雷电击坏,也可以预防因设备外壳漏电造成维护人员触电事故的发生。

5.6 光纤有线电视网全业务宽带接入方案实例

本节首先分析有线电视网络宽带接入方式,比较各种方式的优缺点,确定某市有线电视网采用 EPON 技术进行宽带接入,并制定该市有线电视综合业务数据网的总体设计思想。然后在光纤有线电视网络基础上详细研究基于 EPON 技术的宽带接入网络的结构设计,对 EPON 系统的固有可靠性和使用可靠性进行分析和计算。

5.6.1 有线电视网络全业务接入网技术方案分析

目前,HFC 有线电视网络开展双向综合接入业务的方式主要有以下几种:一是通过 HFC+Cable Modem 方式;二是利用有线电视剩余光纤,采用光纤到服务区的以太网方式;三是基于以太无源全光网络(EPON)的有线电视全业务接入方式。下面对这 3 种宽带接入技术进行简单的分析。

① HFC+Cable Modem 方式是 HFC 有线电视网络双向化改造最早采用的方式之一,采用 QAM 和 QPSK 两种数字信号载波调制方式,把原有 CATV 系统中的低端频段 (5~40 MHz)用作回传,实现非对称传输,下行速率 10~100 Mbit/s,上行速率可达 5 Mbit/s,用户共享带宽。这种接入方式的特点是:只需要有线电视网络的放大器和光接收机加装反向模块,外线基本不需要改动。但是缺点是:用户可用带宽有限,HFC 回传信道的噪声"漏斗效应"对系统影响较为严重,系统反向调试比较复杂,厂商设备间的兼容性差,价格较高。

② HFC 以太网方式,原理简单,性能可靠稳定,主要缺点是:使用光纤较多,需要大量敷设线路;中间均为有源设备,故障环节多;网络改造过程中,五类网线入户难度较大。

③ 以太无源全光网络是技术成熟而又经济的以太网和无源光网络的结合,采用 PON 相对于非 PON 系统而言,节省大量光纤、有源光器件的投入和运营成本,同时 EPON 采取星树形结构,与 HFC 网络的结构十分相似,不需要对现行 HFC 网络进行双向化改造和大量的外线敷设,只需要在原来的光纤网络上作简单的配置,可以在较短的时间内完成宽带数据网络的建设。因此,有线电视网络在光纤化改造完成后,选用 EPON 作为数据业务接入技术是最为合适的。

5.6.2 某市有线电视综合业务数据网的总体设计思想

该市有线电视综合业务网的设计思想是:能够实现数字电视的视频点播、数据广播、信息浏览等多媒体双向交互业务;能够开展 Internet 宽带接入业务;提供足够的网络带宽,将来能够平滑升级,能够实现网络游戏、视讯会议、视频电话、VOD、安保监控,支持语音和 IPTV 等业务;支持其他数据专网传输业务和网络租赁业务等。

骨干传输网采用基于 SDH 的多业务传送平台(MSTP),它是在传统 SDH 传输平台上集成 2 层(数据链路层)以太网、ATM 等处理能力,将 SDH 对实时业务的有效承载和网络 2 层甚至 3 层技术(以太网、ATM、RPR、MPLS 等)所具有的数据业务处理能力有机结合,增强传送节点对多业务类型的综合承载能力,为以后的数字电视业务、IPTV 业务、语音业务、视频业务和综合数据业务的网络运营、市场竞争打下网络平台基础。

5.6.3　基于 EPON 技术的有线电视全业务接入网系统结构设计

1. 接入网设计的基本原则

该光纤化有线电视网络,主要采用双星形网络结构,一级光分路器和二级光分路器之间以及二级光分路器和光节点之间全部敷设有 4 芯光纤,其中 2 芯是为数据业务预留的,因此基于以太无源全光网络的数据业务接入不需要重新布设或少量布设光纤即可,并且和传统电视业务从物理传输介质上要分开,单独使用 1 芯光纤。

在有多余光纤资源的情况下,两张网络从传输介质上分开有许多优点:可以使两者之间在进行网络调整或者设备维修时互相不影响;不改变当前有线电视的网络结构,只需要增加光分路器,减少网络设备上的投资。

该有线电视宽带接入网设计的总体目标是:新的小区或住宅楼实现光纤到楼,至少每座楼 1 台 ONU;比较老的小区,第一步是每个有线电视光节点 1 台 ONU,逐步过渡到每座楼 1 个 ONU,甚至光纤到单元。

2. 系统基本结构

由于该市的有线电视网和数据网从物理上分开,因此 EPON 网络光路采用两波长结构,上行使用 1 310 nm 波长,下行使用 1 490 nm 波长。最大分光比为 1∶32,即每个前端 OLT 的每个 PON 口最多可携带 32 个 ONU。EPON 接入网系统结构示意图如图 5.6.1 所示。图中横线框内是该市有线电视数据网络中心前端示意图,右边的虚线表示安全性要求高的重点客户,需要提高网络可靠性。该市下辖五区三县,共有 8 个区县级城域网,图中只画出了中心 A 城区城域网的部分作为代表。各个区县的城域网通过骨干传输网和中心前端相连,中心前端设有一台高端路由交换机,A 城域网用户通过该台交换机访问中心前端的 WEB、FTP、DNS、Mail、Video 的服务器群组,并通过核心路由器和骨干路由器访问外部的 Internet。用户可以通过数据网络收看 IPTV 节目,数字机顶盒用户也可以通过数据网络进行视频点播、网上购物、浏览信息等。当然,也可以为企事业单位提供数据专线租赁业务等。

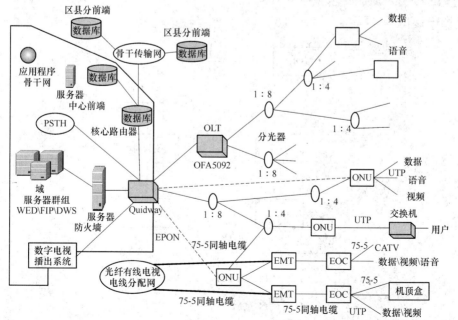

图 5.6.1　EPON 网络结构示意图

3. EPON 网络设计

城域 EPON 网络设计,采用和光纤有线电视网络相同的拓扑结构,节省大量光纤投资;使用无源光设备传输,能够有效提高网络抗干扰的能力,避免有源设备故障,降低维护工作量,提高网络可靠性,节约网络运营维护成本。

现在,主流 EPON 网 OLT 设备一般均支持 1:32 的分光比,在网络设备选择上考虑主流产品,这样设备的性价比会比较好。在设计 EPON 网时,按照市场的扩展潜力来考虑分路数的冗余度,一般情况不要设计满 32 个 ONU,根据具体的地理布局,应做一定百分比的预留。对写字楼密集的商业区,预留数量一般控制在 30% 左右;对于住宅区,预留数量要少一些,控制在 10% 左右即可。

该市的 EPON 网设计和有线电视网络一样,也采取两级光分路器的树形结构。根据有线电视二级光分路器所驱动的光节点和住宅楼的具体数量设计 EPON。在有线电视的一级光分路器后安装 OLT 设备,每路光缆占用 1~2 个 PON 口,EPON 的一级光分路器放在有线电视的二级光分路器处,按照 ONU 到楼的总体目标,在有线电视光节点处设置 EPON 网二级光分路器,并敷设光纤到其他几座住宅楼。一级光分路器和二级光分路器的基本配置方案如表 5.6.1 所示。

表 5.6.1 两级光分路器基本配置表

序 号	一级光分路器	二级光分路器
1	1:8	1:4
2	1:4	1:8
3	1:6	1:4 和 1:8
4	1:4 和 1:6	1:4 和 1:8

4. 用户接入网的设计

(1) 住宅小区的设计

方案一:如图 5.6.2 的 B 单元所示。

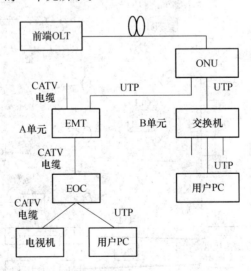

图 5.6.2 EMT 用户接入方式

ONU 安装在中间单元,通过五类线连接到其他单元的以太网交换机,再通过五类网线入户。可以提供数字电视机顶盒双向业务、宽带上网业务、IPTV 业务。

方案二：如图 5.6.2 的 A 单元所示。

对于五类线入户困难的情况，将其他单元的以太网交换机换成 EMT 设备，75-5 同轴电缆有线电视信号和五类线数据信号经 EMT 设备转换，通过原用户的 75-5 有线电视同轴电缆入户，经 EDC 分离出电视信号和数据信号后，可正常收看有线电视，支持数据业务。

（2）商务用户的设计

ONU 可以直接到公司的办公室桌面，可提供宽带上网、语音、IPTV 等业务。

5.6.4　EPON 系统可靠性设计

1. EPON 系统的固有可靠性设计

EPON 网络采用 PON 技术，其光分配网（ODN）全部由无源光分路器（POS）和光纤无源器件组成，可靠性较高，平均寿命可达 30 年以上。因此，设备可靠性就落在有源设备 OLT 和 ONU 的选用上。目前这些技术都已经成熟，在系统可靠性方面没有大的瓶颈。

网络的拓扑结构是网络固有可靠性设计的另一个重要决定因素，主要看它的连通性，即某些光节点或链路的失效是否能使网络成为不连通图，进而导致部分或全部的网络失效。连通度和结合度是度量网络连通性的主要参考指标，连通度是指使网络成为不连通至少需要去掉的节点数；结合度是指使网络成为不连通至少需去掉的链路数。连通度和结合度越大，网络的可靠性就越高。

光分路器由其所在分级位置和分路数的不同，对连通度的影响很大，如果某个光分路器失效，可能导致网络分为多个不连通图，所有不与 OLT 相连通的 ONU 都将失效。从结合度方面看，任何一条光纤中断，也会使网络分为两个不连通的子图，在没有 OLT 的子图中 ONU 完全失效。因此，在网络拓扑结构设计时要考虑光分路器和光纤的冗余度问题。对于一般用户只进行主干光纤备份，对于服务等级要求比较高的商务用户，与它的 ONU 相连或相关的部分光分路器和光纤必须进行备份，这样在发生故障时利用备份的自动保护恢复通信，提高网络的可靠性。例如，在图 5.6.3 中，对一级主干光纤进行 1∶1 的备份，也就是对共享程度最高的光纤备份；图 5.6.4 则是对有高服务等级要求的用户 A 和用户 B，从 OLT 到 ONU 另外热备份了一条光路。

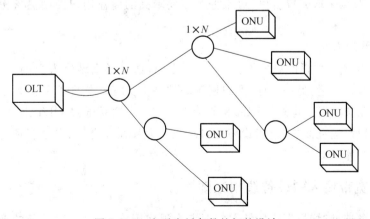

图 5.6.3　主干光纤备份的拓扑设计

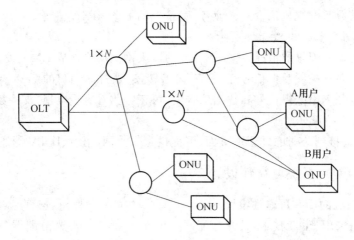

图 5.6.4 端到端高服务等级商务客户 ONU 备份拓扑设计

2. EPON 系统的使用可靠性设计

(1) 服务质量(QoS)方面

基于分组转发机制的传统以太网技术,不能提供端到端的时延控制,难以满足实时语音和视频业务传输时延小而恒定的要求。为克服上述缺陷,设计 EPON 系统时,应该考虑采用 D 队算法和小粒度的时延划分来减小传输时延,采用区分服务(DiffServ)技术,对时延敏感的语音和视频业务分配高优先级,对时延不敏感的数据业务分配低优先级,以保证时延、传输速率和抖动等 QoS 参数。

(2) 网络组织方面

EPON 接入网是一种可修复系统,网络中设备的状态不但能从运行状态转移到失效状态,而且还能从失效状态转移到正常运行状态。优化网络组织是解决 EPON 接入网可靠性问题的最基本手段之一,本 EPON 接入网设计中采用的主要手段是:

① 减少光网络设计中的光分路器类型,降低器件的备份数量,保证备件的通用性;

② 减少接入网设备的生产厂商,提高接入网设备的相互兼容性和可替代性,在提高网络可靠性的同时,降低代价;

③ 对一般节点采取旁置备份,对服务等级要求高的商业用户使用热备份,确保网络可靠性。

(3) 维护管理方面

在 EPON 系统中增强网络的维护管理,一方面,通过提高维修人员的素质来加强对网络器件设备的维护力量;另一方面,通过网管软件提供实时动态的管理以及迅速的故障定位和检测来保证系统的可靠运行。EPON 的网管系统可以直接通过 OLT 对网络进行集中配置管理、性能管理、远程监控、故障管理、远程维护、远程在线升级、安全管理等,以完成操作维护及网管的功能。

5.6.5 宽带接入网设备选型原则

在网络设备选型时,根据实际情况需要考虑很多因素,一是考察设备的功能,保证能够完成网络设计的预期目的;二是设备的性能价格比要高;三是考虑到 EPON 网络结构设计的灵活性和可扩展性,最好原厂商具有从传输设备、骨干路由器、核心交换设备到接入设备、网络安全设备、网管设备等系列产品;四是与其他厂商的产品要有良好的兼容性;五是生产厂商要有良好的售后服务和产品升级等技术支持,并且要充分考虑生产厂商的成长性,尽量避免几年后原设备生产商因破产或被兼并而停产配件。

5.6.6　广电 EPON 网络建设中遵循的几条基本原则

① 二级光分路器到 ONU 之间应敷设 4 芯光纤,便于以后的有线电视网络光纤到楼的升级,甚至于将来的光纤到单元或入户。

② 在设计和施工时,尽可能使用五类线进户方式对不同服务要求的用户可以提供数据、视频和语音服务,而同轴电缆方式是作为一个补充。

③ EPON 网络系统可靠性的设计,要根据市场情况,从提高网络的可靠性和网络建设的经济性两方面综合考虑。

④ 需要使用同轴电缆 EMT-EOC 方式入户的,在施工时必须使用质量好的同轴电缆,制作接头时,要接好屏蔽层,否则数据传输的误码率很高。

⑤ 重视对工程技术人员的培训,包括网络设计人员和施工人员。在施工过程中必须对工程质量进行监督和检查,工程结束后要整理详细准确的工程竣工资料,并组织好工程质量验收,内容应该包括:技术指标测试、工程质量检查和竣工资料准确性等。

小　结

1. 本章介绍了 CATV 和 HFC 接入网的知识,主要包括传统同轴电缆 CATV 系统和光纤 CATV 系统,以及 HFC 接入网、HFC 网络设计和 CATV 网络设计方案实例等内容。

2. 本章内容知识较多,HFC 也是广电部门与电信在接入网市场进行竞争的主要技术。通过本章学习,读者需要掌握 HFC 概念、频谱分配方案、HFC 网络设计和双向化技术以及 CATV 网络光纤化设计方案实例等内容。

思考与练习

5-1　试述传统 CATV 网的特点及网络组成。

5-2　试述典型的 CATV 光纤传输系统的网络构成及特点。

5-3　CATV 光纤传输系统有哪些基本类型? 各有何特点?

5-4　试述 HFC 网的基本原理及主要优缺点。

5-5　试述 HFC 网的频谱分配及各频段的用途。

5-6　如何在 HFC 中解决双向通信问题?

5-7　试述 Cable Modem 系统的工作原理。

5-8　Cable Modem 有哪几种主要类型? 各有何特点?

5-9　广电 A 平台和 B 平台的特点是什么?

5-10　HFC 网络双向化技术有哪些?

5-11　HFC 有线电视网改造方案设计包括哪些内容?

5-12　某小区有 200 户居民,设计一个利用 HFC 实现宽带接入的方案,能满足用户宽带上网和接收 100 套数字电视节目的需求。

第6章
供电

在传统的公共电话网中,电话机的供电来自交换机的直流电源,它通过传输话音信号的铜线供给话机。如果不使用传真机或应答机,用户并不需要提供电源设备。因为当供电部门的主电源停电的时候,或者在其他紧急情况下,必须保持正常的电话业务,所以电话局在交换机所在的建筑物中安装发电机作为后备电源,它与供电部门的主电源是相对独立的。有些地方在本地的主供电部门尚未提供服务之前就已经提供了电话业务,因此在历史上电话供电是按不依赖于供电部门的方式设计的。

接入网供电是光纤接入网的一大课题。光纤的纯光介质特性可以免除金属线所无法避免的电磁干扰等问题。然而从供电的角度看,纯光介质的光纤无法导电,使用户侧的 ONU 供电成了一个问题。

在一个完整的接入网系统中,一般是根据设备安放位置或实现功能的不同,将其分为局端设备和远端设备或近端设备和远端设备。随着 SDH、PDH 传输系统越来越多地用在接入网数字段,原来意义上的局端设备或近端设备可能不再位于机房内,而是位于无人看守的机房外。因此仅从考虑供电问题这个角度来看,将接入网设备分为机房内设备和机房外设备更恰当些。如果某个接入网设备在机房内,则意味着有可靠的供电系统来对其馈电;如果该设备在机房外,供电问题则比较复杂。

6.1 供电方式

目前,对 ONU 的供电方式有 3 种:集中供电方式,即由网络通过分离的金属线供电;本地共享供电方式,由附近供电设施供电;本地供电方式,由用户所在地或附近供电设施直接给 ONU 供电的方式。后面两种方式常常统称为本地供电。为了防止由于供电设施故障而引起的业务中断,无论哪一种方式都需要有备用电池,但数量不同。

1. 集中供电方式

集中供电是目前铜线接入网的供电方式,技术成熟,无须在 ONU 处安装维护备用电池,维护成本低。对于诸如普通电话这样的低功率要求场合,特别是传输距离不太长时,集中供电是一种经济可靠的供电方式,可以看成是一种能提供今天所要求的业务可用性和集中维护共享备用电池和设备的近期解决方案。然而,由于传输线损耗以及与长度成比例的附加供电电缆和安装成本,给用户接入网末端的设备供电要比给局内和远端设备供电贵很多。特别是当需要较高的功率电平而传输距离又比较长时,供电成本会迅速增加。图6.1.1是接入网机房外设备的集中远供供电方式。

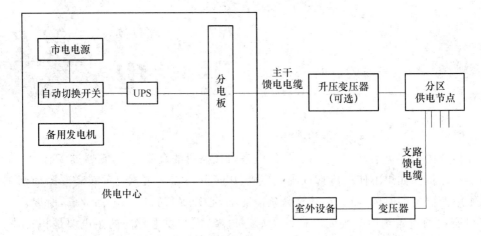

图 6.1.1　接入网机房外设备的集中远供供电方式

集中远供供电方式的优点是:可靠性高,维护费用低;使通信网络节点变小,更容易找到安放的地方;在节点处不需要电池或发电机。缺点是:一次性投入成本过高;另外,当馈电电线与通信光缆或电缆敷设在一起时,为安全起见,需要对技术人员进行专门培训,这也增加了电信局的运营成本。

2. 本地供电方式

目前我国在接入网建设中,对机房外设备的供电一般采取本地供电加备用电池这种方式,如图6.1.2所示,图中的OLT也可能安放在机房外。

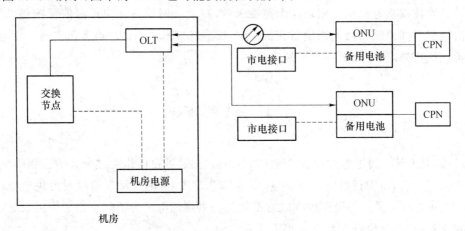

图 6.1.2　接入网机房外设备的本地供电方案

在欧美等发达国家,本地供电和远供供电两种供电方式都存在。以上两种供电解决方案各有利弊。

本地供电方案的优点是:技术成熟,价格相对合理,已有大规模应用。缺点是:维护费用高,更换新电池、处理旧电池所需费用可观,安装维护电池需要花费大量劳动力,电池发生泄漏时还可能损坏设备器件;电池使用寿命对环境气候的依赖性较大,超出规定范围使用时,电池寿命受到极大影响。我国目前还是一个电力相对紧张的国家,在很多城市拉闸限电的情况经常存在,为保证通信网不中断,实际安装的备用电池数量非常可观。

在确定接入网机房外设备供电方案时,如果当地市电比较稳定,建议采用本地供电加备用电池方式;如果市电根本不可能,在自然条件特殊又没有商业电网的地区,可采用太阳能发电或风力发电加备用电池的供电方式。在 ONU 处增设太阳能电池板,其特点是安全、维护量小,但受天气、环境等影响较大。总之,ONU 的供电应根据具体情况和问题具体分析和解决。

另外,目前接入网机房外设备的备用电池一般采用 VRLA(Value-Regulated Lead Acid)电池,这是因为 VRLA 电池具有高能量密度、低维护成本的特点。但 VRLA 电池也有其劣势。其一是使用寿命一般较短(5 年左右),且受环境影响大,在高温干燥地区其使用寿命可能短至 18 个月;其二是 VRLA 电池在高温环境下或发生短路时可能发生爆炸,给操作维护人员和设备带来威胁;其三是 VRLA 电池发生泄漏时,化学液体将严重损坏通信设备。基于以上原因,目前已开发出多种 VRLA 电池的替代产品,如锂电池、燃料电池、蓄能电池等。

6.2 接入网设备的馈电接口

接入网设备的馈电接口的馈电电压越高,电能传送的效率就越高,但从安全的角度来考虑要限制电压和功率值。因此在馈电源和馈电宿的互操作性中,仅使用两种馈电接口,它们分别是 48 V DC 接口和 130 V DC 接口,对这两种接口的要求如表 6.2.1 所示。

表 6.2.1　馈电接口要求

接口参数	48 V DC 接口	130 V DC 接口
最大连续电压/V	56.5	130
最大峰值电压/V	60	140
最小电压(无负荷)	44	125
最小电压(全负荷)	24	70
最大源功率/W	待定	100
最大宿功率额定值/W	待定	50
到宿的噪声电压/mVrms	100	250
来自宿的噪声电压/mVrms	100	250

馈电接口的参考配置一般为点到点方式,这样单个接入设备由于过载或馈电电缆短路引起的故障不会影响其他接入设备的正常馈电。馈电电源设备一般都要提供一个以上接口,这些接口在物理上必须彼此互相独立,以免相互影响。当然也不排除某些特殊应用(如HFC)采用点到多点方式。

小　结

1. 本章介绍了接入网供电技术,主要包括接入网的供电方式以及接入网设备的供电标准等内容。

2. 本章内容较少,读者可通过参考其他相关技术规范来补充学习。通过本章学习,读者只需要掌握接入网供电的不同方式即可。

思考与练习

6-1　对 ONU 的供电方式有哪几种?

6-2　集中供电方式的优缺点是什么?

6-3　本地供电方案的优缺点有哪些?